应用统计学丛书

应用统计学丛书 24

Monte-Carlo Methods and Stochastic Processes: From Linear to Non-linear

蒙特卡罗方法与随机过程：从线性到非线性

Emmanuel Gobet 著
许明宇 译

高等教育出版社·北京

图字：01-2019-4678 号

Monte-Carlo Methods and Stochastic Processes: From Linear to Non-Linear
by Emmanuel Gobet, first published by CRC Press, an imprint of Taylor & Francis Group, an Informa business

All rights reserved.

© 2016 by Taylor & Francis Group, LLC

图书在版编目（CIP）数据

蒙特卡罗方法与随机过程：从线性到非线性 /（法）伊曼纽尔·戈贝特（Emmanuel Gobet）著；许明宇译. -- 北京：高等教育出版社，2021. 5

书名原文：Monte-Carlo Methods and Stochastic Processes: From Linear to Non-Linear

ISBN 978-7-04-055496-0

Ⅰ. ①蒙… Ⅱ. ①伊… ②许… Ⅲ. ①蒙特卡罗法②随机过程 Ⅳ. ① O242.28 ②O211.6

中国版本图书馆 CIP 数据核字（2021）第 024574 号

蒙特卡罗方法与随机过程：从线性到非线性
MENGTEKALUO FANGFA YU SUIJI GUOCHENG: CONG XIANXING DAO FEIXIANXING

策划编辑 李华英　　责任编辑 李华英　　封面设计 李树龙　　版式设计 童 丹
责任校对 高 歌　　责任印制 朱 琦

出版发行	高等教育出版社	网 址	http://www.hep.edu.cn
社 址	北京市西城区德外大街4号		http://www.hep.com.cn
邮政编码	100120	网上订购	http://www.hepmall.com.cn
印 刷	北京市联华印刷厂		http://www.hepmall.com
开 本	787mm× 1092mm 1/16		http://www.hepmall.cn
印 张	17.75		
字 数	310 千字	版 次	2021 年 5 月第 1 版
购书热线	010-58581118	印 次	2021 年 5 月第 1 次印刷
咨询电话	400-810-0598	定 价	89.00 元

本书如有缺页、倒页、脱页等质量问题，请到所购图书销售部门联系调换
版权所有 侵权必究
物 料 号 55496-00

前　　言

这本书的前身是我在巴黎综合理工大学和巴黎萨克雷大学讲授了三年的蒙特卡罗方法课程的讲义。它有一个法语的简略版本, 由巴黎综合理工大学出版社出版。

实际上, 当前存在几种蒙特卡罗方法。它们都会用到随机模拟, 但是各自的技术细节和研究目标都不太一样。我们不可能在一门课中把所有现存方法的细节全部给出, 并且详细分析。基于这个原因, 我做了如下选择。

1. 本书的核心是关于连续时间随机过程的模拟, 以及它们与偏微分方程的联系。虽然布朗运动与热方程的联系可以追溯到一个世纪之前, 但是概率计算方面的研究是后来才发展起来的。数据处理的发展在 1980 年前后为研究者和工程师们提供了很大的便利, 他们借助先进的工具可以检测算法, 改进算法, 以开发新算法, 进行复杂系统的数值模拟, 提高模拟的精度与速度。

   模拟随机微分方程的蒙特卡罗方法在生物 (Wright-Fisher 模型)、金融 (期权定价)、地球物理学 (多孔介质)、随机动力学 (随机外力下物体移动)、流体力学中带旋度的 Navier-Stockes 方程等方面有许多应用。在第二部分, 我们将会学习有关的模拟方法。

   从 20 世纪 90 年代后期开始, 在与控制问题和交互系统的模型相关的非线性过程领域中, 人们取得了重要的进展。这可以关联到研究和应用中的一些典型问题 (化学, 生态学, 经济学, 金融学, 核科学, 材料物理学, 等等); 我们将在第三部分中研究这些非线性过程。第一部分集中介绍模拟的基本工具和算法的收敛性。

2. 进一步, 因为蒙特卡罗方法有很多形式, 所以我们希望能够给不熟悉这方面内容的读者一个简单的概述 (当然并不完全)。这就是引言一章的目的, 它从历史讲起, 接着介绍蒙特卡罗方法的三个经典问题: 数值积分与期望的计算, 复杂分布的模拟, 以及随机最优化。列出的参考文献可以帮助读者查阅相应的工作, 根据自己的兴趣与需要, 来研究不同的问题。在这个概述里, 我们强调的是想法而不是严格的数学推导: 马尔可夫链和离散时间鞅理论囊括了研究分析复杂分布和随机最优化模拟问题所需要的主要概率概念, 可以参见 [20], [32] 和 [26]。

   由蒙特卡罗方法求解数值积分和期望 $\mathbb{E}(X)$ 的计算问题在本书中也被充分研究。当 X 是关于连续时间随机过程轨道的泛函的情形, 特别是非线性动力系统的问题, 是其中一个重要的问题。

本书概要

本书由三部分组成, 难度循序渐进。

▷ **第一部分: 随机模拟工具.** 实际进行随机模拟要求具有近似模拟随机变量的能力, 我们在第一章讲述这个主题。在第二章中研究的是模拟值的统计期望到未知期望的收敛: 我们回顾了渐近估计工具 (大数定律, 中心极限定理), 以及非渐近工具 (集中不等式, 逐点收敛版本和一致收敛版本)。这些工具在准确地量化蒙特卡罗方法的统计误差中是关键。第三章着手处理了加速算法收敛的问题 (方差缩减)。我们重点研究了重要采样方法, 它在罕见事件的估值方面的应用引人注目。

▷ **第二部分: 线性过程的模拟.** 第四章给出了随机分析的基本背景, 在此基础上我们可以引入并研究随机微分方程及其模拟。然后, 我们给出它与偏微分方程的联系, 即 Feynman-Kac 公式, 将偏微分方程的解用随机过程的泛函的期望来表示。我们同样以期望形式给出了这个表示的敏感性。第五章着手研究了随机微分方程的模拟: 一般情形下的确切模拟不可能实现, 我们研究的是 Euler 格式算法。然后我们推广这些技巧来研究逃逸时刻模拟的问题。在第六章, 我们研究了相对应的统计误差, 方差缩减技巧, 以及多层蒙特卡罗方法。

▷ **第三部分: 非线性过程的模拟.** 最后一部分的研究对象是非线性动态系统, 一个飞速发展的领域, 它的模拟也是热门的研究课题。我们给出三类非线性问题: 倒向方程与控制论, 分支过程, 以及平均场交互系统。在第七章中, 我们给出了倒向随机微分方程的解的定义, 证明了它与半线性偏微分方程的解之间的表示关系, 这个结果推广了第二部分中的相应结果。我们用分支扩散过程给出某些方程的另外一种表示。然后我们研究了倒向过程的离散化, 它可以划归为一个动态规划方程。第八章专注于用实证回归方法求解 (监督学习), 与第一部分中的一些先进的统计工具建立联系。我们全面展开误差分析, 列出了参数的收敛矫正。用来求解动态规划方程的实证回归方法有非常多的应用, 远远超越了倒向随机微分方程的求解, 例如机器学习、最优停止 [107] 和稳健控制, 以及在非线性金融学 [67]、最优决策和最优投资中的应用。在第九章中我们引入了 McKean-Vlasov 随机方程, 它的非线性机制自然地表述了一族随机微分方程的渐近交互作用。由此我们得到一个不同于第七章的动态规划的模拟算法。

在每一章的最后, 我们给出了一些理论或者编程方面的习题。解答与补充材料请扫以下二维码

在本书中, 我们重点讲的内容包括了从最基本的到最先进的主要算法, 重要的收敛结果, 以及本质的工具。一般来说书中的一些方面已经超出了研究生课程的水平, 不过我们在教学方面做了相当大的努力来揭开它们神秘的面纱, 使得研究生可以理解 (通过简化的但不是非自然的形式)。结果的证明一般都给出了, 有些仅给出框架, 不过我们经常选择最简单的版本, 并且我们尽量避免太数学化的论述。

尽管如此, 这是一本在应用数学领域中会有很大需求的书, 包含了概率论、统计和偏微分方程中高级的、很新的工具, 并且考虑到数值计算的有效性。而且, 我们鼓励读者改进算法以开发他们自己的算法: 这显然是掌握并理解这个理论的重要技巧。进一步, 读者应该时刻记住即使一个算法在理论上收敛得比另外一个算法快, 但是有可能它的实施时间也更长, 如此它实际并不有效: 于是, 比较收敛速度或者误差偏差并不是唯一的标准; 计算时间和存储需求也可能是一个重要的因素, 而这有时只能通过提高计算机的性能达到。

我们给出的算法可以在具备一个计算处理器的计算机上顺序实现。显然, 在并行结构的计算机上可以并行交替地实现, 这也是一个非常活跃的研究领域。

最后, 关于这个经典的研究对象, 蒙特卡罗方法, 以巴黎综合理工大学这门课的教科书为起点, 之前很多人教过这门课 (特别有, L. Elie, C. Graham, B. Lapeyre, D. Talay), 很难做到原创性。我要感谢我的同事, 他们鼓励我把课堂讲义出版成书。我特别感谢 P. Del Moral, S. De Marco, M. Gubinelli 和 B. Jourdain 对这本书的第一版提出的宝贵意见。还要感谢 U. Stazhynski 在将这本书从法文翻译成英文时提供的帮助。

Emmanuel Gobet, 巴黎, 萨克雷
2015 年 12 月

目　　录

第二部分: 线性过程的模拟

插图目录

算 法 目 录

常 用 符 号

$|x|$ 与 $x \cdot y$: x, $y \in \mathbb{R}^d$ 的 Euclid 范数和内积.

I_d: 单位矩阵.

A^{T}: 矩阵 A 的转置.

$\mathrm{Tr}(A)$ 与 $\det(A)$: 方阵 A 的迹和它的行列式.

$:=$ 定义左边的项等于右边的项.

$\mathcal{C}^k(\mathbb{R}^d, \mathbb{R}^q)$: 从 $\mathbb{R}^d$ 映到 $\mathbb{R}^q$ 的 k 次连续可微函数的集合.

$\mathcal{C}_b^k(\mathbb{R}^d, \mathbb{R}^q)$: 在上述集合中加上函数及其导数有界的限制.

∇f: 对于 $1 \leqslant i \leqslant q$ 和 $1 \leqslant j \leqslant d$, $f \in \mathcal{C}^1(\mathbb{R}^d, \mathbb{R}^q)$ 的梯度定义为 $(\nabla f)_{i,j} = \partial_{x_j} f_i$. (注意到当 $q = 1$ 时, ∇f 是一个列向量.)

$\nabla^2 f$: $f \in \mathcal{C}^1(\mathbb{R}^d, \mathbb{R})$ 的 Hesse 矩阵, 定义为 $(\nabla^2 f)_{i,j} = \partial^2_{x_i, x_j} f$.

$\log(x)$: x 的自然对数.

$\mathbb{P}(B)$ 和 $\mathbb{E}(X)$: B 的概率和 X 的期望.

$\mathbb{P}(B|A)$ 和 $\mathbb{E}(X|A)$: B 关于 A 的条件概率和 X 关于 A 的条件期望.

一些概率分布:

- Bernoulli 分布 $\mathcal{B}(p)$.
- 指数分布 $\mathcal{E}\mathrm{xp}(\lambda)$.
- Gamma 分布 $\Gamma(\alpha, \theta)$.
- 高斯分布 $\mathcal{N}(m, \sigma^2)$.
- 标准正态分布的累积分布函数

$$\mathcal{N}(u) := \int_{-\infty}^{u} \frac{e^{-\frac{1}{2}x^2}}{\sqrt{2\pi}} dx.$$

- 几何分布 $\mathcal{G}(p)$.
- Poisson 分布 $\mathcal{P}(\theta)$.
- Rademacher 分布.
- 自由度为 k 的学生分布.
- 在 $[a,b]$ 上的均匀分布, 定义为 $\mathcal{U}([a,b])$.

$\stackrel{\mathrm{d}}{=}$: 表示两个随机变量, 或者两个概率分布, 或者一个随机变量与一个概率分布的分布函数相等.

L_2: 平方范数 (为了简化, 这里我们很少用到当 $p \neq 2$ 时的 L_p 范数).

概率收敛:

- $X_M \underset{M\to+\infty}{\xrightarrow{\text{a.s.}}} X$: 当 $M \to +\infty$ 时, X_M 几乎必然收敛到 X, 即

$$\mathbb{P}(X_M \underset{M\to+\infty}{\longrightarrow} X) = 1.$$

- $X_M \underset{M\to+\infty}{\xrightarrow{\text{Prob}}} X$: 当 $M \to +\infty$ 时, X_M 依概率收敛到 X, 即

$$\mathbb{P}(|X_M - X| > \varepsilon) \underset{M\to+\infty}{\longrightarrow} 0.$$

- $X_M \underset{M\to+\infty}{\xrightarrow{L_1}} X$: 当 $M \to +\infty$ 时, X_M 在 L_1 中收敛到 X, 即

$$\mathbb{E}(|X_M - X|) \underset{M\to+\infty}{\longrightarrow} 0.$$

- $X_M \underset{M\to+\infty}{\Longrightarrow} X$: 当 $M \to +\infty$ 时, X_M 依分布收敛到 X (也就是说弱收敛), 即对于任意在紧支撑上有界的连续函数 φ, 满足

$$\mathbb{E}(\varphi(X_M)) \underset{M\to+\infty}{\longrightarrow} \mathbb{E}(\varphi(X)).$$

关于概率论中的其他重要符号, 我们建议读者参考其他文献, 比如 [80]. 一些概念回顾和重要的结果可以在附录 A 中找到.

引言：蒙特卡罗方法的简要回顾

简史：从 Buffon 掷针模型到原子迁移

我们如何利用随机探索来测量一个复杂的状态空间？ 一般来说，蒙特卡罗方法是指应用随机模拟的算法. 下面是一个简单的例子：考虑平面上的一个集合 A，假设 A 位于正方形 $[-1,1]^2$ 的内部，我们重复地向正方形中随机投掷无穷小的珠子，要求这些投掷点满足均匀分布并且相互独立 (见图 1). 定义 n_M^A 为在投掷 M 次之后落入集合 A 的小珠子的个数：A 的面积越大，事件"小珠子落入 A 中"的试验频率 $f_M^A = \frac{n_M^A}{M}$ 也会越大. 确切地说，当 M 趋向于无穷大时，试验频率收敛到 A 的面积——定义为 $|A|$——与正方形 $[-1,1]^2$ 的面积的比值，也就是说，下式以概率 1 成立

$$\lim_{M \to +\infty} f_M^A = \frac{|A|}{4}.$$

这个结果正是强大数定律，这验证了概率中的公理性结果：试验频率逼近理论值，比率 $\frac{|A|}{4}$ 是定义在正方形上的均匀分布的一个随机变量在 A 中出现的概率. 这个简单的实验让我们能够计算——只要我们愿意重复无穷多次——区域 A 的面积，即使 A 的几何形状很复杂. 如果 A 是一个中心在原点、半径为 1 的圆盘，那么我们得到一个计算 π 的简单方法.

考虑一个关于图形的例子，图形的每个顶点都在 20 种颜色中选一种来染色. 我们如何确定颜色的数目，以使得任意相邻两点被染上不同的颜色？这是一个经典的图形染色问题，它可以应用在电信通讯中：当我们想要为网络分配不同的频率 (避免相互干扰) 时，每个顶点都是一个频率发送器，需要满足每一

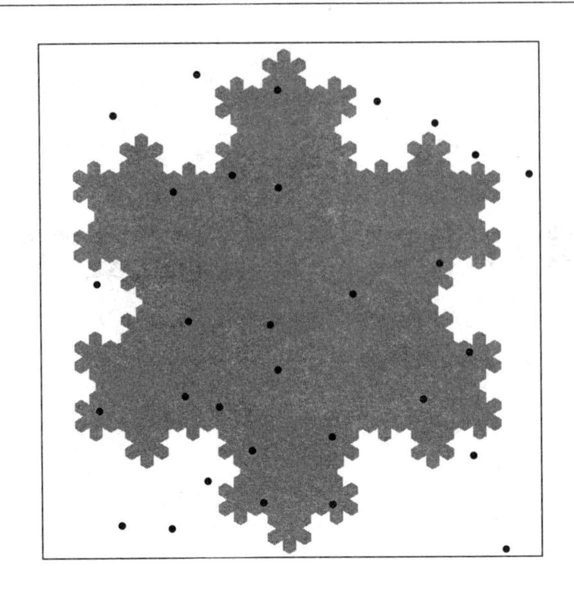

图 1 看上去像一个 Koch 雪花的集合 A (灰色) 和随机落在正方形中的小珠子

条边的两端所分配的频率必须不同.

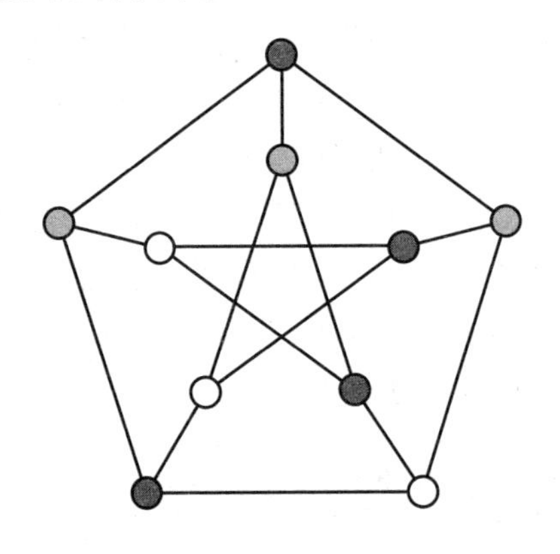

图 2 Petersen 图, 其相邻顶点有不同的颜色 (在 3 种颜色中选择)

如果网络有 K 个顶点, 可能出现的染色图有 K^{20} 个, 当 K 为 100 或者更大的数时, 很快就不可能用枚举法求解. 同时, 与其计算所有相邻顶点对有不同颜色的图的数目, 我们不如估计这种染色图在 K^{20} 个可能染色图中的比率 p. 为了达到这个目的, 首先我们生成一列随机图, 其上每个顶点的颜色以等概率在 20 种颜色中选取, 并且不同的顶点上的选色相互独立. 在画了 M 次 (很多次) 之后, 合乎需求的图像的出现比率变得与比率 p 很接近, 而且当 $M \to +\infty$ 时, 它会收敛到 p.

这两个例子勾勒出随机模拟如何给一个确定的但可能非常复杂的数值结果进行估值的简单方法——显然这个方法带有由随机数提取有限次所导致的误差. 需要考虑的一个主要问题是量化这个概率算法的计算误差, 我们会在晚一些的时候回到这个问题上来. 在这两个例子中, 如果 A 的面积很小或者合乎需求的图形数目很小, 那么这个方法的有效性显然会降低, 因为会出现大量的无效的随机提取数据, 并且可能不再依赖于均匀提取的样本. 我们可以在实验结果中适当加权来取而代之. 这个方法称为*重要采样*, 在下面的学习中将会看到.

蒙特卡罗方法的好处在于它的*探索高维配置空间的能力*. 最近它们被用来设计下围棋的软件①, 可以与人下棋, 甚至打败了围棋冠军②; 这里可能出现的布局大约有 10^{600} 数量级!

Buffon 掷针. 历史上, 最早的用随机模拟来计算的实验是 **Buffon 掷针**实验, 这个比前面提到的例子更复杂, 它由同名伯爵在 1733 年提出. 实验是向地板上缝隙间隔为 l 的平行木板上掷针, 这些针的长度为 $a \leqslant l$, 并观测是否有针与地板的缝相交 (即它是否同时碰到两块不同的木板). 我们可以证明这个事件发生的概率为 $p = \frac{2a}{\pi l}$: 所以, 通过大量独立的重复实验, 我们可以得到针碰到地板缝的频率收敛于 p, 这也给出了一个计算 π 的方法.

图 3 Georges Louis Leclerc, Buffon 伯爵 (1707—1788)

原子弹与计算机的发展. 直到 20 世纪中叶, 基于随机模拟的数值计算经历了史无前例的发展. 从 1943 年起, 卷入第二次世界大战的美国努力制造一种新武器——原子武器. 这项研究在位于新墨西哥州的洛斯 · 阿拉莫斯 (Los Alamos) 国家实验室秘密进行, 它由很多顶尖科学家领导, 其中包括若干诺贝

① http://www.wired.com/2014/05/the-world-of-computer-go/

② 由谷歌 DeepMind 开发的计算机程序 AlphaGo 在 2016 年 3 月打败了世界冠军李世石 (Lee Sedol).

尔奖得主. 一位物理学家 Nicholas Metropolis[①] 也在其中. 第一次核试验于 1945 年 7 月在阿拉莫戈多 (Alamogordo) 进行, 之后 1945 年 8 月, 原子弹在日本广岛和长崎的毁灭性爆炸, 加快了第二次世界大战的结束, 使美国具有了核武器的威慑力量. 回到和平时期后, 美国又开始了大规模原子武器制造, 这在很大程度上支持了洛斯 · 阿拉莫斯国家实验室的活动.

图 4　Nicholas Constantine Metropolis (1915—1999)

图 5　一位技师正在换 ENIAC (电子数值积分分析器和计算机) 的 19000 个电子管中的一个

① 译者注: Nicholas Metropolis (1915—1999), 希腊裔美籍物理学家. 1941 年获得芝加哥大学实验物理学博士学位. 1943 年由 Oppenheimer 招募进入洛斯 · 阿拉莫斯国家实验室工作. 他协助进行了世界上第一个核反应堆的研究. 第二次世界大战结束后, 他前往芝加哥大学任教. 1948 年返回洛斯 · 阿拉莫斯国家实验室, 领导理论计算小组. 该小组于 1952 年设计并建造了计算机 MANIAC I, 1957 年建造了 MANIAC II. 1957—1965 年他回到芝加哥大学担任物理教授. 1965 年再次回到洛斯 · 阿拉莫斯国家实验室, 1980 年获得实验室资深研究员称号. 他也是美国艺术与科学院院士. Metropolis 最著名的贡献, 是在洛斯 · 阿拉莫斯国家实验室中由他领导的小组开发了蒙特卡罗方法, 并进行研究. 1953 年他首次提出的 Metropolis-Hastings 算法是蒙特卡罗方法中最重要的抽样方法之一.

图 6 John von Neumann (1903 — 1957)

在这场巨变的同一时期, 在计算科学界中发生了另外一场革命. 1946 年初, 第一台完整电子计算机建成: 这就是 ENIAC, 重达 30 英吨, 并且可以在一秒钟内进行 5000 次加法计算. 开始计划将它交付于在马里兰州阿伯丁市的弹道研究实验室, 用来计算弹道列表, 然后由同时在两个实验室工作的数学家 John von Neumann① 送到洛斯 · 阿拉莫斯. 关于热核反应的第一个计算课题开始进行, 其中有 Metropilis, von Neumann 和 Fermi②. 一位数学家 Stanislaw Ulam③④ 参加了 1946 年进行的这个课题, 他对计算机的计算速度和精度印象十分深刻: 他立刻意识到现代计算机的出现会为实验数学开辟一个

① 照片来源: 洛斯 · 阿拉莫斯国家实验室. "除非另有其他说明, 此信息由加利福尼亚大学的一名或多名雇员所撰写, 照片由洛斯 · 阿拉莫斯国家实验室根据与美国能源部签订的第 W-7405-ENG-36 号合同运营. 美国政府有权使用、复制和分发此信息. 公众可以免费复制和使用此照片信息, 但所有副本均应保留本声明和作者的所有声明. 政府和大学均不对此信息的使用作任何明确或暗示的担保, 也不承担任何责任."

② 译者注: Enrico Fermi (1901 — 1954), 美籍意大利裔物理学家, 美国芝加哥大学物理学教授. 他在量子力学、核物理、粒子物理以及统计力学方面都做出了杰出贡献, 曼哈顿计划期间领导制造出世界首个核反应堆, 也是原子弹的设计师和缔造者之一, 被誉为"原子能之父". Fermi 在 1938 年因研究由中子轰击产生的感生放射以及发现超铀元素而获得了诺贝尔物理学奖.

③ 译者注: Stanislaw Ulam (1909 — 1984), 波兰犹太裔的美籍数学家. 1933 年在波兰获得数学博士学位, 在学习期间, Banach 教过他. 1935 年 Ulam 认识了 von Neumann, 后者先邀请他到普林斯顿大学学习, 后于 1943 年邀请他到洛斯 · 阿拉莫斯国家实验室工作. 在实验室里, 他建议使用蒙特卡罗方法来评估建模核链反应时出现的数学积分困难. Ulam 与 Everett 合作发现 Teller 先前的氢弹模型不准确. 之后 Ulam 提出了一种更好的方法. 在纯数学领域, 他从事集合论 (包括可测量的基数和抽象测度)、拓扑、遍历理论和其他领域的研究. 他曾与 Erdös 合作了半个多世纪. 第二次世界大战后, 他在很大程度上放弃了严格的纯数学运算, 转而进行了更多的思考和想象力工作, 他的专长之一是提出问题和猜想. 同时, 他也经常关注数学在物理学和生物学中的应用.

④ 照片来源: 洛斯 · 阿拉莫斯国家实验室 http://www.lanl.gov/history/wartime/staff.shtml. "除非另有其他说明, 此信息由加利福尼亚大学的一名或多名雇员所撰写, 照片由洛斯 · 阿拉莫斯国家实验室根据与美国能源部签订的第 W-7405-ENG-36 号合同运营. 美国政府有权使用、复制和分发此信息. 公众可以免费复制和使用此照片信息, 但所有副本均应保留本声明和作者的所有声明. 政府和大学均不对此信息的使用作任何明确或暗示的担保, 也不承担任何责任."

新的领域. Ulam 对随机数学有着浓厚的兴趣, 一方面来自他的业余爱好, 他喜欢带有随机性的游戏 (单人纸牌, 扑克游戏), 另一方面来自他的研究. 他对随机采样理论非常了解, 于是建议 von Neumann 用 ENIAC 进行基于随机模拟的中子迁移计算. 他们所研究的模型是可裂变介质的中子扩散模型. 后来, 他了解到 Fermi 已经在 1930 年左右用到过随机采样的思想. 一天, Metropolis 提议用蒙特卡罗来命名这个算法, 这是借用 Ulam 的叔叔借钱去蒙特卡罗 (摩纳哥附近以赌场闻名的地方) 来跟 Ulam 开个玩笑. 而蒙特卡罗这个名字就这样保留下来. 在洛斯 · 阿拉莫斯产出了大量的有关蒙特卡罗的研究工作, 还有程序代码保留下来——蒙特卡罗 N 粒子 (MCNP) 迁移程序——这些方法很快就在世界范围传播开来. 感兴趣的读者可以参考以下历史文献或摘要: [116, 140, 11, 72, 114, 35].

图 7　Stanislaw Marcin Ulam (1909—1984)

在 2000 年 [29], 工业与应用数学协会 (SIAM) 将蒙特卡罗方法评选为 20 世纪 10 种对工程科学的发展与实际应用最有影响的算法之一.

随机模拟中的三个典型问题

▷ 问题 1——数值积分: 正交基方法, 蒙特卡罗方法与拟蒙特卡罗方法

我们考虑如下积分的数值计算问题

$$I = \int_{[0,1]^d} f(x)dx, \tag{1}$$

其中 $f : [0,1]^d \to \mathbb{R}$ 是一个可积函数. 如果积分在 $\mathbb{R}^d$ 中定义, 总可以通过一个准备步骤, 进行变量代换, 使得积分区域变为 $[0,1]^d$.

蒙特卡罗方法. 用蒙特卡罗方法对 I 进行估值基于生成在 $[0,1]^d$ 上服从均匀分布的独立随机变量 $(U_1, \cdots, U_m, \cdots)$. 显然, U_m 的模拟可以通过生成 d 个

在 $[0,1]$ 上服从均匀分布的随机变量来做到. 那么蒙特卡罗估计值可以写为

$$I_M := \frac{1}{M}\sum_{m=1}^{M} f(U_m). \tag{2}$$

大数定律 (参见第 2.1节) 保证了下式以概率 1 成立

$$\lim_{M\to+\infty} I_M = \mathbb{E}(f(U_1)) = \int_{[0,1]^d} f(x)dx. \tag{3}$$

进一步, 如果我们假设 f 是平方可积的, 即 $\int_{[0,1]^d} f^2(x)dx < +\infty$, 那么中心极限定理 (定理 2.2.1) 将给出其收敛速度 (依分布) 等于 $\sqrt{M}$: 事实上, 定义 $\sigma^2 = \mathbb{V}\mathrm{ar}\ (f(U_1))$, 我们有

$$\sqrt{M}(I_M - I) \underset{M\to+\infty}{\Longrightarrow} \mathcal{N}(0,\sigma^2). \tag{4}$$

值得注意的是收敛速度不依赖于维数 d, 于是当 d 很大 (甚至是无穷) 时, 这就变得非常有用. 而且, $\sigma^2 = \mathbb{E}(f^2(U_1)) - (\mathbb{E}(f(U_1)))^2$ 也可以写为一个期望, 并且可以用相同的采样值计算: 这可以帮我们构造一个复杂的显式误差估计. 我们将晚些回来讨论这一点.

确定性离散化方法. 矩形方法和梯形方法以及它们不同的变形, 都是由在 d 个方向均匀有规律地放置 N 个点, 并安排好各点权重而构成. 如果函数 f 是 Lipschitz 函数, 那么精度为 N^{-1} 阶, 于是计算成本 $\mathcal{C} = N^d$ (空间的点数) 对应的精度是 $\mathcal{C}^{-1/d}$, 这说明了算法关于维数 d 的显著敏感性. 假设 f 有更好的正则性, 并且我们采用更高阶的数值积分方法, 则精度可以提高, 并且降低维数的影响, 但不能去掉维数的影响.

正交基公式. 我们首先来刻画 $d=1$ 的情形. 近似形式可以写为

$$\int_0^1 f(x)dx \approx \sum_{n=1}^{N} w_n f(x_n),$$

其中 $(w_n, x_n)_{1\leqslant n\leqslant N}$ 是 N 阶 Gauss-Legendre 正交基方法的权重/点. 这 $2N$ 个参数可以准确计算最高为 $2N-1$ 阶的多项式. 如果相应的积分可以写为 $\int_{\mathbb{R}} f(x)\frac{1}{\sqrt{2\pi}}e^{-\frac{x^2}{2}}dx$ 的形式, 那么我们可以用 Gauss-Hermite 正交基方法; 如果积分的权重是 $e^x\mathbf{1}_{x\geqslant 0}$, 那么我们用 Gauss-Laguerre 正交基, 等等. 读者可以参考 [48, 第 3 章和第 6 章] 或者 [15]. 若函数 f 非常接近一个多项式 (如此函数很光滑), 近似结果一般都是非常出色的. 关于高维计算, 我们将 1 维公式张量化. 同样这个方法还对维度敏感.

值得一提的是, 一般来说[①], 不存在简单的方法能够将 N 阶公式转化为

① 由基于 Chebyshev 多项式和其节点的 Clenshaw-Curtis 正交基方法可以推导出一个例外.

$N+1$ 阶公式. 这样, 如果我们想要通过增加点来提高想要的精度, 就需要重新开始所有计算.

拟蒙特卡罗方法. 蒙特卡罗方法的方程 (3) 告诉我们, 采样点 $(U_m)_{1\leqslant m\leqslant M}$ 的实证分布以概率 1 收敛到一个方块 $[0,1]^d$ 上的均匀分布. 虽然我们可以质疑随机采样在这个方块中没有充分填满, 留下来很多 "洞", 但最终整个方块会被填满; 参见图 8. 拟蒙特卡罗方法不含有随机性, 因为这些点基于一个确定点序列, 并以一种更有规律的方法填满整个方块. 不像之前提到的正交基方法或者离散化方法, 可以在计算中增加一个点而不用重新计算之前的所有 M 个点.

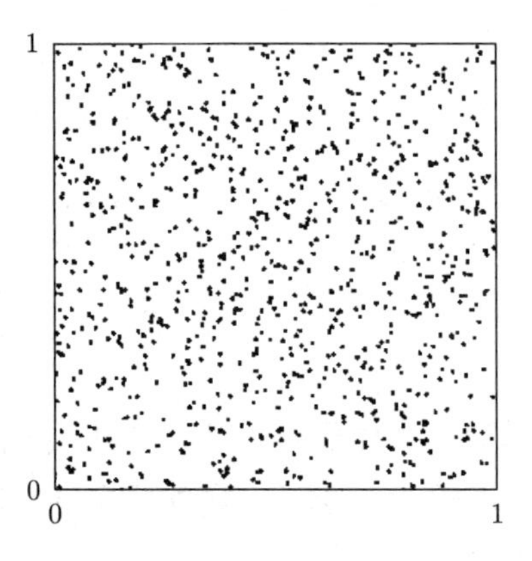

图 8　服从方块 $[0,1]^2$ 上的均匀分布的 1000 个独立随机采样点

偏差. 我们用更细致的量化的方法描述序列 $(x_m)_{m\geqslant 1}$ 如何填满方块 $[0,1]^d$, 即将落入 $[0,y_1]\times\cdots\times[0,y_d]$ 中的点与均匀测度比较.

定义 1　*一个序列 $(x_m)_{m\geqslant 1}$ 的偏差 (discrepency) 定义为*

$$D_M((x_m)_{m\geqslant 1})=\sup_{y\in[0,1]^d}\left|\frac{1}{M}\sum_{m=1}^{M}\mathbf{1}_{x_m\in[0,y_1]\times\cdots\times[0,y_d]}-y_1\times\cdots\times y_d\right|.$$

若 $\lim_{M\to+\infty}D_M((x_m)_{m\geqslant 1})=0$, 则称序列是等度分布的.

我们能够证明独立随机变量序列在 $[0,1]^d$ 中以概率 1 为等度分布, 其偏差的近似上界为 $C\sqrt{\frac{\log(\log(M))}{M}}$. 收敛速度无法进一步改善 (重对数律, 参见定理 2.3.3).

我们称一个序列具有低偏差, 如果它的偏差小于独立均匀分布随机变量的偏差. 不过, 任何序列的偏差都必须满足:

$$D_M((x_m)_{m\geqslant 1})\geqslant C_d\frac{(\log(M))^{\max(1,\frac{d}{2})}}{M}.$$

对于无穷多个 M 的值, 它给出可能出现的最佳情形的下界. 下面我们给出几个低偏差序列的例子.

- **轮胎面上的无理缠绕 (轮胎算法).** 这些序列具有如下形式

$$x_m = (\mathrm{Frac}\,(m\alpha_1), \cdots, \mathrm{Frac}\,(m\alpha_d)),$$

其中 $\mathrm{Frac}(y)$ 是 y 的十进制小数部分, 而 $(\alpha_i)_{1\leqslant i\leqslant d}$ 为取值于 $\mathbb{Q}$ 的任意一组数. 例如我们可以取 $\alpha_i = \sqrt{p_i}$, 其中 p_i 是第 i 个质数. 关于这个序列, 对任意 $\varepsilon > 0$, 我们有

$$D_M((x_m)_{m\geqslant 1}) \leqslant \frac{c_\varepsilon}{M^{1-\varepsilon}},$$

它改进了随机序列的收敛性并得到了可能出现的最优界. 图 9 显示了序列是如何规律地填满一个 2 维的正方形.

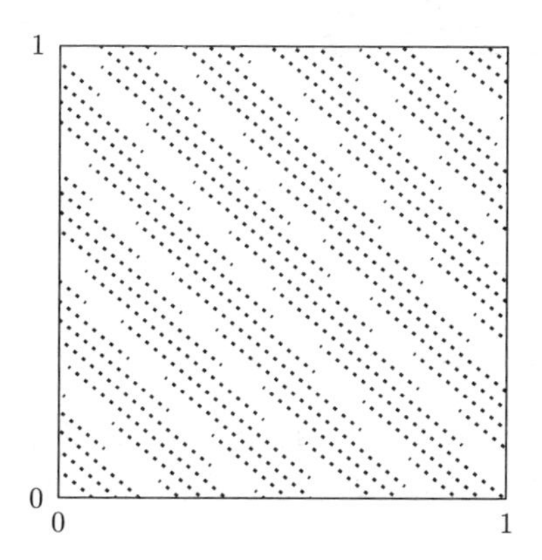

图 9　2 维轮胎算法序列的前 1000 个点 ($\alpha_1 = \sqrt{2}$, $\alpha_2 = \sqrt{3}$)

- **Van Der Corput 序列.** 令 p 为一个比 1 大的整数, 将 m 写成用 p 的幂级数表示的唯一幂分解

$$m = a_0 + \cdots + a_r p^r,$$

其中 $r > 0$, $a_i \in \{0, \cdots, p-1\}$ 并且 $a_r > 0$. 然后我们假设

$$\phi_p(m) = \frac{a_0}{p} + \cdots + \frac{a_r}{p^{r+1}}.$$

- **Halton 序列.** 这是 Van Der Corput 序列在多维情形的推广, 取 $(p_1, \cdots, p_d)$ 为开始的 d 个质数, 并假设

$$x_m = (\phi_{p_1}(m), \cdots, \phi_{p_d}(m)).$$

对于这个序列, 我们有

$$D_M((x_m)_{m\geqslant 1}) \leqslant \frac{1}{M}\prod_{i=1}^{d}\frac{p_i\log(p_iM)}{\log(p_i)} \underset{M\to+\infty}{\sim} C\frac{(\log(M))^d}{M}. \tag{5}$$

我们知道还存在其他低偏差序列, 例如 Faure 序列, Sobol 序列, 它们的构造很复杂 (参见 [122]). 这些偏差的估计有助于我们估计用等度分布序列逼近 f 的积分的数值收敛速度.

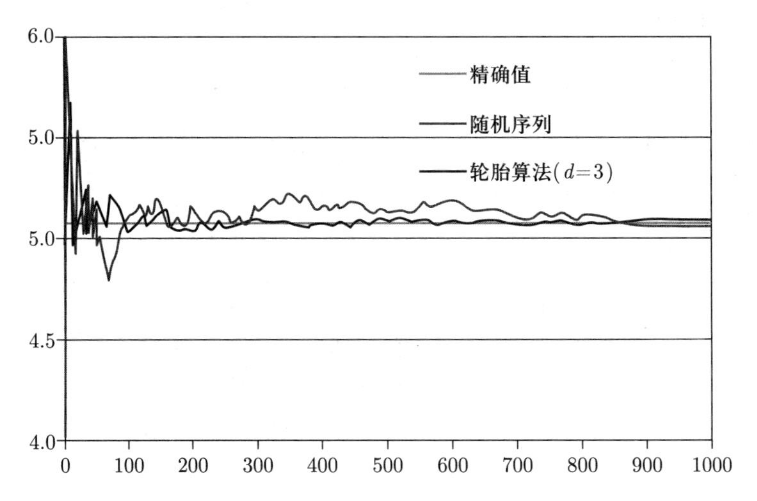

图 10　$\int_{[0,1]^3}\exp(x_1+x_2+x_3)dx$ 的估计: 在 3 维中用随机序列和轮胎算法序列 ($\alpha_1=\sqrt{2}$, $\alpha_2=\sqrt{3}$, $\alpha_3=\sqrt{5}$) 模拟, 将估计值看做所取点数目 M 的函数 (从 1 到 1000)

命题 2 (Koksma-Hlawka 不等式)　令 f 是一个在 Hardy 和 Krause 意义下的有限变差函数, 它的变差为 $\mathbb{V}(f)$, 那么, 对于任意 $M\geqslant 1$, 我们有

$$\left|\int_{[0,1]^d} f(x)dx - \frac{1}{M}\sum_{m=1}^{M} f(x_m)\right| \leqslant \mathbb{V}(f)D_M((x_m)_{m\geqslant 1}).$$

我们不打算进入 $\mathbb{V}(f)$ 的细节计算的讨论, 一般来说这总是很复杂的: 在 d 维情形中, 如果函数 f 是 d 次连续可微的, 我们有

$$\mathbb{V}(f) = \sum_{k=1}^{d}\sum_{1\leqslant i_1<\cdots<i_k\leqslant d}\int_{[0,1]^d}\left|\frac{\partial^k f(x)}{\partial x_{i_1}\cdots\partial x_{i_k}}\right|dx.$$

Koksma-Hlawka 不等式证明了我们可以通过一个低偏差序列开展 I 的数值计算而获得近似 M 阶的收敛速度, 若我们用随机序列进行相同计算, 则收

敛速度是 $\sqrt{M}$ 阶 (参见收敛 (4)). 在图 10 中, 我们通过计算 $f(x)=\exp(x_1+x_2+x_3)$ 的积分来检验这些结果. 精确值 $I=(\exp(1)-1)^3\approx 5.073$. 显然, 在这个例子中低偏差序列收敛得更快.

上面 $\mathbb{V}(f)$ 的表达式显示出为了在高维情形中从低偏差序列 $(x_m)_{m\geqslant 1}$ 中获得优势, 函数 f 一定要越来越光滑①, 这限制了上面的误差边界在实际中的应用. 不过, 考虑到偏差的定义, 若 f 取为 Riemann 可积的, 则能保证误差收敛到 0.

最后, 低偏差序列提供了比用随机序列获得更快的收敛速度的可能性, 但是没有显式的误差控制. 为了获得更多内容, 参见 [24].

维数增加时的现象. 在之前涂色的例子中, 均匀分布的随机变量的维数 d (即, 被积变量的维数) 可以很大 (等于图的边的数目), 并且可能有超过几百个随机变量. 后面将会看到的, 我们也有关于维数很高的这种过程模拟. 事实上, 在高维中我们很难找到有效的低偏差序列: 我们已经看到在界的估计式 (5) 中维数关于偏差的影响是指数阶的. 这一点关于所有已知序列都在数值上被确认了.

那么, 我们应该怎样处理高维的情形? 我们尝试收集 d_0 维的低偏差序列的几个连续项以构造维数更高的 $d>d_0$ 维序列: 如果在 $[0,1]^{d_0}$ 中的初始序列是 $(x_m)_{m\geqslant 1}$, 那么可以定义取值在 $[0,1]^{2d_0}$ 中的新序列为 $\tilde{x}_m=[x_{2m-1},\ x_{2m}]$. 这种构造对于独立的随机变量自然适用, 但不幸的是, 对于确定性序列, 这个步骤并不适用, 因为这样定义的新序列 $(\tilde{x}_m)_{m\geqslant 1}$, 即使满足等度分布, 也不再是低偏差的. 在图 11 中, 我们仍然考虑计算 $\int_{[0,1]^3}\exp(x_1+x_2+x_3)dx$, 在 $d_0=1$ 维中取一个轮胎算法序列, 然后将它分为三组 ($\hat{x}_m=[x_{3m-2},x_{3m-1},x_{3m}]$) 来构造一个 $d=3$ 的序列. 我们观测到结果很快收敛, 但是收敛到一个错误的值.

另外一个得到 d 维序列的方法是在维数为 $d_0<d$ 的低偏差序列中加上 $d-d_0$ 个服从 $[0,1]$ 均匀分布的独立随机变量. 很不幸的是, 这个过程一般会导致前 d_0 个分量的低偏差消失, 而不再具有所需要的精度. 即便如此, 有时候这个方法也能奏效, 特别地, 当积分在某些方向中囊括了函数 f 的变化的绝大部分时. 这里我们不深入探讨理论, 仅给出一个例子: 当 $d=5$ 时, 考虑 $f(x)=\exp(x_1+x_2+x_3+0.001(x_4+x_5))$. 于是一个很好的选择是选取一个 3 维的低偏差序列 $(x_m=[x_{1,m},\cdots,x_{5,m}])_{m\geqslant 1}$, 其中前三个分量用 $([x_{1,m},x_{2,m},x_{3,m}]_{m\geqslant 1})$ 赋值, 然后生成独立的随机变量来填充剩下的两个分量.

结论. 关于数值积分, 人们普遍都认同当维数较低的时候, 离散化和正交基公式是最有效的, 对于不大不小的维数, 倾向于用拟蒙特卡罗方法, 而对于高维情

① 这里也是维数诅咒的一个形式: 如果维数增加的同时函数越来越光滑, 那么收敛速度没有因此变坏.

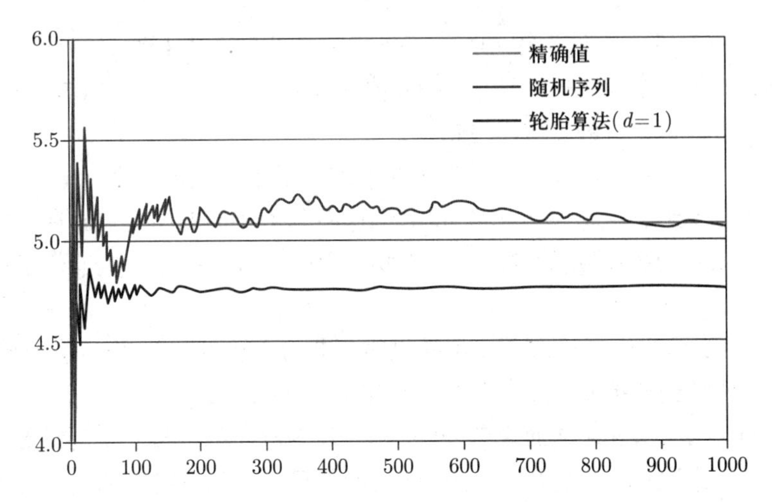

图 11　$\int_{[0,1]^3} \exp(x_1+x_2+x_3)dx$ 的估计: 分别用从 1 维延伸到 3 维的随机序列和轮胎算法序列 $(\hat{x}_m)_{m\geqslant 1}$

形, 蒙特卡罗方法显示出它的优势. 而且, 后者提供了速度为 $\sqrt{M}$ 的先验误差控制的优势, 而一般情况下这个速度就够了 (对于函数的正则性或者问题的其他特殊方面是稳健的).

我们利用 Lebesgue 测度 dx 的概率表示总是能够将积分表示为某个期望的形式, 但是一个积分并不一定能用显式密度函数写出结果. 在后一情形, 只能用蒙特卡罗方法进行数值积分模拟.

最后, 我们注意到低偏差序列是有偏的, 而蒙特卡罗方法给出的是所需要计算数值的无偏估计: 实际上, 实证均值 (2) 满足 $\mathbb{E}(I_M)=I$. 为了重新让低偏差序列具有这个性质, 我们可以用如下的方法来随机化序列: 如果 U 服从 $[0,1]^d$ 上的均匀分布, 那么新序列的第 m 项是

$$x_m^U=(\mathrm{Frac}(U_1+x_{m,1}),\cdots,\mathrm{Frac}(U_d+x_{m,d})).$$

我们容易验证低偏差性质仍被保留. 进一步, 利用 Lebesgue 测度的变换不变性, 拟蒙特卡罗估计是无偏的:

$$\begin{aligned}
&\mathbb{E}\Big(\frac{1}{M}\sum_{m=1}^{M} f(x_m^U)\Big)\\
&=\frac{1}{M}\sum_{m=1}^{M}\int_{[0,1]^d} f(\mathrm{Frac}(u_1+x_{m,1}),\cdots,\mathrm{Frac}(u_d+x_{m,d}))du\\
&=\int_{[0,1]^d} f(u)du=I.
\end{aligned}$$

读者参考 [102] 可以获得更多的细节.

▷ **问题 2——复杂分布的模拟: Metropolis-Hastings 算法, Gibbs 采样**

一个复杂分布的原型是 Gibbs 分布 (也称作 Boltzmann 分布). 在后面的例 5 中, 我们将给出另外一个从 Bayes 统计中得到的复杂分布的例证.

Gibbs 分布描述了如下形式的物理系统的分布, 记为

$$\pi(x) = \frac{1}{\mathcal{Z}_T} e^{-\frac{1}{T}U(x)},$$

其中 $x \in \mathcal{X}$ 是系统的一个配置, $U(x)$ 是其能量 (或者是势能), T 代表温度; π 是参数为 U 和 T 的系统在热力学均衡态中自然出现的概率分布.

常数 $\mathcal{Z}_T$ 是分布 π 的正则化常数. 问题是在应用中, 配置的数目 ($\mathcal{X}$ 的元素个数) 经常是非常大的, 于是, $\mathcal{Z}_T$ 的数值计算非常困难, 甚至是无法做到的.

例 3 (统计物理, 交互系统, 社会网络) Ising 模型是统计物理中的一个模型, 它是一个服从 Gibbs 分布的磁场系统的简化模型. 在 2 维中, 例如, 粒子分布在大小为 $N \times N$ 的规则格点上, 用 -1 和 $+1$ 代表它的自旋方向. 配置 $x \in \mathcal{X} = \{-1, +1\}^{N^2}$ 的能量可以表示为如下形式

$$U(x) = -\frac{1}{2}\sum_{i\sim j} J_{i,j}x_i x_j - \sum_i h_i x_i,$$

其中 $(J_{i,j})$ 是相互作用力, (h_i) 是外部磁场, 且 $i \sim j$ 表示 i 和 j 是相邻的两个位置. 如果 $J_{i,j} > 0$, 那么相互作用是铁磁体, 并且它倾向于自旋方向相同. 注意到计算 $\mathcal{Z}_T$ 需要对 2^{N^2} 个配置估值, 在实际中, 只要 N 比 10 大就不可能进行了.

Potts 模型是类似的: 每个位置的可能取值的个数大于 2.

这种类型的模型也启发社交网络模型的研究, 其中交互作用可以是朋友, 朋友的朋友, 等等, 参见 [144].

例 4 (马尔可夫场, 图像) Gibbs 分布在由马尔可夫场建立的模型中是非常普遍的. 其中 $N \times N$ 磁化粒子被 256×256 格像素取代, 而自旋被灰度取代, 参见 [51]. 这使得我们可以解决图像复原或分割等困难的问题.

对于数值实验 (例如在 Ising 模型中, 为了解决相变问题与临界温度何时出现的问题获取直观启发), 模拟出服从带有分布 π 的配置的能力成为一个关键的问题.

取舍方法. 用取舍方法来进行采样——最初大概是由 von Neumann 在 1947 年提出的; 参见 [35]——允许我们由对另外一个随机变量的模拟开始, 来生成服从给定分布的随机变量样本. 如果 π 是定义在离散空间 $\mathcal{X}$ 上 (例如在 Ising 模型中) 的目标分布, 取舍采样方法的最简单版本由如下步骤构成:

1. 在 $\mathcal{X}$ 上, 随机生成一个服从均匀分布 (其概率为 $\pi'(Y) = \frac{1}{\mathrm{Card}s(\mathcal{X})}$) 的配置 Y.

2. 以概率 $\frac{\pi(Y)}{c\pi'(Y)}$ 接受这个模拟, 其中 c 是大于 $\max_{x\in\mathcal{X}} \frac{\pi(x)}{\pi'(x)}$ 的一个常数.

我们多次重复这个步骤, 直到得到第一个被接受样本, 如此下来输出的随机变量样本服从分布 π; 关于证明, 参见 1.3.2 节与命题 1.3.2.

完成这个算法面临两个问题: 第一个是模拟所需的时间, 其期望等于 c, 如果 π 与均匀分布差得很远 (例如在 Ising 模型中, 这个情形对应低温度与强相互作用), 那么 c 可能会是很大的数. 第二个是主要问题: 就像前面提到的, 在应用中, 很可能人们无法知道 π 的正则化常数 $\mathcal{Z}_T$ 的值; 这样取舍方法就没法展开.

Metropolis-Hastings 算法. Metropolis 与他的合作者 [115] 在 1953 年提出了一个算法, 可以近似模拟 π, 他们将概率 π 看做一个马尔可夫链 $(X_n)_n$ 的不变分布, $(X_n)_n$ 记为算法中每个步骤的结果. 在计算足够长时间之后, X_n 的分布接近目标 π. 后来, Hastings [74] 给出了一个推广算法. Metropolis-Hastings 算法这个名字就保留下来了. 参见 [106, 第 5 章].

我们考虑相对容易模拟的定义在 $\mathcal{X}$ 上的马尔可夫链 X, 令其转移核① $q(x,y) > 0$②, 我们利用这个转移核由一个配置转换到另外一个. 算法可以从任意的初始配置 x_0 开始, 具体写为如下形式:

中间的步骤是基于取舍方法的 (参见前一段落), 它可以帮助我们模拟一个服从给定的分布的随机变量 (对于给定 x)

$$p(x,y) = q(x,y)\min\left(1, \frac{\pi(y)\cdot q(y,x)}{\pi(x)\cdot q(x,y)}\right), \forall y \neq x.$$

实际上, 这一系列算法步骤描绘了一条马尔可夫链的轨道 $(X_n)_{1\leqslant n\leqslant N}$, 它从 $X_0 = x_0$ 开始, 转移矩阵为 $P = (p(x,y))_{x,y}$. 如果 q 是对称的, 那么接受度检验与 p 的表达式可以简化为 $p(x,y) = q(x,y)\min\left(1, \frac{\pi(y)}{\pi(x)}\right)$. 在这个情形中, 我们要避免出现 q 为零的问题.

① 从状态 x 转移到状态 y 的概率.

② 我们用到严格正的假设是为了简化表达.

算法 1 Metropolis-Hastings 算法

```
1  n, N: 整数;
2  x_0, ..., x_N: 配置;
3  y: 配置;
4  x_0 ← 初始配置;
5  for n = 1 to N do
6  |  y ← 根据转移概率 q(x_{n-1}, ·) 模拟下一个配置;
7  |  if rand ≤ π(y) × q(y, x_{n-1}) / (π(x_{n-1}) × q(x_{n-1}, y)) then
8  |  |  x_n ← y;        /* 接受所模拟的 y */
9  |  else
10 |  |  x_n ← x_{n-1};  /* 拒绝 */
11 Return x_1, ..., x_N.   /* x_1, ..., x_N 的实证测度接近 π */
```

我们立刻能验证 $\pi(x)p(x,y)=\pi(y)p(y,x)$ (转移矩阵 P 关于 π 是可翻转的): 这样 π 就是 $(X_n)_n$ 的不变分布的一个自然选择. 如果我们进一步假设马尔可夫链不可约性成立, 我们可以应用遍历性定理 (例如参见 [138]), 证明当 $N\to+\infty$ 时, 实际上, 实证分布

$$\pi_N := \frac{1}{N}\sum_{n=1}^{N}\delta_{X_n} \tag{6}$$

收敛到 π. 为了模拟一个分布为 π_N 的随机变量样本, 只需要模拟服从 $\{1,\cdots,N\}$ 上均匀分布的样本 I, 然后取 X_I. 经由这个过程, 当 N 足够大的时候, 我们可以认为随机变量 X_I 服从所要求的分布 π. 如果马尔可夫链是非周期的, 那么这个收敛会变快, 并且我们直接得到 X_N 依分布收敛到 π 成立.

值得一提的是, 算法的优化仅需要由 π 的信息所导出的比值 $\pi(y)/\pi(x)$, 于是模拟 Gibbs 分布是可行的 (不需要知道正则化常数 $\mathcal{Z}_T$).

Gibbs 采样. Metropolis-Hastings 算法将配置变化的转移概率 q 的选择作为条件. 在实践中, q 的选择通常给出了由配置空间中的各点到最近的邻点所需要的局部变化, 就像简单随机游走的情形一样. 有时候人们争辩关于目标分布 π 的命题太繁杂. Geman 和 Geman [52] 在 1984 年提出一个直接由 π 来构造条件分布的 Gibbs 采样的共选算法.

下面我们要讲述的是随机 Gibbs 采样. 关于更多的细节, 即其衍生和参

考, 我们建议读者去阅读 [106, 第 6 章]. 我们还是沿用 Ising 模型的符号, $\mathcal{X}$ 定义为所有可能出现的配置构成的空间, 假设在其上定义了张量形式 $x = (x^1, \cdots, x^d)$, 其中 $x^i \in \mathcal{E}$: 在 2 维 Ising 模型中, $d = N^2$, 并且 $\mathcal{E} = \{-1, +1\}$. 我们定义 $x^{-i} = (x^1, \cdots, x^{i-1}, x^{i+1}, \cdots, x^d)$, 即配置 x 改变了其第 i 个分量, 在不会混淆符号的条件下, 我们记 $x = (x^i, x^{-i})$. 我们令

$$\pi_{x^{-i}}^{(i)}(x^i) = \frac{\pi(x)}{\sum_{y^i} \pi(y^i, x^{-i})},$$

这个式子可以解释为在其他分量为 x^{-i} 的条件下, 第 i 个分量等于 x^i 的条件概率. 在 Ising 模型中, 注意到 $\pi_{x^{-i}}^{(i)}(x^i)$ 可由仅可能取两个值的第 i 个分量计算出, 而不需用到正则化常数 $\mathcal{Z}_T$. 在这个模型以及其他许多应用中, $\pi_{x^{-i}}^{(i)}(\cdot)$ 的模拟相对简单.

于是, 最终形式的算法可以如下写出, 从初始配置 $x_0 = (x_0^0, \cdots, x_0^d)$ 开始.

算法 2 随机 Gibbs 采样

```
1  n, N: 整数;
2  x_0, ··· , x_N: 配置;
3  y: ℰ 中的元素;
4  i: 整数;
5  x_0 ← 初始配置;
6  for n = 1 to N do
7  |   i ← 根据 {1, ··· , d} 上的均匀分布来模拟;
8  |   y ← 根据分布 π^{(i)}_{x^{-i}_{n-1}}(·) 来模拟;
9  |_  x_n ← (y, x^{-i}_{n-1});
10 Return x_1, ··· , x_N.        /* x_1, ··· , x_N 的实证测度接近 π */
```

于是我们得到了一个样本 $(X_1, \cdots, X_N)$ (分量强相互依赖), 当 $N \to +\infty$ 时, 对应实证分布 π_N (定义如 (6)) 收敛到 π.

前面两个算法都是马尔可夫链蒙特卡罗方法——通常称为 MCMC 方法, 参见 [5, 第 13 章]——的特例, 一般来说, 它模拟一个满足遍历性的马尔可夫链 $(X_n)_n$, 其不变分布就是目标分布 π. 在这个简介中我们没有时间讨论的一个重要的问题是如何寻找一个能够给出最好的收敛速度的算法.

最近几年来, MCMC 方法有了很大的发展, 并有很多统计学的应用 (例如, 参见 [129, 26]), 还有非确定性量化 [87], 小概率事件模拟 [130], 等等. 我们最

后给出一个统计学的例子.

例 5 (Bayes 统计) 假设我们能够观测一个依赖于需要估计的未知参数 θ 的模型的数据 $X=(X_1,\cdots,X_d)$ (可以是高维的).

对于给定的参数 θ, 由 $p_\theta(X)$ 给出观测值的分布. 由最大似然估计可以推出一个经典结果 $\theta_X=\arg\max_\theta p_\theta(X)$ 作为未知参数的估计. 在一定条件下, 当观测数据量趋于无穷大时, 估计值是相容的: $\theta_X\to\theta$ 依概率成立.

Bayes 方法是不同的. 假设参数 θ 具有不确定性, 于是它变成随机的, 并且服从某个给定的先验分布 $p(\theta)$. 这样, $p_\theta(X)$ 变成条件概率 $p(X|\theta)$, 我们假定它为已知的. 那么我们可以用 Bayes 公式写出后验分布, 即

$$p(\theta|X)=\frac{p(\theta,X)}{p(X)}=\frac{p(X|\theta)p(\theta)}{p(X)}. \tag{7}$$

这样, 目标就是依从这个分布来进行模拟, 例如, 通过实证平均来计算 Bayes 估计值 $\mathbb{E}(\theta|X)$.

不幸的是, 只有在极少数的情况下分布 $p(\theta|X)$ 有简单形式, 在大多数情况下, 依从这个分布来采样是非常复杂的. 事实上, 在表达式 (7) 中, 我们重新发现了与 Gibbs 分布相同的一些特征:

- 数值 $p(X|\theta)p(\theta)$ 是显式形式, 并已知.
- 关于控制项, $p(X)$ 是标准化常数, 并且在通常情形下很难求到, 因为 (X,θ) 在很高维数的空间中取值.

这样 Gibbs 分布提供了一个基于观测值 X 的模拟 θ 的方法.

▷ 问题 3—— 随机最优化: 模拟退火法和 Robbins-Monro 算法

这一节中我们给出两个算法, 来展示随机模拟如何帮助我们求解在确定性环境中或者随机环境中的最优化问题. 我们在这里更侧重随机算法, 而不是蒙特卡罗方法. 关于一般性信息, 我们建议读者参考 [32] 或者 [14]. 关于第一个算法 (模拟退火), 最优化变量的空间是有限维的, 在实际应用中维数可以很大, 并且极小化函数可能取为一般形式. 关于第二个算法 (Robbins-Monro), 最优化变量在 $\mathbb{R}^d$ 中取值, 极小化函数是连续的并且在极小点附近是局部凸的.

模拟退火算法. 人们都知道某些组合优化问题很难准确求解; 这里给出几个经典的例子:

- **推销员问题.** 连接 N 个给定的点的最短闭路径是什么样的? 这是要到一系列城市去推销并且回到出发城市的推销员的一个问题.

- **图的染色问题.** 我们如何用尽量少的颜色给一个给定的图的顶点染色, 并满足相邻的顶点有不同的颜色? 它在电信方面的应用已经在引言开始讲到了.

更一般地, 对于函数 $U:\mathcal{X}\to\mathbb{R}^+$ (或者 $\mathbb{R}^-$), 考虑一个最小化问题:

$$\text{寻找 } \mathcal{U}_{\min}=\{x\in\mathcal{X}:U(x)=\inf_{y\in\mathcal{X}}U(y)\} \text{ 中的一个元素.}$$

例如, 在推销员问题中, $\mathcal{X}=\{(x_1,\cdots,x_N):x_i\neq x_j,i\neq j\}$ 是经过 N 个不同城镇的所有路径构成的空间, 而 $U(x)=\sum_{i=1}^N d(x_i,x_{i+1})$ 是路径的长度 (通常约定 $x_{N+1}=x_1$).

我们容易验证当温度 T 趋于 0 时, 由下式给出的温度 T 的 Gibbs 分布

$$\pi(x)=\frac{1}{\mathcal{Z}_T}e^{-\frac{1}{T}U(x)}$$

收敛到 $\mathcal{U}_{\min}$ 上的均匀分布. 这个工作启发我们应用 Metropolis-Hastings 算法, 如果我们在马尔可夫链 $(X_n)_n$ 的模拟中耦合上一个温度 $(T_n)_n$ 递减的算法, 就得到模拟退火算法, 参见 [71]. 当转移概率 $(q(x,y))_{x,y}$ 是对称的时候, 算法变成

算法 3 模拟退火算法

```
1 n, N: 整数;
2 x, y: 配置;
3 x ← 初始配置;
4 for n = 1 to N do
5 |   y ← 根据转移概率 q(x,·) 来模拟下一个配置;
6 |   if rand ⩽ exp(−(1/T_n) × [U(y) − U(x)]) then
7 |   |   x ← y;        /* 接受提出的 y*/
8 Return x.
```

在某些假设条件下, 取温度为指数递减函数, 即 $T_n=c\log(n)$, 我们可以证明 X_n 的分布收敛到 $\mathcal{U}_{\min}$ 上的均匀分布, 参见 [20, 第 7 章, 第 8 节]. 转移核 q 的选择关于每个情形分别进行, 为了使算法有效, 还需要一些实践经验.

寻找水平集.

▷ 一个简单版本. 考虑一个寻找连续函数 $F: \theta \in \mathbb{R}^d \mapsto F(\theta) \in \mathbb{R}^d$ 的水平集的一般问题, 即对于一个水平值 $a \in \mathbb{R}^d$, 定义集合

$$\mathcal{T}_a = \{\theta \in \mathbb{R}^d : F(\theta) = a\}.$$

如果 $F = D\Phi$ 是 Φ 的梯度, 并且 $a = 0$, 那么这些值可以用来帮助寻找 Φ 的极大值/极小值.

用 Newton-Raphson 类型的算法进行求解, 是用如下形式的经典迭代步骤

$$\theta_{n+1} = \theta_n - \gamma_{n+1}(F(\theta_n) - a),$$

由序列 $(\gamma_n)_{n\geqslant 1}$ 开始计算, 例如, 在 Newton 法中 Jacobi 行列式 $F'(\theta_n)$ 的逆给定, 或者在割线方法中用有限差分法.

现在假设 $(F(\theta_n))_n$ 带有噪声, 不能被准确估值, 噪声大小可以由一列零均值的随机变量 $(Y_n)_n$ 建模, 那么我们需要在前面的算法中将 $F(\theta_n)$ 替换为它的带噪声的版本 $F(\theta_n) + Y_n$. 这样我们就得到了 Robbins-Monro 算法的最简单形式, 由此获得了一个收敛到 $\theta^* \in \mathcal{T}$ 的序列 $(\theta_n)_{n\geqslant 1}$, 其初始状态 θ_0 可以是任意的. 我们需要假设序列是正的, 并满足两个条件

$$\sum_{n\geqslant 1} \gamma_n = +\infty, \quad \sum_{n\geqslant 1} \gamma_n^2 < +\infty, \tag{8}$$

这样就可以推导出选择序列类型为 $\gamma_n = n^{-\alpha}$, 其中 $\alpha \in (\frac{1}{2}, 1]$.

▷ 更先进的版本. 如果 F 可以写成一个期望 $F(\theta) = \mathbb{E}(f(\theta, Y))$ 的形式, 那么由之前的结果, 我们可以用随机变量 Y 的很大数量 M 的独立模拟的实证平均 $\frac{1}{M}\sum_{m=1}^{M} f(\theta, Y_m)$ 来逼近. 但是这不是最简单的方法. 事实上, 用 $f(\theta_n, Y_n)$ 来替换 $F(\theta_n)$ (只用一次模拟!) 就足够了, 其中 $(Y_n)_{n\geqslant 1}$ 是与 Y 服从相同分布的独立随机变量序列. Robbins-Monro 算法的一般版本的收敛性基于如下经典结果, 我们给出一个在改进假设下的版本 [104, 定理 1].

定理 6 (Robbins-Monro 算法) 设 $f: \mathbb{R}^q \times \mathbb{R}^d \to \mathbb{R}^q$ 是一个可测函数, 令 Y 为一个 d 维随机变量, 满足对于任意 $\theta \in \mathbb{R}^q$, $f(\theta, Y)$ 是可积的, 并且定义 $F(\theta) = \mathbb{E}(f(\theta, Y))$. 进一步, 我们假设

i) 给定 $a \in \mathbb{R}^q$, F 可以分离水平集 $\mathcal{T}_a = \{\theta \in \mathbb{R}^q : F(\theta) = a\}$, 即对于任意 $\theta^* \in \mathcal{T}_a$ 和 $\theta \in \mathbb{R}^q$, 我们有 $\langle \theta - \theta^*, F(\theta) - a \rangle > 0$①;

① 在寻找极值的问题中, 这里 $F = [\nabla\Phi]^{\mathrm{T}}$, 不等式关联到 Φ 的局部凸性, 并且算法给出了 Φ 的极小值 (在极限位置).

ii) 对于某个常数 $C \geqslant 0$ 与任意 $\theta \in \mathbb{R}^q$, 我们有 $\mathbb{E}(f^2(\theta, Y)) < C(1+|\theta|^2)$.

定义

$$\theta_{n+1} = \theta_n - \gamma_{n+1}\left(f(\theta_n, Y_{n+1}) - a\right), n \geqslant 0,$$

其中 θ_0 可以任意选择.

那么, 对于满足 (8) 的序列 $(\gamma_n)_n$, 存在一个随机变量 $\theta^* \in \mathcal{T}_a$, 使得

$$\theta_n \stackrel{\text{a.s.}}{\to} \theta^*.$$

证明要用到鞅的技巧. 上面的结果还有很多衍生结果, 我们这里列出一些:

- 我们可以确定 $\theta_n - \theta^*$ 的收敛速度① 并且研究重整化误差分布的收敛性; 例如, 参见 [32, 第 2 章].
- 我们可以将结果 $(\theta_n)_n$ 取平均 (Polyak-Ruppert 平均过程) 来加速收敛, 同时放松在步长递减上的限制; 参见 [98, 第 11 章] 和 [8].
- 在 $f(\theta, y) = [\nabla_\theta \varphi(\theta, y)]^{\mathrm{T}}$ 和 $a = 0$ 的情形中 (即寻找 $\mathbb{E}(\varphi(\theta, Y))$ 的极值点), 之前的算法可以看做随机梯度算法. 除此之外, 我们可以将梯度替换为函数 φ 的有限变差. 这个方法可以让我们避免计算 φ 的梯度, 称为 Kiefer-Wolfowitz 算法, 参见 [98, 第 1 章].
- 近期, 人们设计出这个算法的多种形变, 以得到方差缩减的效果; 参见 [132].

① 在一定条件下, 速度为 $\sqrt{\gamma_n}$.

第一部分：随机模拟工具

第一章　随机变量的生成

计算机可以生成随机变量的样本, 无论随机变量多复杂, 都可以通过生成一列服从简单分布的随机变量样本, 进行适当的变换来得到所需要的样本. 最基本的简单分布是 $[0,1]$ 上的均匀分布.

1.1　伪随机数发生器

在算法的实现中, 随机数发生器 (RNG) 输出一个在 0 和 1 之间的双精度格式的确定实数列 $(u_1,\cdots,u_m,\cdots)$. 基于所用的编程语言和库函数, 人们可以分别在 C 语言中用命令 drand48、在 C++ 和 Java 语言中用 random、在 MATLAB® 中用 rand、在 Scilab 中用 grand 以及在 Python 中用 numpy.random.rand 填入不同的参数调用随机数发生器来得到一个随机数. 下面我们简单地记它为 rand.

第一次调用随机数发生器后, 我们得到一个数值 u_1; 第二次调用后, 我们得到 u_2. 实际上, 发生器的种子——即第一个输出的数的参数——的默认值是 1. 这里还没有体现出随机性, 因为序列 $(u_1,\cdots,u_m,\cdots)$ 总是一样的. 在编写模拟程序的第一阶段, 这样很方便, 这时如果生成真正的随机结果会使得寻找代码错误变得困难 (人们很容易犯错). 在第二阶段, 我们建议将发生器中的种子变成随机的, 例如用计算机内部的时间 (先验地, 它们总是不同的).

如果序列 $(u_1,\cdots,u_m,\cdots)$——虽然是确定的——具有类似于均匀分布的随机变量序列的随机行为, 那么发生器可以生成有效的随机样本. 为了验证这一点, 人们用大量的统计测试来验证独立性假设, 以及精确地服从给定分布.

感兴趣的读者可以参考 [5, 第 2 章].

在实际中, 发生器的输出都有周期性, 在 L 次生成随机数后会回到最初的值, 等等. 显然与需要生成的数据相比, 能够保证所用的发生器的周期 L 足够大是非常重要的: 在实际中, 目前可用的随机数发生器都满足这个限制.

一个经典的例子是线性同余发生器: 基于三个参数 a, b 和 L, 它可以写为

$$x_{m+1} = ax_m + b \bmod L, \quad u_m = \frac{x_m}{L},$$

算法能得到的最大周期为 L. 在一个很长的时期中, 普遍选择的是 $a = 7^5$, $b = 0$, 及 $L = 2^{31} - 1 = 2147483647$.

Mersenne Twister① 生成器是近来出现的稳健、快速的随机数发生器, 其周期为 $2^{19937} - 1$. 它完全满足实际应用.

1.2 1 维随机变量的生成

对一个给定的随机变量要了解各种各样的模拟算法, 读者可以参考 Devroye [31] 的百科全书式的著作. 我们这里给出的内容参考了 [10], 其中随机样本由服从均匀分布的随机变量通过生成算法来给出.

1.2.1 逆方法

第一个方法基于累积分布函数 (c.d.f.) 的反函数. 这个方法是由 von Neumann 于 1947 年 [35] 提出的. 在下面内容里, 我们总假设 U 为一个服从 $[0,1]$ 上均匀分布的随机变量.

命题 1.2.1 *假设 X 是一个实值随机变量, 累积分布函数为 $F(x) = \mathbb{P}(X \leqslant x)$, 其广义逆 (称为分位数 (quantile)) 定义为 $F^{-1}(u) = \inf\{x : F(x) \geqslant u\}$. 那么*

$$F^{-1}(U) \stackrel{\mathrm{d}}{=} X.$$

反之, 如果 F 还是连续的, 那么 $F(X) \stackrel{\mathrm{d}}{=} \mathcal{U}([0,1])$.

证明 由常规推导可以知道函数 F 是递增的、右连续的并具有左极限. 由类似方法, 分位数 F^{-1} 是递增的、左连续的并具有右极限. 进一步地, 我们有下面的一般性质 (容易证明)

a) $F(F^{-1}(u)) \geqslant u$, 对所有 $u \in]0,1[$ 成立.

① http: //www.math.sci.hiroshima-u.ac.jp/m-mat/MT/emt.html

b) $F^{-1}(u) \leqslant x \Leftrightarrow u \leqslant F(x)$.

c) 如果 F 在 $F^{-1}(u)$ 处连续, 那么 $F(F^{-1}(u)) = u$.

于是由 b), 我们推导出 $\mathbb{P}(F^{-1}(U) \leqslant x) = \mathbb{P}(U \leqslant F(x)) = F(x)$. 这就验证了第一个论断. 在 F 的连续性假设下, 应用 c) 给出 $F(X) \overset{\mathrm{d}}{=} F(F^{-1}(U)) = U$. 这就证明了第二个论断. □

定义 1.2.2 (指数分布) 设 $\lambda > 0$, 那么

$$X = -\frac{1}{\lambda}\log(U)$$

服从指数分布, 记为 $\mathcal{E}\mathrm{xp}(\lambda)$, 其参数为 λ, 密度为 $\lambda e^{-\lambda x}\mathbf{1}_{x\geqslant 0}$.

定义 1.2.3 (离散分布) 设 $(p_n)_{n\geqslant 0}$ 为一列正实数, 并满足 $\sum_{n\geqslant 0} p_n = 1$. 假设 $(x_n)_{n\geqslant 0}$ 为一个实数序列, 那么

$$X = \sum_{n\geqslant 0} x_n \mathbf{1}_{p_0+\cdots+p_{n-1}\leqslant U < p_0+\cdots+p_n}$$

是一个离散随机变量, 满足 $\mathbb{P}(X = x_n) = p_n$, 其中 $n \geqslant 0$.

我们给出几个简单的例子:

- Bernoulli 随机变量 $\mathcal{B}(p)$ 对应情形为 $(p_0, p_1) = (1-p, p)$ 并且 $(x_0, x_1) = (0, 1)$.
- 二项随机变量 $\mathcal{B}in(n, p)$ 可以写为 n 个独立 Bernoulli 随机变量 $\mathcal{B}(p)$ 的和: $\mathbb{P}(X = k) = \binom{n}{k} p^k (1-p)^{n-k}$, 其中 $1 \leqslant k \leqslant n$[①]. 它的推广形式为多项分布.
- Poisson 分布 $\mathcal{P}(\theta)$ 对应为 $x_n = n$ 以及 $p_n = e^{-\theta}\frac{\theta^n}{n!}$, 其中 $n \geqslant 0$.

几何分布也是离散分布, 但是它可以用更简单的方法生成.

定义 1.2.4 (几何分布) 设 $(X_m)_{m\geqslant 1}$ 为一列与 $\mathcal{B}(p)$ 独立同分布的随机变量. 随机变量 $X = \inf\{m \geqslant 1 : X_m = 1\}$ 服从参数为 p 的几何分布 (定义为 $\mathcal{G}(p)$): $\mathbb{P}(X = n) = p(1-p)^{n-1}$, 其中 $n \geqslant 1$. 我们同样有

$$X \overset{\mathrm{d}}{=} 1 + \lfloor Y \rfloor, \text{ 其中} Y \overset{\mathrm{d}}{=} \mathcal{E}\mathrm{xp}(\lambda),$$

这里 $\lambda = -\log(1-p)$, 于是

$$1 + \left\lfloor \frac{\log(U)}{\log(1-p)} \right\rfloor \overset{\mathrm{d}}{=} \mathcal{G}(p).$$

① 译者注: $\binom{n}{k}$ 为从 n 个元素中选取 k 个的组合数.

定义 1.2.5 (Cauchy 分布) 设 $\sigma > 0$, 那么

$$X = \sigma \tan\left(\pi\left(U - \frac{1}{2}\right)\right)$$

是一个参数为 σ 的 Cauchy 随机变量, 其密度函数为 $\frac{\sigma}{\pi(x^2+\sigma^2)}\mathbf{1}_{x\in\mathbb{R}}$.

定义 1.2.6 (Rayleigh 分布) 设 $\sigma > 0$, 那么

$$X = \sigma\sqrt{-2\log U}$$

是一个参数为 σ 的 Rayleigh 随机变量, 其密度函数为 $\frac{x}{\sigma^2}e^{-\frac{x^2}{2\sigma^2}}\mathbf{1}_{x\geqslant 0}$.

定义 1.2.7 (Pareto 分布) 设 $(a, b) \in]0, +\infty[^2$, 那么

$$X = \frac{b}{U^{\frac{1}{a}}}$$

是一个参数为 (a, b) 的 Pareto 随机变量, 其密度函数为 $\frac{ab^a}{x^{a+1}}\mathbf{1}_{x\geqslant b}$.

定义 1.2.8 (Weibull 分布) 设 $(a, b) \in]0, +\infty[^2$, 那么

$$X = b(-\log U)^{\frac{1}{a}}$$

是一个参数为 (a, b) 的 Weibull 随机变量, 其密度函数为 $\frac{a}{b^a}x^{a-1}e^{-(x/b)^a}\mathbf{1}_{x\geqslant 0}$.

关于高斯分布, 它的累积分布函数不具有显式表达式, 同样也没有逆. 不过, 对这个函数有一些非常出色的逼近, 这可以让我们应用逆方法来模拟.

定义 1.2.9 (高斯分布, 参见 [118]) 我们定义函数 $u \in]0, 1[\mapsto \mathcal{N}_{\text{Moro}}^{-1}(u)$ 如下

$$\mathcal{N}_{\text{Moro}}^{-1}(u) = \begin{cases} \dfrac{\sum_{n=0}^{3} a_n(u-0.5)^{2n+1}}{1+\sum_{n=0}^{3} b_n(u-0.5)^{2n}}, & 0.5 \leqslant u \leqslant 0.92, \\ \displaystyle\sum_{n=0}^{8} c_n(\log(-\log(1-u)))^n, & 0.92 \leqslant u < 1, \\ \mathcal{N}_{\text{Moro}}^{-1}(1-u), & 0 < u \leqslant 0.5, \end{cases}$$

其中

$a_0 = 2.50662823884$, $a_1 = -18.61500062529$, $a_2 = 41.39119773534$,
$a_3 = -25.44106049637$, $b_0 = -8.47351093090$, $b_1 = 23.08336743743$,

$b_2 = -21.06224101826$, $b_3 = 3.13082909833$, $c_0 = 0.3374754822726147$,
$c_1 = 0.9761690190917186$, $c_2 = 0.1607979714918209$, $c_3 = 0.0276438810333863$,
$c_4 = 0.0038405729373609$, $c_5 = 0.0003951896511919$, $c_6 = 0.0000321767881768$,
$c_7 = 0.0000002888167364$, $c_8 = 0.0000003960315187$.
于是, $\mathcal{N}_{\text{Moro}}^{-1}$ 是 $\mathcal{N}$ 的反函数的一个近似①, 这里 $\mathcal{N}$ 是标准高斯分布的累积分布函数: $\mathcal{N}(u) = \int_{-\infty}^{u} \frac{1}{\sqrt{2\pi}} e^{-\frac{x^2}{2}} dx$.

于是, 对于 $\mu \in \mathbb{R}$ 及 $\sigma \geqslant 0$,

$$X = \mu + \sigma \mathcal{N}_{\text{Moro}}^{-1}(U)$$

可以近似均值为 μ 且方差为 σ^2 的高斯分布 $\mathcal{N}(\mu, \sigma^2)$.

1.2.2 高斯变量

我们可以用 Box-Muller 变换, 在不需要近似的要求下, 直接生成高斯随机变量的样本. 它基于下面的结果:

算法 1.1 用 Box-Muller 变换生成两个独立标准高斯随机变量

1 r, θ: 双精度实数;
2 u, v: 双精度实数;
3 x, y: 双精度实数;
4 $u \leftarrow$ **rand**;
5 $v \leftarrow$ **rand**;
6 $\theta \leftarrow 2 \times \pi \times u$;
7 $r \leftarrow \text{sqrt}(-2 \times \log(v))$;
8 $x \leftarrow r \times \cos(\theta)$;
9 $y \leftarrow r \times \sin(\theta)$.

命题 1.2.10 假设 X 和 Y 是两个独立的标准高斯随机变量. 定义 (R, θ) 为 (X, Y) 的极坐标:

$$X = R\cos(\theta), \quad Y = R\sin(\theta),$$

其中 $R \geqslant 0$ 且 $\theta \in [0, 2\pi[$. 那么 R^2 和 θ 为两个独立的随机变量; 第一个服从指数分布 $\mathcal{E}\text{xp}(\frac{1}{2})$, 第二个服从 $[0, 2\pi]$ 上的均匀分布.

① 误差在七个标准差之内, 小于 3×10^{-9}(即, $\mathcal{N}(-7) \leqslant u \leqslant \mathcal{N}(7)$).

为了得到服从 $\mathcal{N}(\mu,\sigma^2)$ 分布的随机变量, 只要用 x 乘以标准差 σ, 然后加上均值 μ 就可以了.

Marsaglia 算法是另外一种可以避免用到三角函数的模拟算法 (人们认为这个算法的运行时间比较长); 参见 [5].

1.3 取舍方法

1.3.1 条件分布的生成

给定一个事件 A, 想要模拟 Z 在事件 A 下的样本, 只需要重复地独立生成 (Z,A) 的样本, 然后舍弃那些 A 没有发生的样本. 在下面的论述中, Z 可以是高维的随机变量.

命题 1.3.1 假设 Z 为一个随机变量, A 为一个概率非零的事件. 考察与 (Z,A) 具有相同分布的一列随机元素 $(Z_n,A_n)_{n\geqslant 1}$. 定义 $\nu=\inf\{n\geqslant 1: A_n$ 发生 $\}$, 那么, 随机变量 Z_ν 服从以 A 为条件的 Z 的条件分布.

证明 对于任意 Borel 集 B, 我们有

$$\begin{aligned}\mathbb{P}(Z_\nu\in B)&=\sum_{n\geqslant 1}\mathbb{P}(Z_n\in B;A_1^c;\cdots;A_{n-1}^c;A_n)\\&=\sum_{n\geqslant 1}(1-\mathbb{P}(A))^{n-1}\mathbb{P}(Z_n\in B;A_n)\\&=\frac{\mathbb{P}(Z\in B;A)}{\mathbb{P}(A)}=\mathbb{P}(Z\in B|A).\end{aligned}$$

□

上面的算法运行时间为随机变量, 其长度记为 ν: 这个随机变量的分布为 $\mathcal{G}(\mathbb{P}(A))$. 于是 A 越容易出现, 模拟越容易实现 (算法时间长度的期望等于 $\frac{1}{\mathbb{P}(A)}$).

让我们给出这个结果的一个简单的应用例子: 为了生成一个服从定义在紧集 $D\subset\mathbb{R}^d$ 上的均匀分布的随机变量 X, 只需要生成随机变量 Z 的样本, 使其在一个包含 D 的方块上服从均匀分布 (这很容易做到), 并保留第一个落入 D 中的模拟值. 实际上, 它的分布就是条件分布 $Z|\{Z\in D\}$, 其密度函数为 $z\mapsto\frac{\mathbf{1}_{z\in\text{cube}}}{|\text{cube}|}\frac{\mathbf{1}_{z\in D}}{\mathbb{P}(Z\in D)}=\frac{\mathbf{1}_{z\in D}}{|\text{cube}|\mathbb{P}(Z\in D)}=\frac{\mathbf{1}_{z\in D}}{|D|}$, 即它与 X 的分布相同.

1.3.2 应用取舍方法生成 (非条件) 分布

这里我们假设感兴趣的随机变量 X (可以是高维的) 服从已知密度为 f 的分布, 但是直接生成 X 的样本很复杂. 方法的原理包含生成另外一个随机变量 Y, 使其密度函数是 g, 然后以比值 $f(Y)/g(Y)$ 为概率决定是否接受 Y 为 X 的一个模拟实现. 这个想法由 von Neumann 在 1947 年 [35] 提出. 这个性质可以如下准确地写出.

命题 1.3.2 假设 X 和 Y 为两个在 $\mathbb{R}^d$ 中取值的随机变量, 其关于参考测度 μ 的密度函数分别为 f 和 g. 假设存在常数 $c\ (\geqslant 1)$ 满足

$$cg(x) \geqslant f(x) \quad \mu-\text{a.e.} \tag{1.3.1}$$

令 U 为一个服从 $[0,1]$ 上均匀分布的随机变量, 并且独立于 Y. 那么 Y 在 $\{cUg(Y) < f(Y)\}$ 上的条件分布就是 X 的分布.

证明 事实上, 对于 $\mathbb{R}^d$ 中的任意 Borel 集 B, 令 $A = \{cUg(Y) < f(Y)\}$. 我们有

$$\begin{aligned}
\mathbb{P}(Y \in B|A) &= \frac{\mathbb{P}(Y \in B; A)}{\mathbb{P}(A)} \\
&= \frac{1}{\mathbb{P}(A)} \int_{\{(y,u):y\in B, cug(y)<f(y)\}} g(y)\mathbf{1}_{g(y)>0}\mathbf{1}_{[0,1]}(u)\mu(dy)du \\
&= \frac{1}{\mathbb{P}(A)} \int_B g(y)\frac{f(y)}{cg(y)}\mathbf{1}_{g(y)>0}\mu(dy) \\
&= \frac{1}{c\mathbb{P}(A)} \int_B f(y)\mathbf{1}_{g(y)>0}\mu(dy) \\
&= \frac{1}{c\mathbb{P}(A)} \int_B f(y)\mu(dy).
\end{aligned}$$

如果 μ 几乎处处有 $g(y) = 0$, 那么 $f(y) = 0$ μ 几乎处处成立. 若选择 $B = \mathbb{R}^d$, 则有 $c\mathbb{P}(A) = 1$, 那么对于所有 B, $\mathbb{P}(Y \in B|A) = \int_B f(y)\mu(dy)$ 成立. □

然后我们应用命题 1.3.1 写出上面的条件分布的有效模拟, 于是有如下算法:

为了应用取舍方法, 对于给定的密度函数 f, 容易找到另一个密度函数 g 和常数 c, 使得 $cg(x) \geqslant f(x)$ 对于所有 x 成立. 不过, 如果常数 c 很小, 那么可以选择 g 使得拒绝次数的预期保持很低 (平均上, 即为 $c = \frac{1}{\mathbb{P}(A)}$), 这样算法可以快速运行.

算法 1.2 取舍方法

1 c: 双精度实数;
2 y: 双精度实数;
3 u: 双精度实数;
4 $c \leftarrow f/g$ 的上界;
5 **repeat**
6 $\quad y \leftarrow$ 依据密度函数 g 模拟;
7 $\quad u \leftarrow$ **rand**;
8 **until** $c \times u \times g(y) \leqslant f(y)$;
9 **Return** y. /* 输出变量 y 与 X 的分布相同, 其密度为 f */

例 1.3.3 (Beta 分布的模拟) 一个服从 Beta 分布 $\mathcal{B}(\alpha, \beta)$ (其中 $\alpha > 0$ 和 $\beta > 0$) 的随机变量的密度函数为

$$\frac{1}{B(\alpha, \beta)} x^{\alpha-1}(1-x)^{\beta-1} \mathbf{1}_{0<x<1}.$$

假设 $\alpha \geqslant 1$ 和 $\beta \geqslant 1$, 那么密度函数是有界的. 于是我们可以应用取舍方法, 令 $Y \stackrel{\mathrm{d}}{=} \mathcal{U}([0,1])$. 取舍常数, 即拒绝概率等于

$$c_\alpha = \sup_{0<x<1} \frac{1}{B(\alpha, \beta)} x^{\alpha-1}(1-x)^{\beta-1} = \frac{1}{B(\alpha, \beta)} (x_{\alpha,\beta})^{\alpha-1}(1-x_{\alpha,\beta})^{\beta-1},$$

其中 $x_{\alpha,\beta} = \frac{\alpha-1}{\alpha-1+\beta-1}$.

例 1.3.4 (Gamma 分布的模拟) 一个服从 Gamma 分布 $\Gamma(\alpha, \theta)$ (其中 $\alpha > 0$ 和 $\theta > 0$) 的随机变量的密度函数为

$$\frac{1}{\Gamma(\alpha)} \theta^\alpha x^{\alpha-1} e^{-\theta x} \mathbf{1}_{x \geqslant 0},$$

其中 $\Gamma(\alpha) = \int_0^{+\infty} x^{\alpha-1} e^{-x} dx$ 为 Gamma 函数.

- 如果 $\alpha = 1$, 那么它与分布 $\mathcal{E}\mathrm{xp}(\theta)$ 重合.
- 如果 α 是非零的整数, 那么一个服从 $\Gamma(\alpha, \theta)$ 分布的随机变量可以写为 α 个分布为 $\mathcal{E}\mathrm{xp}(\theta)$ 的独立随机变量的和: 立刻得到模拟算法.
- 如果 α 不是整数, 那么取舍方法就非常有用了. 让我们先不考虑最优性而仅给出一个启发性方法. 为了简化, 假设 $\theta = 1$ 且 $\alpha \in (n, n+1)$, 其中

$n \geqslant 1$. 令 Y 为一个服从 $\Gamma(n, \frac{1}{2})$ 分布的随机变量. 于是我们求出取舍常数等于

$$c_\alpha = \sup_{x>0} \frac{f(x)}{g(x)} = \sup_{x>0} \frac{\frac{1}{\Gamma(\alpha)} x^{\alpha-1} e^{-x}}{\frac{1}{\Gamma(n)} 2^{-n} x^{n-1} e^{-\frac{1}{2}x}}$$
$$= \frac{\Gamma(n)}{\Gamma(\alpha)} 2^\alpha \sup_{y>0} y^{\alpha-n} e^{-y}$$
$$= \frac{\Gamma(n)}{\Gamma(\alpha)} 2^\alpha (\alpha-n)^{\alpha-n} e^{-(\alpha-n)}.$$

当 $\alpha \to +\infty$ 时, 这个常数会迅速增长. 想要了解更有效的步骤, 参见 [31, 第 9 章].

1.3.3 均匀分布比值方法

均匀分布比值方法是由 Kinderman 和 Monahan 在 [91] 中引入的, 并在 [124] 中进一步发展. 研究目的在于通过某个集合上的均匀分布随机变量的比值, 生成高维随机变量 X 的样本. 假设目标分布关于 $\mathbb{R}^d$ 上定义的 Lebesgue 测度存在密度函数 p. 这个方法的一个特征是要求目标密度 p 为已知的, 至多相差一个常数因子, 即

$$p(x) = cf(x),$$

其中 f 是一个可积非负的目标函数, 常数因子 $c = (\int_{\mathbb{R}^d} f(x)dx)^{-1}$ 是未知的, 不过它存在且数值上容易计算.

命题 1.3.5 令 $r > 0$, 定义

$$A_{f,r} := \left\{ (u, v_1, \cdots, v_d) \in \mathbb{R}^{d+1} : 0 < u \leqslant \left[f\left(\frac{v_1}{u^r}, \cdots, \frac{v_d}{u^r} \right) \right]^{1/(1+rd)} \right\}.$$

于是 $A_{f,r}$ 的 Lebesgue 测度是有限的, 并等于 $\frac{1}{c(rd+1)}$.

进一步, 令 $(U, V_1, \cdots, V_d)$ 为一个在 $A_{f,r}$ 上服从均匀分布的随机变量, 那么 $(V_1/U^r, \cdots, V_d/U^r)$ 的分布密度函数等于 p.

证明 首先, 假设 $A_{f,r}$ 的 Lebesgue 测度 $|A_{f,r}|$ 是有限的, 于是 $(U, V_1, \cdots, V_d)$ 的联合密度可以定义, 并由 $x \mapsto \mathbf{1}_{x \in A_{f,r}} / |A_{f,r}|$ 给出. 于是, 对于可测函数

$\varphi:\mathbb{R}^d\mapsto\mathbb{R}^+$, 我们有

$$\begin{aligned}
&\mathbb{E}(\varphi(V_1/U^r,\cdots,V_d/U^r))\\
&=\int_{\mathbb{R}^{d+1}}\varphi(v_1/u^r,\cdots,v_d/u^r)\frac{1}{|A_{f,r}|}\mathbf{1}_{0<u\leqslant[f(\frac{v_1}{u^r},\cdots,\frac{v_d}{u^r})]^{1/(1+rd)}}dudv_1\cdots dv_d\\
&=\int_{\mathbb{R}^{d+1}}\varphi(z_1,\cdots,z_d)\frac{1}{|A_{f,r}|}\mathbf{1}_{0<u\leqslant[f(z_1,\cdots,z_d)]^{1/(1+rd)}}(u^r)^d dudz_1\cdots dz_d\\
&\text{(这里用到变量代换 } z_i=v_i/u^r)\\
&=\int_{\mathbb{R}^d}\varphi(z_1,\cdots,z_d)\frac{1}{|A_{f,r}|(1+rd)}f(z_1,\cdots,z_d)dz_1\cdots dz_d. \qquad (1.3.2)
\end{aligned}$$

应用类似的计算可以证明 $|A_{f,r}|$ 是有限的: 事实上,

$$\begin{aligned}
|A_{f,r}|&=\int_{\mathbb{R}^{d+1}}\mathbf{1}_{0<u\leqslant[f(\frac{v_1}{u^r},\cdots,\frac{v_d}{u^r})]^{1/(1+rd)}}dudv_1\cdots dv_d\\
&=\int_{\mathbb{R}^d}\frac{1}{(1+rd)}f(z_1,\cdots,z_d)dz_1\cdots dz_d\\
&=\frac{1}{c(rd+1)}<+\infty.
\end{aligned}$$

将上式代入 (1.3.2), 我们得到

$$\mathbb{E}(\varphi(V_1/U^r,\cdots,V_d/U^r))=\int_{\mathbb{R}^d}\varphi(z_1,\cdots,z_d)p(z_1,\cdots,z_d)dz_1\cdots dz_d.$$

□

1 维情形的例证. 我们证明了在 $d=1$ 的情形下以上方法的重要性, 在 $d>1$ 的情形中, 论述是类似的. 在命题 1.3.5 中, r 是一个可以自由选择的参数, 这一点是一个优势, 但这里我们仅假设 $r=1$.

我们首先观察到对 f 的边界放松一些条件后, $A_{f,r}$ 是有界的. 实际上, 我们有下面结果:

引理 1.3.6 如果 $x\mapsto f(x)$ 和 $x\mapsto x^2f(x)$ 是有界的, 那么 $A_{f,r}$ 是有界的, 并且

$$A_{f,r}\in\widetilde{A_{f,r}}:=\left[0,\sup_x\sqrt{f(x)}\right]\times\left[\inf_x x\sqrt{f(x)},\sup_x x\sqrt{f(x)}\right].$$

证明留给读者. 它还包括了所有的尾部被 Cauchy 分布尾部所控制 (即所有常用的实际例子) 的有界密度函数.

关于这些密度函数, 一个漂亮的结果是人们可以通过在 $\widetilde{A_{f,r}}$ 上的均匀分布, 应用取舍方法生成在 $A_{f,r}$ 上的均匀分布样本.

例 1.3.7 ($k>0$ 个自由度的学生分布) 学生分布的密度函数等于

$$p(x)=\frac{1}{\sqrt{k\pi}}\frac{\Gamma(\frac{k+1}{2})}{\Gamma(\frac{k}{2})}\left(1+\frac{x^2}{k}\right)^{-\frac{k+1}{2}}\mathbf{1}_{x\geqslant 0}.$$

应用均匀分布比值方法, 我们不需要考虑标准化因子, 只需要取

$$f(x)=\left(1+\frac{x^2}{k}\right)^{-\frac{k+1}{2}}\mathbf{1}_{x\geqslant 0}.$$

对于这个选择和 $k>1$, 我们容易验证 $x\mapsto x^2f(x)$ 在 $\mathbb{R}^+$ 上的极大值于 $x^*:=\sqrt{\frac{2k}{k-1}}$ 处达到, 于是 $\widetilde{A_{f,r}}=[0,1]\times[-x^*\sqrt{f(x^*)},x^*\sqrt{f(x^*)}]$. 由此, 算法可以如下写出:

算法 1.3 用均匀分布比值方法模拟带 $k>1$ 个自由度的学生分布采样

---

1 u: 双精度实数;
2 v: 双精度实数;
3 **repeat**
4 | $u\leftarrow$ 根据 $\mathcal{U}([0,1])$ 模拟出;
5 | $v\leftarrow$ 根据 $\mathcal{U}([-x^*\sqrt{f(x^*)},x^*\sqrt{f(x^*)}])$ 模拟出, 且独立于 u;
6 **until** $u\leqslant(1+(v/u)^2/k)^{-(k+1)/4}$;
7 **Return** v/u.

1.4 生成随机向量样本的其他技巧

当随机向量的分量是相互独立的时候, 可以对每个分量分别进行模拟. 当分量之间有非平凡依赖时, 需要进行更深入的分析.

1.4.1 高斯向量

我们回顾一下, 向量 $X=(X_1,\cdots,X_d)$ 称为高斯随机向量, 如果它的分量的任意线性组合 $\sum_{i=1}^d a_iX_i$(其中 $a_i\in\mathbb{R}$) 都服从高斯分布. 一个高斯向量 X 可以由它的均值 m 和协方差矩阵 K 来刻画, 记为 $X\overset{\mathrm{d}}{=}\mathcal{N}(m,K)$.

一般来说, 高斯向量可以用独立标准高斯随机变量 (即其分布为 $\mathcal{N}(0,I_d)$) 的仿射变换来生成.

命题 1.4.1　设 d_0 和 d 为两个非零整数, 令 X 为一个 d_0 维高斯随机向量, 其分布为 $\mathcal{N}(0, I_d)$, 这里 $m \in \mathbb{R}^d$ 且 L 为一个 $d \times d_0$ 矩阵. 那么

$$m + LX \overset{\mathrm{d}}{=} \mathcal{N}(m, LL^{\mathrm{T}}),$$

即 $m + LX$ 为一个 d 维高斯向量, 其均值为 m 且协方差为 $K = LL^{\mathrm{T}}$.

我们将证明留给读者. 相反地, 一个协方差矩阵 K——d 维对称非负定矩阵——总是可以非唯一地分解为如下形式:

$$K = LL^{\mathrm{T}},$$

这使得我们可以用之前的结果模拟任何高斯变量.

为了计算 L, 我们可以应用 Cholesky 算法, 得到一个下三角矩阵 (其中 $d_0 = d$). 这个过程的计算成本与 d^3 成比例, 其中 d 为维数.

在高维情形中, 我们希望能更快地完成这一步骤计算. 对于某些矩阵, 这是可以实现的. 例如, 对于 $\rho \in [0, 1]$, 如果取

$$K = \begin{pmatrix} 1 & \rho & \cdots & \cdots & \rho \\ \rho & 1 & \rho & \cdots & \rho \\ \vdots & \ddots & \ddots & \ddots & \vdots \\ \rho & \cdots & \rho & 1 & \rho \\ \rho & \cdots & \cdots & \rho & 1 \end{pmatrix},$$

那么, 我们可以求得如下 $d \times d_0$ 矩阵 (其中 $d_0 = d + 1$)

$$L = \begin{pmatrix} \sqrt{\rho} & \sqrt{1-\rho} & 0 & \cdots & \cdots & 0 \\ \sqrt{\rho} & 0 & \sqrt{1-\rho} & 0 & \cdots & \vdots \\ \vdots & \vdots & \cdots & \ddots & \sqrt{1-\rho} & 0 \\ \sqrt{\rho} & 0 & \cdots & \cdots & 0 & \sqrt{1-\rho} \end{pmatrix}.$$

在这个情形中, 我们能用 $d + 1$ 个独立标准高斯随机变量来生成服从所要求的协方差矩阵的 d 维高斯变量. 所花费的计算成本是 d 阶的而不是通常 Cholesky 算法给出的 d^3 阶, 这在高维情形中是一个重要的改进.

1.4.2　用 copula 为依赖性建模

当变量服从高斯分布时, 很自然可以用协方差矩阵来对依赖性建立数学模型. 但是高斯密度函数的水平集是椭圆的, 且不能指望计算出极端值的依赖性.

对依赖性建模是一个很精细且复杂的问题, 还是应用的基础. 它不能像高斯向量一样, 简化为仅由相关系数就可以刻画.

实际上, 依赖性可以直接用 copula 来建模, 而不需要将边际分布考虑进来. 它纯粹是关于依赖性的测度, 其基础建立在 Sklar 定理上 [134].

定理 1.4.2 我们考虑一个 d 维向量 $X = (X_1, \cdots, X_d)$, 其联合分布密度函数为 $F(x_1, \cdots, x_d) = \mathbb{P}(X_1 \leqslant x_1, \cdots, X_d \leqslant x_d)$. 那么存在一个 copula 函数 $C : [0,1]^d \mapsto [0,1]$ 满足

$$F(x_1, \cdots, x_d) = C(F_1(x_1), \cdots, F_d(x_d)).$$

如果边际函数是连续的, 那么 copula 函数 C 是唯一的.

我们建议读者参考 [113, 第 5 章] 以了解 copula 函数的性质. 我们容易验证 copula 函数在对初始随机向量 X 做严格增变换后是不变的, 这个结果确认了它是关于 X 的分量之间的依赖性的一个本质测度. 这个观点将 X 的模型建立分解成, 一方面为每个边际分布建模, 另一方面为它们之间的依赖性进行建模.

我们这里给出 copula 函数的一些常用例子.

1. 独立 copula 函数: 这是带有独立分量的随机向量的 copula, 即 $C(u_1, \cdots, u_d) = u_1 \cdots u_d$.
2. 共单调 copula 函数: 这个 copula 对应于 $X_i = \phi_i(Y)$, 其中 ϕ_i 是增函数, 于是 copula 如下给出: $C^+(u_1, \cdots, u_d) = \min(u_1, \cdots, u_d)$.
3. Fréchet-Hoeffding 界: copula 函数是一致有界的:

$$\begin{aligned}(u_1 + \cdots + u_d - d + 1)_+ &:= C^-(u_1, \cdots, u_d) \\ &\leqslant C(u_1, \cdots, u_d) \leqslant C^+(u_1, \cdots, u_d).\end{aligned}$$

4. 高斯 copula 函数, 其中 K 为可逆对称矩阵: 这是高斯向量 $\mathcal{N}(0, K)$ 的 copula 函数, 即

$$\begin{aligned}C(u_1, \cdots, u_d) = \int_{-\infty}^{\mathcal{N}^{-1}(u_1)} \cdots \int_{-\infty}^{\mathcal{N}^{-1}(u_d)} &\frac{1}{(2\pi)^{d/2}\sqrt{\det(K)}} \\ &\cdot \exp\left(-\frac{x \cdot K^{-1} x}{2}\right) dx.\end{aligned}$$

5. 阿基米德 copula 函数: 这种 copula 函数具有如下形式

$$C(u_1, \cdots, u_d) = \phi^{-1}(\phi(u_1) + \cdots + \phi(u_d)),$$

其中 ϕ^{-1} 为非零的正随机变量 Y 的 Laplace 变换, 即 $\phi^{-1}(u)=\mathbb{E}(e^{-uY})$.

模拟. 我们寻找生成带有 copula 函数 C 和边际分布 $F_1,\cdots,F_d$ 的随机向量 $(X_1,\cdots,X_d)$ 样本的方法.

1. 生成边际分布为均匀分布, 且 copula 函数为 C 的随机变量 $(U_1,\cdots,U_d)$;
2. 然后计算 $X_i=F_i^{-1}(U_i)$.

为了生成 $(U_1,\cdots,U_d)$, 我们要

1. 生成以任意连续分布为边际分布, 且 copula 函数为 C 的随机变量 $(Y_1,\cdots,Y_d)$;
2. 然后计算 $U_i=F_{Y_i}(Y_i)$.

将依赖性与边际分布分开使得我们能够生成随机向量, 使其具有由高斯 copula 函数类型描述的依赖性, 而且边际分布取为指数形式、Cauchy 形式, 等等. 图 1.1 给出两个具有标准高斯边际分布的 2 维向量的样本, 其中一个应用高斯 copula 函数, 另一个应用阿基米德 copula 函数 (Y 具有指数分布): 高斯 copula 的相关性使得两个样本具有相同的实证相关性 (不过, 显示出不同的依赖性).

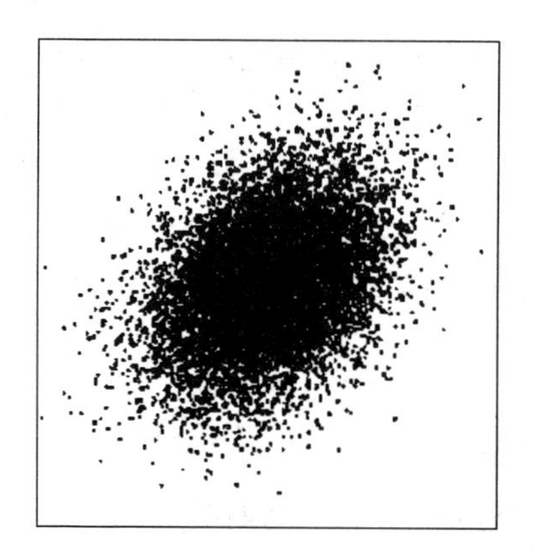

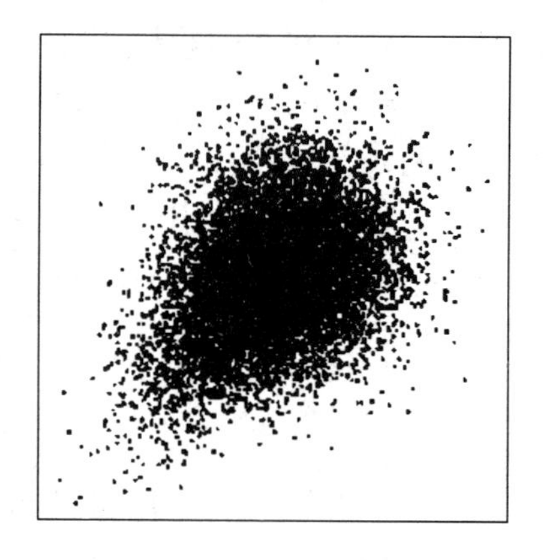

图 1.1 边际分布为 $\mathcal{N}(0,1)$ 的 2 维随机变量的两组样本. 左图: 高斯 copula 函数 (高斯向量), 相关性为 33%. 右图: Clayton copula 函数 (即 Y 的分布为 $\mathcal{E}\mathrm{xp}(1)$ 且由阿基米德 copula 函数描述). 样本数目为 10000 个

在图 1.2 中, 每个随机变量的边际分布都是符号随机的参数为 1 的指数分布 (即, 由 εX 得到, 其中 $\varepsilon=\pm1$ 等概率地出现, 并且 $X\overset{\mathrm{d}}{=}\mathcal{E}\mathrm{xp}(1)$, 也称为 Laplace 分布), 其分量或者是独立的, 或者满足相关性为 50% 的高斯 copula 函数. 这些例子展示了我们可能生成的分布的多样性.

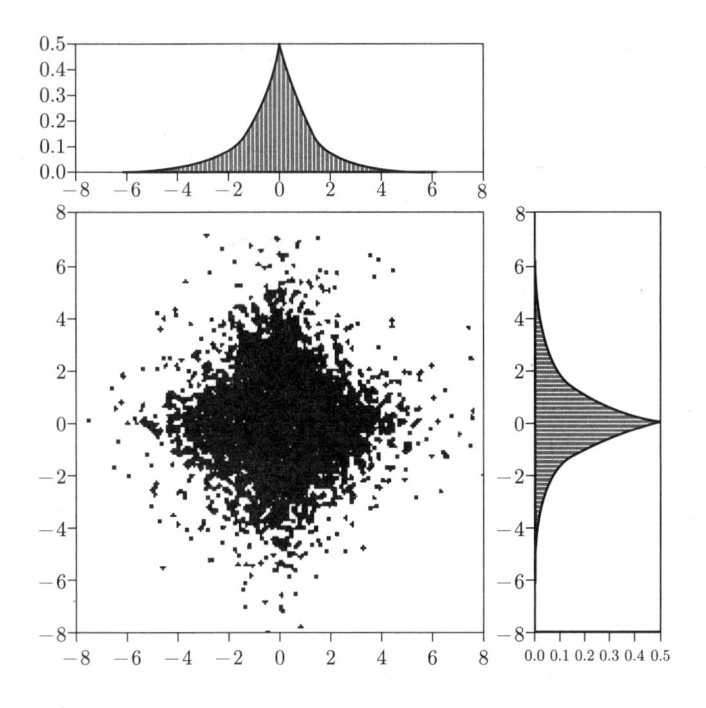

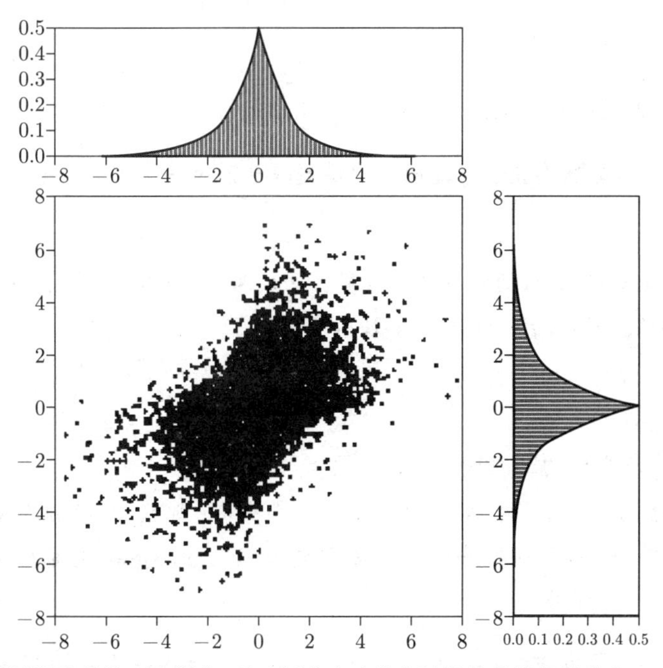

图 1.2　2 维随机变量的两组样本, 其边际分布为带有随机符号的指数分布 (Laplace 分布). 上图: 分量独立. 下图: 分量满足相关性为 50% 的高斯 copula 函数. 样本数目为 10000 个

最后, 我们要讲一下, 由阿基米德依赖性可以得到一个特别的模拟算法; 参见 [109].

命题 1.4.3 (由阿基米德 copula 函数生成样本) 假设 C 为与随机变量 Y 关联的阿基米德 copula 函数 (其 Laplace 变换为 ϕ^{-1}), 并假设 $Y>0$ 几乎必然成立. 令 $(X_i)_{1\leqslant i\leqslant d}$ 为服从 $[0,1]$ 上均匀分布的独立随机变量, 并且 Y 是独立于 $(X_i)_i$ 的一个随机变量. 定义

$$U_i=\phi^{-1}\left(-\frac{1}{Y}\log(X_i)\right).$$

那么向量 $(U_1,\cdots,U_d)$ 具有均匀边际分布且满足 copula 函数 C.

1.5 习题

习题 1.1 (逆方法)

i) 证明定义 1.2.2, 1.2.4, 1.2.5, 1.2.6, 1.2.7, 1.2.8 的生成算法有效.

ii) 证明 $(1-\sqrt{U})$, 其中 $U\stackrel{\mathrm{d}}{=}\mathcal{U}([0,1])$, 服从在 $[0,1]$ 上的三角分布 (其密度函数为 $2(1-x)\mathbf{1}_{[0,1]}$).

习题 1.2 (Box-Muller 方法) 证明命题 1.2.10 成立.

习题 1.3 (取舍方法) 我们给出命题 1.3.2 的一个变形. 令 $c>0$. 证明以下结论:

i) 设 Y 是一个 d 维随机变量, 其密度函数为 g, 并令 $U\stackrel{\mathrm{d}}{=}\mathcal{U}([0,1])$ 独立于 Y. 那么, $(Y,cUg(Y))$ 为一个服从定义在

$$A_{cg}=\{(x,z)\in\mathbb{R}^d\times\mathbb{R}:0\leqslant z\leqslant cg(x)\}$$

上的均匀分布的随机向量.

ii) 相反地, 如果 (Y,Z) 服从 A_{cg} 上的均匀分布, 那么 Y 的分布密度函数是 g. 这样, 我们可以推导出当参考测度 μ 是 Lebesgue 测度时, 命题 1.3.2 的另外一个证明.

习题 1.4 (取舍方法) 证明下面的算法可以生成一个标准高斯随机变量的样本.

```
1 x: 双精度实数;
2 u: 双精度实数;
3 repeat
4 |  x ← 根据 Exp(1) 模拟;
5 |  u ← 根据 U([-1,1]) 模拟, 且独立于 x;
6 until (x-1)^2 ⩽ -2 × log(|u|);
7 Return x  如果 u > 0, 否则输出 -x.
```

习题 1.5 (取舍方法)　下面的算法输出的变量分布是什么?

```
1 u: 双精度实数;
2 v: 双精度实数;
3 repeat
4 |  u ← 根据 U([-1,1]) 模拟;
5 |  v ← 根据 U([-1,1]) 模拟, 独立于 x;
6 until (1+v^2) × |u| ⩽ 1;
7 Return v  如果 u > 0, 否则输出 1/v.
```

习题 1.6 (均匀分布比值方法, Gamma 分布)　应用均匀分布比值方法, 设计一个模拟服从 Gamma 分布 $\Gamma(a,\theta)$ $(a \geqslant 1, \theta > 0)$ 的随机变量的方法, 其密度函数为

$$p_{a,\theta}(z) = \frac{\theta^a z^{a-1}}{\Gamma(a)} e^{-\theta z} \mathbf{1}_{\{z>0\}}.$$

提示: 首先考虑 $\theta = 1$ 的情形.

习题 1.7 (均匀分布比值方法)　将引理 1.3.6 推广到高维情形中. 写出在 2 维情形中的显式算法, 其中密度函数 $p(x,y)$ 与 $f(x,y) = (1+x^2+2y^2)^{-\frac{4}{3}}$ 成比例.

习题 1.8 (高斯 copula 函数)　写出一个生成边际分布为 Laplace 分布, 满足高斯 copula 函数的 2 维随机向量的模拟程序 (类似于图 1.2).

习题 1.9 (阿基米德 copula 函数)　证明命题 1.4.3.

第二章　收敛性与误差估计

在这一章里, 我们讨论用实证平均

$$\overline{X}_M := \frac{1}{M}\sum_{m=1}^{M} X_m \tag{2.0.1}$$

来对 $\mathbb{E}(X)$ 进行估值, 其中 $(X_m)_{m\geqslant 1}$ 为与 X 服从相同分布的独立模拟. 这是用蒙特卡罗方法来计算期望的基本法则.

特别地, 我们要研究标准化误差 $\sqrt{M}(\overline{X}_M - \mathbb{E}(X))$ 在几乎必然 (a.s.) 意义下的收敛性, 相关的不同极限定理, 以及由此产生的各种改进. 期望计算的敏感性也将会讨论.

我们还要考虑 $\overline{X}_M$ 相对 $\mathbb{E}(X)$ 的偏差的非渐近估计 (集中不等式). 有些工具将为第八章的实证回归方法做准备. 高斯分布情形在对数 Sobolev 不等式的帮助下得到很好的分析; 这些结果将在第六章分析 Euler 算法的统计误差时用到.

2.1　大数定律

从 $\overline{X}_M$ 到 $\mathbb{E}(X)$ 的几乎必然收敛性可以由强大数定律保证.

定理 2.1.1 (强大数定律)　*假设 X 为一个实值可积随机变量. 那么, 我们以概率 1 有*

$$\lim_{M\to+\infty} \overline{X}_M = \mathbb{E}(X).$$

证明 这个定律有很多证明, 或者假设 X 是方差有限的, 然后开始计算 $\overline{X}_M$ 的二阶矩 (参见 [80, 第 20 章]); 或者用鞅收敛理论而不需要对其方差做任何附加假设 (参见 [80, 第 27 章]). 这里, 我们将采用 Kolmogorov [93] 所给出的证明, 仅假设 X 是可积的.

我们从一般的等价性结论开始

$$\mathbb{E}|X| < +\infty \Leftrightarrow \sum_{m=1}^{M} \mathbb{P}(|X| > m) < +\infty, \tag{2.1.1}$$

这个式子容易从等式 $\mathbb{E}|X| = \int_0^{+\infty} \mathbb{P}(|X| > x)dx$ 推出. 现在我们定义

$$Y_m = X_m \mathbf{1}_{|X_m|<m}, \quad Z_m = Y_m - \mathbb{E}(Y_m).$$

由等价性 (2.1.1), 我们注意到

$$\sum_{m=1}^{+\infty} \mathbb{P}(X_m \neq Y_m) = \sum_{m=1}^{+\infty} \mathbb{P}(|X_m| > m) = \sum_{m=1}^{+\infty} \mathbb{P}(|X| > m) < +\infty,$$

这说明根据 Borel-Cantelli 定理 (附录中的定理 A.1.1), 能够知道序列 $(X_m)_m$ 和 $(Y_m)_m$ 仅有有限个不相同的元素. 于是, 如果两个极限 $\lim_{M\to+\infty} \overline{X}_M$ 和 $\lim_{M\to+\infty} \frac{1}{M}\sum_{m=1}^{M} Y_m$ 中有一个存在, 并且是有限的, 那么, 另外一个极限以概率 1 存在并且两个极限相等. 由控制收敛定理, 我们可以证明 $\lim_{m\to+\infty} \mathbb{E}(Y_m)=\mathbb{E}(X)$, 于是 $\lim_{M\to+\infty} \frac{1}{M}\sum_{m=1}^{M} \mathbb{E}(Y_m) = \mathbb{E}(X)$. 这样只需要证明 $\lim_{M\to+\infty} \frac{1}{M}\sum_{m=1}^{M} Z_m = 0$. a.s. 就足够了. 实际上, 我们将要证明当 $M \to+\infty$ 时,

$$S_M := \sum_{m=1}^{M} \frac{Z_m}{m} \text{ 几乎必然收敛.}$$

然后, Kronecker 引理 (取 $a_m = m$) 可以帮助我们完成定理的证明.

引理 2.1.2 (Kronecker [125, 引理 6.11]) *如果 $(a_m)_m$ 递增到 $+\infty$, 且 $\sum_{m\geqslant 1} x_m$ 是一个收敛序列, 那么 $\frac{1}{a_M}\sum_{m=1}^{M} a_m x_m \underset{M\to+\infty}{\to} 0$.*

证明思路是用 X 的可积性来得到关于 Z_m 的方差的精细控制. 我们有 $\mathbb{V}\text{ar } (Z_m) = \mathbb{V}\text{ar } (Y_m) \leqslant \mathbb{E}(Y_m^2) = \mathbb{E}(X^2 \mathbf{1}_{|X|\leqslant m})$, 于是

$$\begin{aligned}\sum_{m\geqslant 1} \frac{\mathbb{V}\text{ar } (Z_m)}{m^2} &\underset{\text{Tonelli}}{=} \mathbb{E}\left(X^2 \sum_{m\geqslant 1\vee|X|} \frac{1}{m^2}\right) \\ &\leqslant \mathbb{E}\left(X^2 \frac{c}{1\vee|X|}\right) \leqslant c\mathbb{E}|X| < +\infty. \end{aligned} \tag{2.1.2}$$

现在我们来控制 $(S_m)_m$ 的波动. 首先由 Cauchy-Schwarz 不等式, 我们得到对于任意 $x>0$ 和任意 $n\geqslant 1$,

$$
\begin{aligned}
\sqrt{\mathbb{E}(S_n^2)}\sqrt{\mathbb{P}(\max_{1\leqslant j\leqslant n} S_j\geqslant x)} &\geqslant \mathbb{E}(S_n\mathbf{1}_{\max_{1\leqslant j\leqslant n} S_j\geqslant x})\\
&=\sum_{k=1}^{n}\mathbb{E}(S_n\mathbf{1}_{\max_{1\leqslant j\leqslant k-1} S_j<x, S_k\geqslant x})\\
&=\sum_{k=1}^{n}\mathbb{E}(S_k\mathbf{1}_{\max_{1\leqslant j\leqslant k-1} S_j<x, S_k\geqslant x})\\
&\quad \text{(由于 } (Z_m)_m \text{ 是独立的且均值为零)}\\
&\geqslant \sum_{k=1}^{n}\mathbb{E}(x\mathbf{1}_{\max_{1\leqslant j\leqslant k-1} S_j<x, S_k\geqslant x})\\
&= x\mathbb{P}(\max_{1\leqslant j\leqslant n} S_j\geqslant x).
\end{aligned}
$$

比较不等式的两边, 我们得到 $x^2\mathbb{P}(\max_{1\leqslant j\leqslant n} S_j\geqslant x)\leqslant \mathbb{E}(S_n^2)=\sum_{m=1}^{n}\frac{\mathrm{Var}(Z_m)}{m^2}$. 将这些推导应用到 k 与 $n=+\infty$ 之间的数值, 我们得到

$$
\mathbb{P}\left(\max_{j\geqslant k}|S_j-S_k|\geqslant x\right)\leqslant \frac{2}{x^2}\sum_{m>k}\frac{\mathbb{V}\mathrm{ar}\ (Z_m)}{m^2}\underset{k\to+\infty}{\longrightarrow}0.
$$

一方面, 这证明了 $\sup_{j\geqslant 1}|S_j|$ 几乎必然取有限值. 另一方面, 两个几乎必然有限的随机变量 $\underline{L}=\liminf_{k\to+\infty} S_k$ 与 $\overline{L}:=\limsup_{k\to+\infty} S_k$ 是相等的 (于是序列 $(S_M)_M$ 几乎必然收敛). 事实上, 对于所有 $x>0$ 和所有 $k\geqslant 0$,

$$
\mathbb{P}(\overline{L}-\underline{L}\geqslant 2x)\leqslant \mathbb{P}(\max_{j,l\geqslant k}|S_j-S_l|\geqslant 2x)\leqslant 2\mathbb{P}(\max_{j\geqslant k}|S_j-S_k|\geqslant x).
$$

令 $k\to+\infty$, 我们推导出 $\mathbb{P}(\overline{L}-\underline{L}\geqslant 2x)=0$. □

我们用一个关于假设 $\mathbb{E}|X|<+\infty$ 的注释来结束本节. 这个假设对于强大数定律不仅是充分的, 并且是必要的: 实际上, 如果 $\overline{X}_M$ 几乎必然收敛, 那么 $\frac{X_m}{m}=\overline{X}_m-\frac{m-1}{m}\overline{X}_{m-1}\underset{m\to+\infty}{\longrightarrow}0$. a.s.. 特别地, $\mathbb{P}(|X_m|>m$ 无穷次成立 $)=0$, 而 Borel-Cantelli 的独立版本 (定理 A.1.1) 暗含了 $\sum_{m\geqslant 1}\mathbb{P}(|X_m|>m)=\sum_{m\geqslant 1}\mathbb{P}(|X|>m)$ 是有限的. 此时由 (2.1.1), 可知 X 是可积的.

2.2 中心极限定理与相关结果

2.2.1 在 1 维情形中的中心极限定理及后续结果

如果 X 是一个实值的平方可积随机变量, 并且 $\sigma^2=\mathbb{V}\mathrm{ar}\ (X)$, $\overline{X}_M$ 的方差等于 $\frac{\sigma^2}{M}$, 那么研究标准化误差 $\sqrt{M}(\overline{X}_M-\mathbb{E}(X))$ 是很自然的, 其方差为常

数并等于 σ^2. 这个重整化误差依分布收敛到高斯分布, 其方差为 σ^2 且变量已被中心化. 我们直接给出在高维情形中的结论.

定理 2.2.1 (中心极限定理) *假设 X 是一个 d 维平方可积随机向量, 其协方差矩阵是 $K = (\mathbb{C}\mathrm{ov}\ (X_i, X_j))_{i,j}$. 那么*

$$\sqrt{M}(\overline{X}_M - \mathbb{E}(X)) \underset{M\to+\infty}{\Longrightarrow} \mathcal{N}(0, K).$$

证明 这里给出一个基于 Lévy 判别准则 (定理 A.1.3) 的快速证明. 假设 $\mathbb{E}(X) = 0$, 否则, 我们可以对 X 中心化①. 对于 $u \in \mathbb{R}^d$, 定义 $Y = u \cdot X$; 它是一个平方可积随机变量, 其方差为 $\mathbb{V}\mathrm{ar}\ (Y) = u \cdot Ku$, 特征函数为 $\Phi_Y(v) = \mathbb{E}(e^{ivY})$, 并且在 $\mathcal{C}^2$ 中, 即有 $\Phi'_Y(v) = \mathbb{E}(iYe^{ivY})$, $\Phi''_Y(v) = -\mathbb{E}(Y^2e^{ivY})$ 成立. 应用 $(X_m)_m$ 的独立性与零均值性, 我们得到

$$\begin{aligned}
\mathbb{E}(e^{iu\cdot\sqrt{M}(\overline{X}_M - \mathbb{E}(X))}) &= \left(\mathbb{E}(e^{iu\cdot\sqrt{M}\frac{X}{M}})\right)^M = \left(\Phi_Y\left(\frac{1}{\sqrt{M}}\right)\right)^M \\
&= \left(1 + \frac{1}{\sqrt{M}}\Phi'_Y(0) + \frac{1}{2M}\Phi''_Y(0) + o\left(\frac{1}{M}\right)\right)^M \\
&= \left(1 - \frac{1}{2M}\mathbb{V}\mathrm{ar}\ (Y) + o\left(\frac{1}{M}\right)\right)^M \\
&\underset{M\to+\infty}{\longrightarrow} e^{-\frac{1}{2}\mathbb{V}\mathrm{ar}(Y)} = e^{-\frac{1}{2}u\cdot Ku},
\end{aligned}$$

这样就得到所需要的收敛. □

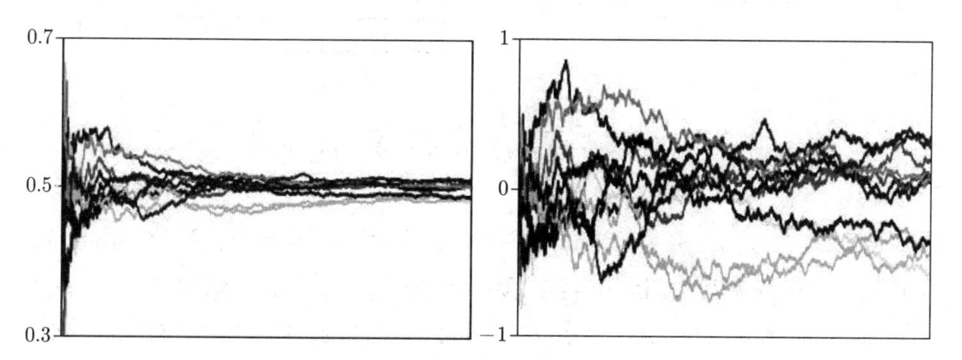

图 2.1 用包含 1000 个样本的几组模拟来计算 $\mathbb{E}(X)$, 其中 X 服从 $[0,1]$ 上的均匀分布. 左图给出 $M \to \overline{X}_M$, 右图给出 $M \to \sqrt{M}(\overline{X}_M - \frac{1}{2})$

① 译者注: 将一个随机变量中心化, 即为将其期望移到零点, 这可以由简单线性变换 $X' = X - \mathbb{E}(X)$ 而做到. 变换后, 我们仅研究 X'(其期望为零), 这可以有效简化证明.

在图 2.1 中, 我们可以看到几个模拟样本集合的标准差: 在左图中, 我们观察到 $\overline{X}_M$ 几乎必然收敛, 在右图中标准化误差看上去并不几乎必然收敛. 另一方面, 它的分布 (还没有给出) 会逼近高斯分布.

由这个中心极限定理引出几个基本注释.

1. 如果我们想要将 $\mathbb{E}(X)$ 的精度提高 10 倍, 那么显然必须增加 M, 需要乘以因子 $10^2 = 100$, 这样计算时间就会增加. 这个结果在后面讨论的置信区间 (对于一个固定的阈值) 中还有用.
2. 误差是随机的, 没有希望找到 1 概率的非平凡控制. 除此之外, 误差通常服从渐近一致高斯分布: 这样它的特征函数可以简单地仅通过确定一个参数而刻画出来, 即协方差矩阵 K (如果 $d = 1$, 它就是个实数). 我们将会看到如何用同一个样本来估计它. 值得一提的是, 数值方法可以推导出一个后验误差控制.
3. 我们比较在不同的参数 K 下用蒙特卡罗方法计算 $\mathbb{E}(X)$ 的值: K 越大, 问题的数值方法的要求越高, 这样就要花费更多的力气来研究.

当 K 是可逆的时候, 我们可以将之前的结果重写一下以求极限, 这个方法独立于 X 的模型的选取, 且更具有普适性和稳健性——这在确定置信区间的时候很有用. 这样, 我们需要用样本 $(X_m)_m$ 估计协方差矩阵; 我们令

$$
\begin{aligned}
K_{i,j,M} &= \frac{M}{M-1}\left(\frac{1}{M}\sum_{m=1}^{M} X_{i,m}X_{j,m} - \underbrace{\left(\frac{1}{M}\sum_{m=1}^{M} X_{i,m}\right)}_{:=\overline{X}_{i,M}}\left(\frac{1}{M}\sum_{m=1}^{M} X_{j,m}\right)\right) \\
&= \frac{1}{M-1}\sum_{m=1}^{M}(X_{i,m} - \overline{X}_{i,M})(X_{j,m} - \overline{X}_{j,M}).
\end{aligned}
$$

由大数定律, $K_{i,j,M} \underset{M\to+\infty}{\xrightarrow{\text{a.s.}}} \mathbb{E}(X_iX_j) - \mathbb{E}(X_i)\mathbb{E}(X_j) = \mathrm{Cov}(X_i, X_j)$①. 由于 M 在实际应用中通常很大, 因子 $\frac{M}{M-1}$ 是一个小改进, 这个式子给出 K_M 的一个无偏估计, 即 $\mathbb{E}(K_M) = K$. 如果 K 是正定且可逆的, 那么当 M 很大时, K_M 也是正定且可逆的, 我们可以取它的平方根矩阵, 定义为 $\sqrt{K_M}$, 即一个满足 $\sqrt{K_M}\sqrt{K_M} = K_M$ 的对称正定矩阵. 将 Slutsky 引理 (参见附录中定理 A.1.4)

① 译者注: 这里因子 $\frac{1}{M-1}$ 是对样本方差的修正, 称为 Bessel 修正. 这个因子可以帮助我们得到协方差矩阵的一个无偏估计 (即满足 $\mathbb{E}(K_N) = K$). 这个调整在样本数目小的时候很重要.

应用到定理 2.2.1, 如此我们能够证明

$$(\sqrt{K_M})^{-1}\sqrt{M}(\overline{X}_M - \mathbb{E}(X)) \underset{M\to+\infty}{\Longrightarrow} \mathcal{N}(0, I_d).$$

这个收敛性可以用下面分析来解释: 对于任意有界连续函数, 我们知道

$$\lim_{M\to+\infty} \mathbb{E}\left(f\left((\sqrt{K_M})^{-1}\sqrt{M}(\overline{X}_M - \mathbb{E}(X))\right)\right) = \int_{\mathbb{R}^d} f(x)\frac{1}{(2\pi)^{d/2}}e^{-\frac{|x|^2}{2}}dx.$$

如果 $f = \mathbf{1}_A$, 其中 A 是 $\mathbb{R}^d$ 中边界的 Lebesgue 测度为零的可测集合 (例如一个球), 那么这个式子仍然成立, 即有

$$\lim_{M\to+\infty} \mathbb{P}\left((\sqrt{K_M})^{-1}\sqrt{M}(\overline{X}_M - \mathbb{E}(X)) \in A\right) = \int_A \frac{1}{(2\pi)^{d/2}}e^{-\frac{|x|^2}{2}}dx. \quad (2.2.1)$$

2.2.2 渐近置信区域与区间

由于标准化误差依分布收敛, 我们不能指望得到比由 $\sqrt{M}(\overline{X}_M - \mathbb{E}(X))$ 的概率估计出的更好结果.

例如, 将 (2.2.1) 应用到半径为 $R(A = B(0, R))$、中心在原点的球上可知, 当 $M \to +\infty$ 时, 事件

$$|(\sqrt{K_M})^{-1}\sqrt{M}(\overline{X}_M - \mathbb{E}(X))| \leqslant R \quad (2.2.2)$$

的概率接近 $p(R) := \int_{B(0,R)} \frac{1}{(2\pi)^{d/2}}e^{-\frac{|x|^2}{2}}dx$. 这为未知值 $\mathbb{E}(X)$ 定义了一个置信区域, 它是椭圆形$\overline{X}_M + M^{-1/2}\sqrt{K_M}B(0, R)$, 其近似置信水平①为 $p(R)$②.

在情形 $d = 1$ 中, 我们有 $K_M := \sigma_M^2$ (其中 $\sigma_M > 0$), 则可以写为

$$\mathbb{E}(X) \in \left[\overline{X}_M - R\frac{\sigma_M}{\sqrt{M}}, \overline{X}_M + R\frac{\sigma_M}{\sqrt{M}}\right], \quad (2.2.3)$$

其中 $p(R) = \int_{-R}^{R} \frac{1}{\sqrt{2\pi}}e^{-\frac{x^2}{2}}dx = 2\mathcal{N}(R) - 1$. 通常用的值是 $R = 1.96$, 相应的结论给出 $p(R) = 95\%$; 我们讨论置信水平为 95% 的置信区间 (近似对称). 图 2.2 给出的两个例子说明不同情形的置信区间可以相差很大: 那么我们什么时候停止模拟采样? 换句话说, 有没有可能选择合适的 M 来保证误差以给定的概率小于一个给定的数 ε? 事实上, 很难找到一个稳健的检测来自动停止程序的运行. 首先想到的一个办法是选择 M 满足 $R\frac{\sigma_M}{\sqrt{M}} \leqslant \varepsilon$, 但是对于用值 σ_M 估计出的统计误差可能会给出错误的停止信号, 有时候是太早了. 对于相关参考文献和讨论, 参见 [57].

---

① 这里我们指的是渐近逼近精确值的准确边界.

② $p(R) = \mathbb{P}(\chi_d^2 \leqslant R^2)$, 其中 χ_d^2 为带 d 个自由度的 χ^2 随机变量 (d 个独立高斯随机变量的平方和).

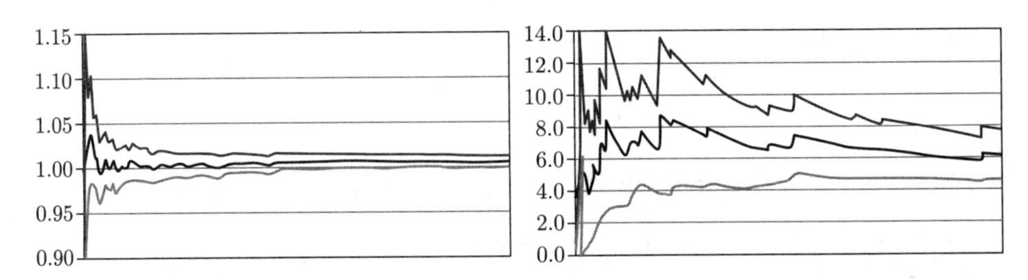

图 2.2 蒙特卡罗方法估值: 左图为 $\mathbb{E}(e^{G/10}) = e^{\frac{1}{2}\cdot\frac{1}{10^2}} \approx 1.005$, 右图为 $\mathbb{E}(e^{2G}) = e^{\frac{1}{2}\cdot 2^2} \approx 7.389$, 其中 G 是标准高斯随机变量. 实证平均和 95% 置信区间可以表示为所取模拟数量的函数

在某些情形中 (X 有界或者等于一个关于高斯随机变量的 Lipschitz 函数), 非渐近估计可能更适用 (参见第 2.4 节), 这些可以用来构造先验模拟停止检验.

> 应用蒙特卡罗方法对期望进行估值时, 给出置信区间是本质的, 而且必须系统地与估值同时进行.

2.2.3 应用: 关于 $\mathbb{E}(X)$ 的函数的估值

有时候, 最终目标不是计算 $\mathbb{E}(X)$, 而是计算一个函数 f 在 $\mathbb{E}(X)$ 处的值: 自然地要用到 $f(\overline{X}_M)$ 的估计 (代入方法). 例如, 在 Buffon 掷针实验中 (参见引言第 1 节), 如果 $\overline{X}_M$ 是针掉落且与地板缝相交的实证频率, 在 $a = l$ 的情形中, 极限是 $\mathbb{E}(X) = \frac{2}{\pi}$, 我们想要用 $\frac{2}{\overline{X}_M}$ 来近似 π.

现在出现了几个问题: 新估计的偏差是什么? 收敛速度是多少? 渐近方差是多少?

▷ *收敛速度*. 如果函数是光滑的, 那么 *delta* 方法给出一个关于 $f(\overline{X}_M)$ 的中心极限定理.

定理 2.2.2 (代入方法) *假设 X 为一个在 $\mathbb{R}^d$ 中取值的平方可积的随机变量 (其协方差矩阵为 K), 并且 $f:\mathbb{R}^d \mapsto \mathbb{R}$ 在点 $\mathbb{E}(X)$ 处是可微的; 那么*

$$\sqrt{M}(f(\overline{X}_M) - f(\mathbb{E}(X))) \underset{M\to+\infty}{\Longrightarrow} \mathcal{N}(0, \nabla f(\mathbb{E}(X)) \cdot K\nabla f(\mathbb{E}(X))).$$

证明 我们由假设 f 是 C^2 类的并且具有有界的导数开始证明. Taylor 公式给出

$$\sqrt{M}(f(\overline{X}_M) - f(\mathbb{E}(X))) = \nabla f(\mathbb{E}(X))\sqrt{M}(\overline{X}_M - \mathbb{E}(X)) \\ + O\left(\sqrt{M}|\overline{X}_M - \mathbb{E}(X)|^2\right).$$

由于 $\mathbb{E}(\sqrt{M}|\overline{X}_M - \mathbb{E}(X)|^2) = \frac{c}{\sqrt{M}}$, 最后一项依概率收敛到 0, 第二项给出了所要证明的极限.

如果 f 仅是可微的, 上面的分解可以修改为余项是 $\sqrt{M}|\overline{X}_M - \mathbb{E}(X)|o(1)$ 的形式, 于是当 $|\overline{X}_M - \mathbb{E}(X)| \to 0$ 的时候 $o(1)$ 趋于 0. 因为 $\sqrt{M}(\overline{X}_M - \mathbb{E}(X))$ 是依概率有界的 (由于它被中心化且有常数方差), 并且 $o(1) \underset{M\to+\infty}{\overset{\text{a.s.}}{\longrightarrow}} 0$ (由于 $\overline{X}_M \underset{M\to+\infty}{\overset{\text{a.s.}}{\longrightarrow}} \mathbb{E}(X)$), 所以我们得到这个余项依概率趋于 0. □

这样, 对于 $\overline{X}_M$, 我们有了关于 $f(\overline{X}_M)$ 的中心极限定理, 不过新问题是极限方差 $\nabla f(\mathbb{E}(X)) \cdot K\nabla f(\mathbb{E}(X))$ 不能直接写成与实证平均同时计算的实证方差的极限.

我们如何得到置信区间?

- 在一些情形中, 容易估计极限方差 $\nabla f(\mathbb{E}(X)) \cdot K\nabla f(\mathbb{E}(X))$: 例如, 首先用样本 $(X_m)_m$ 估计矩阵 K; 然后计算 f 在 $\overline{X}_M \approx \mathbb{E}(X)$ 处的导数. 在 Buffon 掷针的例子中, $K = \frac{2}{\pi}(1 - \frac{2}{\pi})$ (Bernoulli 随机变量的方差), 并且 $f(x) = 2x^{-1}$, $f'(x) = -2x^{-2}$: 那么极限方差是 $\frac{2}{\pi}(1 - \frac{2}{\pi})4(\frac{2}{\pi})^{-4} = \pi^2(\frac{\pi}{2} - 1)$.
- 不过我们也可以用*截面方法*绕过这两个步骤. 这个方法一般应用于输出值为渐近服从在 μ 处 (要计算的数值) 中心化, 方差 σ^2 (可能很难计算) 未知的高斯分布的随机变量的概率算法.

算法的基本想法是将 M 个样本分成 n 个每段长度为 M/n 的子样本: 为了简化讨论, 我们假设 M/n 是整数. 那么我们用算法产生 n 个独立的输出 (近似高斯的), 可以分别计算它们的均值和方差: 这样我们就回到经典统计学中关于带有未知参数的高斯分布的参数估计问题. 确定置信区间要用到 $n-1$ 个自由度的学生分布, 参见 [143, 第 10 章]. 结果叙述如下.

命题 2.2.3 (截面定理) *假设一个概率算法 A 用 M 个模拟进行, 于是关于 μ 的 1 维估计 A_M, 具有渐近高斯标准分布:*

$$\sqrt{M}(A_M - \mu) \underset{M\to+\infty}{\Longrightarrow} \mathcal{N}(0, \sigma^2),$$

其中 σ 为一个参数, $\sigma^2 > 0$. 定义 $(A_{i,M/n})_{1\leqslant i\leqslant n}$ 为算法的 n 个独立的输出,

每一个由 M/n 个模拟样本得到, 令实证均值和实证方差分别为

$$\overline{A}_{n,M/n} = \frac{1}{n}\sum_{i=1}^{n} A_{i,M/n}, \quad \overline{V}_{n,M/n} = \frac{1}{n-1}\sum_{i=1}^{n}(A_{i,M/n} - \overline{A}_{n,M/n})^2.$$

那么, 对于固定的 n, 随机变量

$$\sqrt{n}\frac{(\overline{A}_{n,M/n} - n)}{\sqrt{\overline{V}_{n,M/n}}} \underset{M\to+\infty}{\Longrightarrow} \text{自由度为 } n-1 \text{ 的学生分布}.$$

所以, 以 95% 的概率, 我们近似有

$$\mu \in \left[\overline{A}_{n,M/n} - Stud._{0.975,n-1}^{-1}\sqrt{\frac{\overline{V}_{n,M/n}}{n}},\right.$$
$$\left.\overline{A}_{n,M/n} + Stud._{0.975,n-1}^{-1}\sqrt{\frac{\overline{V}_{n,M/n}}{n}}\right],$$

这里 $Stud.^{-1}(u,k)$ 是自由度为 k 的学生分布[①]在水平值 $u \in [0,1]$ 的分位数.

注意到 M 对于精度的影响隐藏在下式中

$$\sqrt{\frac{\overline{V}_{n,M/n}}{n}} \underset{M/n \text{ 与}n\text{很大}}{\approx} \sqrt{\frac{\frac{\sigma^2}{M/n}}{n}} = \frac{\sigma}{\sqrt{M}}.$$

最后, 我们要强调在分段方法中不需要估计出来 σ^2. 在实际中, 通常只需取 $n=10$ 就足够了.

例 2.2.4

- 应用到定理 2.2.2, 只需要取

$$A_{i,M/n} = f\left(\frac{n}{M}\sum_{m=(i-1)\frac{M}{n}+1}^{i\frac{M}{n}} X_m\right).$$

- 考虑寻找函数 $\theta \mapsto f(\theta, \mathbb{E}(X))$ 的零点的问题 (假设是唯一的), 记零点为 θ_0, 即 $f(\theta_0, \mathbb{E}(X)) = 0$.

  如果我们定义 θ_M 为 $\theta \mapsto f(\theta, \overline{X}_M)$ 的零点, 若 f 是 C^1 的, 那么不难证明关于 $\sqrt{M}(\theta_M - \theta_0)$ 的中心极限定理. 于是, 这个分段方法可以帮我们构造一个显式 (渐近) 置信区间.

① 回顾一下 $Stud._{0.975,n-1}^{-1} = 2.262$ 对应 $n=10$, 而值 2.093 对应 $n=20$, 且当 $n\to+\infty$ 时, 它收敛到 1.96.

▷ 偏差. 若 $\overline{X}_M$ 是 $\mathbb{E}(X)$ 的一个无偏估计 (即 $\mathbb{E}(\overline{X}_M)=\mathbb{E}(X)$), 应用代入方法的过程中可能会出现偏差, 即 $\mathbb{E}(f(\overline{X}_M))\neq f(\mathbb{E}(X))$; 现在让我们来具体分析一下.

命题 2.2.5 (代入方法的偏差)

i) 如果 f 是连续的凸函数 (相应地, 凹函数), 代入方法给出一个所要计算的值的上估计 (相应地, 下估计).

ii) 如果 f 属于 C_b^4 且 X 的 $4+\delta$ 阶距 ($\delta\in]0,1]$) 是有限的, 那么 $\mathbb{E}(f(\overline{X}_M))-f(\mathbb{E}(X))=\frac{c_1}{M}+\frac{c_2}{M^2}+o(M^{-2})$, 其中常数 c_1 和 c_2 依赖于 f 的导数和 X 的各阶矩.

注意到 $M^{-1/2}$ 阶和 $M^{-3/2}$ 阶的项在期望的计算中消失了, 虽然从 $\overline{X}_M$ 以速度 $\sqrt{M}$ 依分布收敛到 $\mathbb{E}(X)$.

证明 我们应用 Jensen 不等式 (参见 (A.2.1)) 给出 (对于凸函数 f) $\mathbb{E}(f(\overline{X}_M))\geqslant f(\mathbb{E}(\overline{X}_M))=f(\mathbb{E}(X))$. 这意味着论断 i) 成立. 论断 ii) 可以用 Taylor 展开来证明: 为了简化书写, 假设 X 是 1 维的并且 $\mathbb{E}(X)=0$ (否则, 我们用 $X-\mathbb{E}(X)$ 来替代 X). 那么

$$\begin{aligned}f(\overline{X}_M)=&f(0)+f^{(1)}(0)\overline{X}_M+f^{(2)}(0)\frac{\overline{X}_M^2}{2}+f^{(3)}(0)\frac{\overline{X}_M^3}{3!}+f^{(4)}(0)\frac{\overline{X}_M^4}{4!}\\&+\overline{X}_M^4\int_0^1\frac{(1-u)^3}{3!}(f^{(4)}(u\overline{X}_M)-f^{(4)}(0))du.\end{aligned}\tag{2.2.4}$$

现在在上式中取期望, 因为 $\mathbb{E}(\overline{X}_M)=0$, 所以带有 $f^{(1)}(0)$ 的项消失了. $f^{(2)}(0)$ 项上乘的因子变成 $\frac{1}{2}\frac{\mathbb{V}\mathrm{ar}(X)}{M}$. 对于第三项, 观察到由于 $(X_m)_m$ 的独立性, 以及它们已中心化可知 $\mathbb{E}(\overline{X}_M^3)=\frac{1}{M^3}\sum_{i,j,k}\mathbb{E}(X_iX_jX_k)$ 仅包含 M 个满足 $i=j=k$ 的非零项, 因此我们能够定出常数 γ_1 使得这项近似等于 γ_1/M^2. 可以对 $\mathbb{E}(\overline{X}_M^4)$ 应用类似的观察并证明它等于 $\gamma_2/M^2+\gamma_3/M^3$, 其中 γ_2 和 γ_3 是另外两个可以确定的常数. 于是, 这前几项给出了展开式 $\frac{c_1}{M}+\frac{c_2}{M^2}$, 加上一项 $O(M^{-3})$. 剩下的就是证明 (2.2.4) 中的最后一项是 $o(M^{-2})$: 由 Hölder 不等式, 它的上界由下式给出

$$(\mathbb{E}|\overline{X}_M|^{4+\delta})^{\frac{1}{1+\frac{\delta}{4}}}(\mathbb{E}|I_M|^{1+\frac{4}{\delta}})^{\frac{1}{1+\frac{4}{\delta}}},$$

这里 I_M 代表 (2.2.4) 中的积分项. 应用控制收敛定理, 推导出 $\mathbb{E}|I_M|^{1+4/\delta}\underset{M\to+\infty}{\longrightarrow}0$. 为了估计 $\mathbb{E}|\overline{X}_M|^{4+\delta}$, 我们应用 Rosenthal 不等式 (定理 A.2.4), 它给出了对

于中心化的独立随机变量的和的高阶矩的控制

$$\begin{aligned}\mathbb{E}|\overline{X}_M|^{4+\delta} &\leqslant c_{4+\delta}\left(\sum_{m=1}^{M}\mathbb{E}\left|\frac{X_m}{M}\right|^{4+\delta}+\left(\sum_{m=1}^{M}\mathbb{E}\left|\frac{X_m}{M}\right|^{2}\right)^{2+\delta/2}\right)\\&=O\left(\frac{1}{M^{2(1+\delta/4)}}\right).\end{aligned}$$

这样就完成了证明. □

在光滑函数的情形, 偏差会以比中心极限定理所给出的速度更快收敛到 0, 这样就可以将它先验地忽略. 不过, 若 M 取值不大不小, 则项 c_1/M 与中心极限定理的统计误差具有相同的阶: 在此处, 降低偏差是很有用的. 一个可行的改进是用 *jackknife 方法* [36], 或者一个简单的版本, *Romberg 推断*, 它巧妙利用线性组合来计算实证均值以减少偏差. 例如我们估计

$$\tilde{f}_M := 2f(\overline{X}_M) - f(\overline{X}_{M/2}), \tag{2.2.5}$$

为了简化起见, 假设 M 是偶数. 我们验证它的偏差是 M^{-2} 阶的 (在与之前相同的假设下):

$$\begin{aligned}\mathbb{E}(\tilde{f}_M) &= 2\left(f(\mathbb{E}(X))+\frac{c_1}{M}+\frac{c_2}{M^2}+o\left(\frac{1}{M^2}\right)\right)\\&\quad-\left(f(\mathbb{E}(X))+\frac{c_1}{M/2}+\frac{c_2}{(M/2)^2}+o\left(\frac{1}{M^2}\right)\right)\\&= f(\mathbb{E}(X))-2\frac{c_2}{M^2}+o\left(\frac{1}{M^2}\right).\end{aligned}$$

$\tilde{f}_M$ 的方差递减近似为 $1/M$. 人们可以考虑用 (2.2.5) 的其他版本, 根据其偏差和方差极限来优化方法.

对于某些凸函数, 比如对于给定的参数 a, 令 $f(x) = \max(x, a)$①, 对于 $f(\overline{X}_M)$ 可以构造一个偏差更小的统计量来估计, 使得我们 (在偏差的层面) 尽量接近所寻求的值. 关于这一点, 我们仍然将 M 个样本分成两部分 (还是假设 M 为偶数).

定理 2.2.6 (下偏差和上偏差的估计) 假设 $\overline{X}_{1,M}=\frac{2}{M}\sum_{m=1}^{M/2}X_i$ 与 $\overline{X}_{2,M}=\frac{2}{M}\sum_{m=M/2+1}^{M}X_i$, 令

$$\bar{f}_M = \max(\overline{X}_M, a), \quad \underline{f}_M = \mathbf{1}_{\overline{X}_{1,M}\geqslant a}\overline{X}_{2,M} + \mathbf{1}_{\overline{X}_{1,M}<a}a.$$

① 这些函数在一些金融工程的最优停时问题中出现, 比如美式期权定价.

那么, 当 $M \to +\infty$ 时, $\bar{f}_M$ 和 $\underline{f}_M$ 几乎必然收敛到 $\max(\mathbb{E}(X), a)$, 并且

$$\mathbb{E}(\underline{f}_M) \leqslant \max(\mathbb{E}(X), a) \leqslant \mathbb{E}(\bar{f}_M).$$

证明 因为 $\overline{X}_{1,M}, \overline{X}_{2,M}, \overline{X}_M \xrightarrow[M\to+\infty]{\text{a.s.}} \mathbb{E}(X)$, 所以基本上能立刻得到几乎必然收敛的结果: 因为示性函数是不连续的, 我们必须很仔细地处理 $\underline{f}_M$. 如果 $\mathbb{E}(X) \neq a$, 那么 $\mathbf{1}_{\overline{X}_{1,M}\geqslant a} \xrightarrow[M\to+\infty]{\text{a.s.}} \mathbf{1}_{\mathbb{E}(X)\geqslant a}$, 并且 $\underline{f}_M \xrightarrow[M\to+\infty]{\text{a.s.}} \mathbb{E}(X)\mathbf{1}_{\mathbb{E}(X)\geqslant a} + a\mathbf{1}_{\mathbb{E}(X)<a} = \max(\mathbb{E}(X), a)$. 若 $\mathbb{E}(X) = a$, 则 $\underline{f}_M = \mathbb{E}(X) + \mathbf{1}_{\overline{X}_{1,M}\geqslant a}(\overline{X}_{2,M} - \mathbb{E}(X)) \xrightarrow[M\to+\infty]{\text{a.s.}} \mathbb{E}(X) = \max(\mathbb{E}(X), a)$.

在命题 2.2.5 中证明了 $\bar{f}_M$ 的上偏差. 对于 $\underline{f}_M$, 我们可以用两个子样本的独立性证明:

$$\mathbb{E}(\underline{f}_M) = \mathbb{E}(X)\mathbb{P}(\overline{X}_{1,M} \geqslant a) + a\mathbb{P}(\overline{X}_{1,M} < a) \leqslant \max(\mathbb{E}(X), a).$$

□

2.2.4 在期望的敏感性估值中的应用

我们研究如何用蒙特卡罗方法估计 $\mathbb{E}(X^\theta)$ 关于一个实参数 $\theta \in \Theta \subset \mathbb{R}$ 的导数, 其中

- $X^\theta = f(Y^\theta)$, 这里 f 为一个给定函数, 可以是正则的或者非正则的①;
- Y^θ 是一个依赖于参数 θ 的随机变量.

换句话说, 我们想要用数值方法计算 $\partial_\theta \mathbb{E}(f(Y^\theta))$, 这里假设这个导数存在.

▷ *再次模拟法*. 用中心化的有限变差方法来逼近导数

$$\partial_\theta \mathbb{E}(f(Y^\theta)) \approx \frac{\mathbb{E}(f(Y^{\theta+\varepsilon})) - \mathbb{E}(f(Y^{\theta-\varepsilon}))}{2\varepsilon},$$

其中 ε 足够小. 那么每个期望都用随机变量 $f(Y^{\theta+\varepsilon})$ 和 $f(Y^{\theta-\varepsilon})$ 的一个实证平均来逼近, 即利用 (2.0.1). 不过, 重要的是必须用同样的随机源② 来生成 $Y^{\theta+\varepsilon}$ 和 $Y^{\theta-\varepsilon}$ 的样本: 例如, $Y^\theta = y(\theta, U)$, 这里 $y(\theta, \cdot)$ 是一个可测函数③, U 是一个服从均匀分布的随机变量, 我们想要计算

$$\partial_\theta \mathbb{E}(f(Y^\theta)) \approx \frac{1}{M}\sum_{m=1}^{M} \frac{f(y(\theta+\varepsilon, U_m)) - f(y(\theta-\varepsilon, U_m))}{2\varepsilon}. \tag{2.2.6}$$

① 译者注: 正则性是分析中常用概率, 用来刻画函数的光滑 (可微) 性. 正则性越高, 函数越光滑.

② 就是说我们用同样的随机数 (也称为公共随机数 [56]), 仅改变参数.

③ 在 1 维情形中, 我们总可以用累积密度函数 (c.d.f) 的逆写出这个可测函数.

与用 U 的相互独立模拟分别计算参数为 $\theta+\varepsilon$ 和 $\theta-\varepsilon$ 的值之后再求差值的情形相比较, 这个小技巧能够帮助我们显著地减小全局统计误差.

这个方法给出了关于所求导数的有偏估计 (因为 $\varepsilon \neq 0$), 而下面的技巧是无偏的.

我们还要指出有可能 (也就是说, 如果两个函数 $y(\cdot,U)$ 或者 $f(\cdot)$ 不是正则的), 当 $\varepsilon \to 0$ 时, (2.2.6) 给出的估计值的方差 $\frac{1}{M}\mathbb{V}\mathrm{ar}\ (\frac{f(y(\theta+\varepsilon,U))-f(y(\theta-\varepsilon,U))}{2\varepsilon})$ 趋向于无穷大. 另一方面, 当 $f(y(\cdot,U))$ 为正则时, 方差近似等于 $\frac{1}{M}\mathbb{V}\mathrm{ar}$ $(\partial_\theta(f(y(\theta,U))))$, 也就是对于 ε 的依赖很小.

最后, ε 和 M 的最优搭配仍然是一个重要且微妙的问题. 不幸的是, 既不存在一个全局性结果, 也没有稳健性结果, 已知的各种规则非常依赖 f 和 $y(\cdot,U)$ 的正则性. 我们不再深入讨论这个题目, 有兴趣的读者可以参考比如 [56].

▷ *沿路径微分方法*. 当函数 f 是正则的并且随机变量 Y^θ 关于参数 θ 几乎必然可微时, 我们可以直接在期望符号下微分: 我们将证明留给读者.

命题 2.2.7 (沿路径微分方法) *假设*

i) $\theta \in \Theta \mapsto Y^\theta \in \mathbb{R}^d$ *几乎必然* (a.s.) *在* $\mathcal{C}^1$ *中, 并且关于所有* $\theta\in\Theta$ *与可积的* $\overline{Y}$, *有* $|\partial_\theta Y^\theta| \leqslant \overline{Y}$;

ii) $f:\mathbb{R}^d \mapsto \mathbb{R}$ *是* $\mathcal{C}^1$ *中的一个函数, 且其导数有界.*

那么, $\partial_\theta \mathbb{E}(f(Y^\theta)) = \mathbb{E}(\nabla f(Y^\theta)\partial_\theta Y^\theta)$.

由于导数又可以表示为一个求期望的形式, 那么就可能用蒙特卡罗方法来估计它: 这就是我们为什么对这个公式感兴趣.

例 2.2.8 (高斯随机变量) 设 G 为一个标准高斯随机变量, 并令 $Y^{m,\sigma} = m+\sigma G \overset{\mathrm{d}}{=} \mathcal{N}(m,\sigma^2)$: 那么

a) $\partial_m \mathbb{E}(f(Y^{m,\sigma})) = \mathbb{E}(f'(Y^{m,\sigma}))$;

b) $\partial_\sigma \mathbb{E}(f(Y^{m,\sigma})) = \mathbb{E}(f'(Y^{m,\sigma})\frac{Y^{m,\sigma}-m}{\sigma})$.

在已经中心化的有限差分方法中, 若函数 $y(\cdot)$ 关于 θ 可微, 则我们可以验证当 $\varepsilon\to 0$ 时, 两个方法是重合的.

▷ *似然方法*. 在某些情形中, Y^θ 的导数几乎必然不存在: 在这个情况下, 我们要用到 Y^θ 的密度函数关于 θ 的可微性.

命题 2.2.9 (似然方法) 假设

i) Y^θ 是一个 d 维随机变量, 关于参考测度 μ (独立于 $\theta\in\Theta$) 的密度函数 $p(\theta,\cdot)$ 为严格正的;

ii) $(\theta,y)\in\Theta\times\mathbb{R}^d\mapsto p(\theta,y)$ 关于 θ 连续可微, 并且满足 $|\partial_\theta p(\theta,y)|\leqslant|\bar{p}(y)|$, 以及 $\int_{\mathbb{R}^d}\bar{p}(y)\mu(dy)<+\infty$;

iii) $f:\mathbb{R}^d\mapsto\mathbb{R}$ 是有界可测函数.

那么

$$\partial_\theta\mathbb{E}(f(Y^\theta))=\mathbb{E}\left(f(Y^\theta)\partial_\theta[\log(p(\theta,y))]|_{y=Y^\theta}\right).$$

注意到 f 在正则性方面没有要求, 只需要上界 $\bar{p}(\theta,y)$ 关于 θ 局部一致成立.

证明 将期望写成积分的形式, 我们得到 (假设允许微分)

$$\begin{aligned}\partial_\theta\mathbb{E}(f(Y^\theta))&=\partial_\theta\int_{\mathbb{R}^d}f(y)p(\theta,y)\mu(dy)\\&=\int_{\mathbb{R}^d}f(y)\partial_\theta p(\theta,y)\mu(dy)\\&=\int_{\mathbb{R}^d}f(y)\frac{\partial_\theta p(\theta,y)}{p(\theta,y)}p(\theta,y)\mu(dy)\\&=\mathbb{E}\left(f(Y^\theta)\frac{\partial_\theta p(\theta,y)}{p(\theta,y)}\bigg|_{y=Y^\theta}\right).\end{aligned}$$

□

注意到权重 $\left.\frac{\partial_\theta p(\theta,y)}{p(\theta,y)}\right|_{y=Y^\theta}$ 是零均值的 (取 $f=1$). 另一方面, 它可能具有无穷大的方差, 这些情况阻碍了我们为蒙特卡罗方法得到的结果写出好的高斯置信区间.

例 2.2.10 (Poisson 随机变量) 令 Y^θ 为一个服从分布 $\mathcal{P}(\theta)$ 的随机变量: 在这个情况下取 μ 为 $\mathbb{N}$ 上的计数测度, 我们有 $p(\theta,y)=e^{-\theta}\frac{\theta^y}{y!}$ 并且 $\partial_\theta\log(p(\theta,y))=\frac{y}{\theta}-1$. 那么

$$\partial_\theta\mathbb{E}(f(Y^\theta))=\mathbb{E}\left(f(Y^\theta)\Big(\frac{Y^\theta}{\theta}-1\Big)\right).$$

例 2.2.11 (高斯随机变量 (续)) 考虑一个 1 维的高斯随机变量 $Y^{m,\sigma}\overset{\mathrm{d}}{=}\mathcal{N}(m,\sigma^2)$, 假设 $\sigma>0$, 于是 $Y^{m,\sigma}$ 关于 Lebesgue 测度有密度函数

$$p((m,\sigma);y)=\frac{1}{\sigma\sqrt{2\pi}}e^{-\frac{(y-m)^2}{2\sigma^2}}.$$

由于它的对数等于 $\log(p((m,\sigma);y)) = C - \log(\sigma) - \frac{(y-m)^2}{2\sigma^2}$, 我们推导出公式

$$\partial_m \mathbb{E}(f(Y^{m,\sigma})) = \mathbb{E}\left(f(Y^{m,\sigma})\frac{Y^{m,\sigma}-m}{\sigma^2}\right),$$

$$\partial_\sigma \mathbb{E}(f(Y^{m,\sigma})) = \mathbb{E}\left(f(Y^{m,\sigma})\frac{1}{\sigma}\left(\frac{(Y^{m,\sigma}-m)^2}{\sigma^2}-1\right)\right).$$

▷ 结论. 这类方程的研究兴趣在于可以利用它们来对由蒙特卡罗方法计算出的 $\mathbb{E}(f(Y^\theta))$ 及其敏感性进行估值. 随机变量微分方法可以用在随机变量关于第一个参数具有轨道正则性的情况, 同时似然估计方法对于 f 的正则性没有要求, 然而需要随机变量有密度函数的显式表达式的条件.

在第二部分 (第 4.5 节) 中, 我们将会看到这些结果关于一些没有显式分布函数的随机过程的推广.

2.3 其他渐近控制

我们介绍一些不太广为人知的补充结果来完成对渐近收敛结果的整体刻画, 初学者可以跳过这一部分. 我们没有对所有结果给出详细的证明, 建议读者参考文献 [125, 28].

2.3.1 Berry-Essen 界和 Edgeworth 展开

定理 2.3.1 (Berry-Essen, 1941—1942) 令 X 为一个实值随机变量且满足 $\mathbb{E}|X|^3 < +\infty$. 那么存在一个全局常数 $A > 0$, 使得

$$\sup_{x\in\mathbb{R}}\left|\mathbb{P}\left(\sqrt{M}\frac{\overline{X}_M - \mathbb{E}(X)}{\sigma} \leqslant x\right) - \mathcal{N}(x)\right| \leqslant \frac{A}{\sqrt{M}}\frac{\mathbb{E}|X-\mathbb{E}(X)|^3}{\sigma^3}.$$

现在我们已经知道最佳常数 A 在区间 $[0.4097, 0.4748]$ 中. 一般来说, 速度的最优值存在: 它关于以概率 $\frac{1}{2}$ 取值 $X = \pm 1$ 的随机变量 (Rademacher 随机变量) 可以得到.

当 X 具有更高阶矩, 并且密度函数存在时 (意味着 $\limsup_{t\to+\infty}|\mathbb{E}(e^{itX})| < 1$), 我们甚至可以得到一个关于 $\frac{1}{\sqrt{M}}$ 的幂的渐近展开, 称为 Edgeworth 展开.

定理 2.3.2 (Edgeworth 展开) 令 X 为一个实值随机变量, 满足对于所有整数 $r \geqslant 3$, $\mathbb{E}|X|^r < +\infty$ 成立, 并且 $\limsup_{t\to+\infty}|\mathbb{E}(e^{itX})| < 1$. 那么存

在多项式 $P_i(\cdot)$ 满足

$$\sup_{x\in\mathbb{R}}(1+|x|^k)\left|\mathbb{P}\left(\sqrt{M}\frac{\overline{X}_M-\mathbb{E}(X)}{\sigma}\leqslant x\right)-\mathcal{N}(x)-\frac{1}{\sqrt{2\pi}}e^{-\frac{x^2}{2}}\sum_{i=1}^{r-2}\frac{P_i(x)}{M^{i/2}}\right|$$
$$=o\left(M^{-\frac{r-2}{2}}\right).$$

2.3.2 重对数律

定理 2.3.3 (Hartmen-Wintner, 1941) 令 X 为一个实值平方可积随机变量. 那么, 以概率 1 我们有

$$\limsup_{M\to+\infty}\frac{\sqrt{M}}{\sqrt{2\log(\log(M))}}(\overline{X}_M-\mathbb{E}(X))=\sigma,$$
$$\liminf_{M\to+\infty}\frac{\sqrt{M}}{\sqrt{2\log(\log(M))}}(\overline{X}_M-\mathbb{E}(X))=-\sigma.$$

人们惊奇地发现在由中心极限定理的偏差转化为几乎必然偏差时, 若 $M=1000$, 则因子 $\sqrt{2\log(\log(X))}$ 近似等于 1.96, 若 $M=10000$, 则它只有 2.10. 重对数律 (当然对于 $M\to+\infty$ 时成立) 最终给出的边界非常接近由中心极限定理 (也是当 $M\to+\infty$ 时成立) 给出的置信区间, 特别在 M 是几千的数量级的时候.

2.3.3 “几乎必然”中心极限定理

中心极限定理 2.2.1 给出的依分布收敛可以表达为如下收敛 (这里假设协方差矩阵 K 是可逆的)

$$\mathbb{E}\left(f(K^{-\frac{1}{2}}\sqrt{M}(\overline{X}_M-\mathbb{E}(X)))\right)=\int_{\mathbb{R}^d}f(x)\frac{1}{(2\pi)^{d/2}}e^{-\frac{|x|^2}{2}}dx,$$

其中 f 为任意连续有界函数. 我们想要问左边的期望能否用 $\sqrt{M}(\overline{X}_M-\mathbb{E}(X)):=Y_M$ 的实证统计均值来替代. 事实上, 我们可以将 Y 看做每步都带有噪声变量的一个自回归过程:

$$Y_M=Y_{M-1}\sqrt{1-\frac{1}{M}}+\frac{X_M-\mathbb{E}(X)}{\sqrt{M}},$$

其极限分布是高斯分布 $\mathcal{N}(0,K)$. 在这个情形中, 我们能够证明一个遍历性定理的适当版本, 由此我们可以将期望替换为对于 $(Y_M)_{M\geqslant1}$ 的轨道时间平均. 于是我们得到“几乎必然”中心极限定理.

定理 2.3.4 令 X 为一个平方可积随机向量. 对于任意连续有界函数 f, 我们知道以概率 1 有

$$\lim_{n\to+\infty}\frac{1}{\ln(n)}\sum_{M=1}^{n}\frac{1}{M}f\left(K^{-\frac{1}{2}}\sqrt{M}(\overline{X}_M-\mathbb{E}(X))\right)$$
$$=\int_{R^d}f(x)\frac{1}{(2\pi)^{d/2}}e^{-\frac{|x|^2}{2}}dx.$$

我们建议感兴趣的读者参考 [99].

2.4 非渐近估计

到目前为止, 我们已经研究了统计误差估计, 当 $M\to+\infty$ 时这些结果渐近成立. 基于这个进展, 如何选择足够大的 M 仍然是一个微妙的问题.

取而代之的一个想法由寻找非渐近误差的界构成, 要求所得的界对于每个 M 都成立. 关于近期的文献, 可以参考 [18]. 这就是本节的主要研究目的. 这里我们需要加强在变量 X 上的假设. 在本章的以下内容里, 所有随机变量 X 都假设为取实值的.

2.4.1 关于指数不等式

一个指数形式的集中不等式是为了给出如下形式的估计界 (对于 $\varepsilon\geqslant 0$)

$$\mathbb{P}\left(\frac{1}{M}\sum_{m=1}^{M}(X_m-\mathbb{E}(X_m))>\varepsilon\right)\leqslant\exp\left(-\frac{M\varepsilon^2}{c(M,\varepsilon)}\right),\tag{2.4.1}$$

$$\mathbb{P}\left(\left|\frac{1}{M}\sum_{m=1}^{M}(X_m-\mathbb{E}(X_m))\right|>\varepsilon\right)\leqslant 2\exp\left(-\frac{M\varepsilon^2}{c(M,\varepsilon)}\right),\tag{2.4.2}$$

这里常数 $c(M,\varepsilon)>0$ 依赖于 M,ε 以及随机变量 $(X_m)_m$ 的分布. 在这个公式里, 随机变量 X_m 是相互独立, 取实值, 且可积的, 但是它们不一定服从相同的分布. 我们称 (2.4.1) 和 (2.4.2) 为集中不等式, 因为它们描述了随机变量如何集中在它们的期望周围.

这些不等式可以用在以下几个不同的方面.

1. 它们可以帮助我们确定水平值 ε 以保证实证平均 $\frac{1}{M}\sum_{m=1}^{M}X_m$ 集中在 $\frac{1}{M}\sum_{m=1}^{M}\mathbb{E}(X_m)$ 周围, 并以大概率满足其波动小于 ε. 由此我们推导出一个非渐近置信区间, 其形式类似于中心极限定理.

命题 2.4.1 (非渐近置信区间) 假设对于所有 $\varepsilon > 0$, $(X_m)_{1\leqslant m\leqslant M}$ 满足不等式 (2.4.2), 其中 $c(M,\varepsilon) = c_M$ 独立于 ε. 那么, 我们知道不等式

$$-\sqrt{\frac{c_M \log(2/\lambda)}{M}} \leqslant \frac{1}{M}\sum_{m=1}^{M}(X_m - \mathbb{E}(X_m)) \leqslant \sqrt{\frac{c_M \log(2/\lambda)}{M}}$$

成立的概率至少为 $1-\lambda$ ($\lambda \in (0,1)$).

证明 水平值 $\varepsilon = \sqrt{\frac{c_M \log(2/\lambda)}{M}}$ 使得 $2\exp(-\frac{M\varepsilon^2}{c_M}) = \lambda$ 成立, 由此得到结果. □

注意到如果 c_M 独立于 M, 我们得到一个类似于中心极限定理带正则化系数 $\sqrt{M}$ 的置信区间.

2. 我们还可以得到绝对波动值 $|\frac{1}{M}\sum_{m=1}^{M}(X_m - \mathbb{E}(X_m))|$ 的 L_p 范数下的界. 为了这一点, 我们应用下面的等式, 对于任意增函数 $g \in \mathcal{C}^1$ 和任意正随机变量 Z:

$$\mathbb{E}(g(Z)) = g(0) + \int_0^{+\infty} g'(z)\mathbb{P}(Z \geqslant z)dz. \tag{2.4.3}$$

取 $g(z) = z^p$, $p \geqslant 1$, 再假设 $c(M,\varepsilon) = c_M$, 我们得到

$$\begin{aligned}\mathbb{E}\Big|\frac{1}{M}\sum_{m=1}^{M}(X_m - \mathbb{E}(X_m))\Big|^p &\leqslant \int_0^{+\infty} 2pz^{p-1}\exp\left(-\frac{Mz^2}{c_M}\right)dz\\ &= \left(\frac{c_M}{M}\right)^{p/2}\int_0^{+\infty} 2pu^{p-1}\exp(-u^2)du,\end{aligned} \tag{2.4.4}$$

于是我们给出误差在 L_p 中是 $c_M/\sqrt{M}$ 阶的.

一般来说, 若要形如 (2.4.1) 和 (2.4.2) 的指数不等式存在, 则必须在 X_m 上附加比较强的条件. 事实上, 如果 $c(M,\varepsilon) = c_M$, 那么在 (2.4.3) 中取 $g(z) = \exp(z)$ 及 $M = 1$, 我们可以观察到, 例如 X_1 的指数矩有限, 甚至二次指数矩有限. 于是我们假设以下稍微强一点的条件之一被满足: 随机变量为

- 有界随机变量,
- 有界随机变量族,
- 由高斯随机变量的次线性函数构成的随机变量.

2.4.2 关于有界随机变量的集中不等式

让我们从一个方差的粗糙边界开始研究 (参见命题 A.2.2).

引理 2.4.2 令 X 为一个实值有界随机变量, 即 $\mathbb{P}(X \in [a,b]) = 1$, 其中 a, b 为两个有限实数, 那么 $\mathbb{V}\mathrm{ar}\,(X) \leqslant \frac{(b-a)^2}{4}$.

现在我们回到指数不等式, 在有界随机变量情形中, 不等式有好几个版本, 其中最著名的版本有 Bernstein (1946), Bennett (1963), 以及 Hoeffding (1963). 一些不等式可以用 $(X_m)_m$ 的方差漂亮地表示出来. 而当我们考虑蒙特卡罗方法的应用时, 一般无法确切知道该如何写出表示式. 我们只给出 Hoeffding 不等式, 它仅依赖于随机变量自身的界 (参见定理 A.2.5).

定理 2.4.3 (Hoeffding 不等式) 设 $(X_1, \cdots, X_M)$ 为一列相互独立的实值随机变量, 满足 $\mathbb{P}(X_m \in [a_m, b_m]) = 1$. 那么对于任意 $\varepsilon > 0$, 我们有

$$\mathbb{P}\left(\left|\frac{1}{M}\sum_{m=1}^{M}(X_m - \mathbb{E}(X_m))\right| > \varepsilon\right) \leqslant 2\exp\left(-\frac{2M\varepsilon^2}{\frac{1}{M}\sum_{m=1}^{M}|b_m - a_m|^2}\right).$$

考虑随机变量都服从相同的分布的情形 (即 $b_m - a_m = b - a$): 那么, 由命题 2.4.1, 取 $c_M = (b-a)^2/2$, 我们推导出, 如下不等式以不小于 $1-\lambda$ $(\lambda > 0)$ 的概率成立

$$-\frac{b-a}{2}\sqrt{\frac{2\log(2/\lambda)}{M}} \leqslant \overline{X}_M - \mathbb{E}(X) \leqslant \frac{b-a}{2}\sqrt{\frac{2\log(2/\lambda)}{M}}.$$

我们将它与中心极限定理的 95% (即 $\lambda = 0.05$) 置信区间比较: X_i 的标准差以 $\frac{b-a}{2}$ 为上界 (引理 2.4.2), 我们比较通常用的值 1.96 与 $\sqrt{2\log(2/\lambda)} = \sqrt{2\log 40} \approx 2.72$. 不出意料, 置信区间稍微变大了, 其优势在于置信区间对于所有 M 都成立.

2.4.3 一致集中不等式

现在我们想要加强定理 2.4.3 的结果, 考虑一族形如 $X_m = \varphi(Y_m)$ 的随机变量的一致估计, 其中 φ 取自一个有界函数类 (或者列表) $\mathcal{G}$. 这些强有力的结果将会在第八章中用来分析由蒙特卡罗方法得到的动态规划方程的解 (参见第 8.3 节).

更详细地说, 我们所感兴趣的问题的起初是考虑 $X_m = \varphi(Y_m)$ 的情形, 这里 $\varphi : \mathbb{R}^d \to \mathbb{R}$ 是有界的, 并且 $(Y_m)_{m\geqslant 1}$ 是 d 维独立的随机变量, 服从相同的

分布 μ, 我们想要证明在 $\mathcal{G}$ 上一致成立的偏差概率, 也就是说量化如下事件的概率

$$\left\{\exists\varphi\in\mathcal{G}:\left|\frac{1}{M}\sum_{m=1}^{M}\varphi(Y_m)-\int_{\mathbb{R}^d}\varphi(y)\mu(dy)\right|>\varepsilon\right\}$$
$$=\bigcup_{\varphi\in\mathcal{G}}\left\{\left|\frac{1}{M}\sum_{m=1}^{M}\varphi(Y_m)-\int_{\mathbb{R}^d}\varphi(y)\mu(dy)\right|>\varepsilon\right\}.$$

在下面的例子中, 所考虑的函数 φ 的集合的元素个数可以假设为可数个, 这就解决了上面的事件的可测性问题. 与定理 2.4.3 不同, 因为可以预料 φ 出现大小为 ε 的扰动是随机的 (它依赖于 $(Y_m)_m$), 所以为了避免带来任何不清楚的地方, 我们将期望 $\mathbb{E}(X)=\mathbb{E}(\varphi(Y))$ 写成 $\int\varphi(y)\mu(dy)$ 的形式.

显然, 如果函数类 $\mathcal{G}$ 包含的内容太丰富, 那么就不可能正确地量化偏差概率, 但是如果我们被限制在, 比如有限维向量空间中 (需要一点调整), 那么我们也能够提供相应的控制. 由这些结果可以在函数类 $\mathcal{G}$ 上同时一致地推得大数定律. 最早探索这个课题的是 Vapnik 和 Chervonenkis, 他们的奠基性工作出现于 20 世纪 70 年代和 80 年代, 接下来有很多人进入这个领域, 现在称之为**统计学习**. 关于相关文献, 读者可以参考 [69, 73].

▷ *最初的启发*. 我们从一些简单的论述开始, 这里的结果不是最优的, 但是可以让我们更好地理解如何解决这个问题. 我们的根本目的是学习其思路.

– 如果 $\mathcal{G}$ 有有限基数 (定义为 $|\mathcal{G}|$), 其元素是取值于 $[a,b]$ 的有界函数, 那么我们可以写出

$$\begin{aligned}&\mathbb{P}\left(\exists\varphi\in\mathcal{G}:\left|\frac{1}{M}\sum_{m=1}^{M}\varphi(Y_m)-\int_{\mathbb{R}^d}\varphi(y)\mu(dy)\right|>\varepsilon\right)\\&\leqslant\sum_{\varphi\in\mathcal{G}}\mathbb{P}\left(\left|\frac{1}{M}\sum_{m=1}^{M}\varphi(Y_m)-\int_{\mathbb{R}^d}\varphi(y)\mu(dy)\right|>\varepsilon\right)\\&\leqslant 2|\mathcal{G}|\exp\left(-\frac{2M\varepsilon^2}{(b-a)^2}\right),\end{aligned}\tag{2.4.5}$$

应用定理 2.4.3, 将第 2.4.1 节中的论述改写后用在这里, 不难得到 $\frac{1}{M}\sum_{m=1}^{M}\varphi(Y_m)-\int_{\mathbb{R}^d}\varphi(y)\mu(dy)$ 的置信区间关于所有 $\varphi\in\mathcal{G}$ 同时成立.

– 对于实际应用来说, $\mathcal{G}$ 的有限性假设太苛刻了. 一个可能的改进是考虑情形 $|\mathcal{G}|=+\infty$, 并且假设对于所有 $\varepsilon>0$, 我们可以在水平值 ε 上用 $n:=\mathcal{N}_\infty(\varepsilon,\mathcal{G})\geqslant 1$ 个函数 $\{\varphi_1,\cdots,\varphi_n\}$ 在一致范数意义下覆盖 $\mathcal{G}$, 也就是说, 对于

任意 $\varphi \in \mathcal{G}$, 我们可以找到一个函数 φ_j 满足 $|\varphi - \varphi_j|_\infty \leqslant \varepsilon$. 集合 $\{\varphi_1, \cdots, \varphi_n\}$ 称为 ε 覆盖 (图 2.3), 那么在一个 $\varepsilon/3$ 覆盖中, 由简单的三角不等式可以推出

$$\left\{\exists\varphi \in \mathcal{G} : \left|\frac{1}{M}\sum_{m=1}^{M}\varphi(Y_m) - \int_{\mathbb{R}^d}\varphi(y)\mu(dy)\right| > \varepsilon\right\}$$
$$\subset \bigcup_{j=1}^{\mathcal{N}_\infty(\varepsilon/3,\mathcal{G})} \left\{\left|\frac{1}{M}\sum_{m=1}^{M}\varphi(Y_m) - \int_{\mathbb{R}^d}\varphi(y)\mu(dy)\right| > \varepsilon/3\right\}. \tag{2.4.6}$$

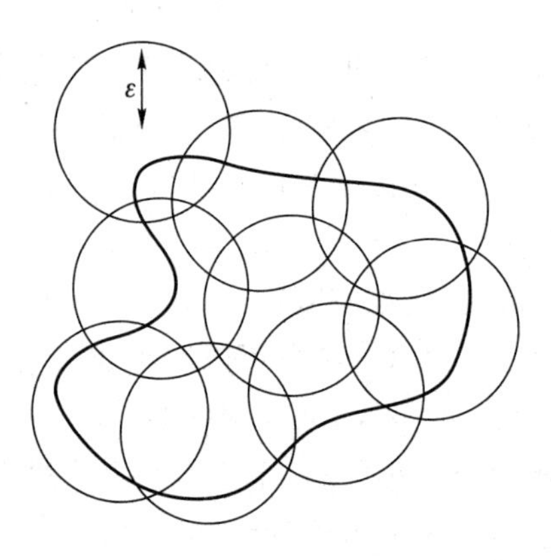

图 2.3 一个 ε 覆盖的例子

我们也可以取在 $[a, b]$ 中取有限值的函数 φ_j, 就像对于 (2.4.5) 那样推导结论

$$\mathbb{P}\left\{\exists\varphi \in \mathcal{G} : \left|\frac{1}{M}\sum_{m=1}^{M}\varphi(Y_m) - \int_{\mathbb{R}^d}\varphi(y)\mu(dy)\right| > \varepsilon\right\}$$
$$\leqslant 2\mathcal{N}_\infty(\varepsilon/3, \mathcal{G}) \exp\left(-\frac{2M\varepsilon^2}{9(b-a)^2}\right). \tag{2.4.7}$$

例如, 函数类 $\mathcal{G}$ 包含如下取值于 $[a, b]$ 的函数, 它在 $\mathbb{R}^d$ 的 K 个不交子集 $(\mathcal{C}_k)_{1\leqslant k\leqslant K}$ 上取值为常数 (即 $\varphi \in \mathcal{G} \Rightarrow \varphi(\cdot) = \sum_{k=1}^{K}\alpha_k \mathbf{1}_{\mathcal{C}_k}(\cdot)$, 其中 $\alpha_k \in [a, b]$), 并且满足

$$\mathcal{N}_\infty(\varepsilon, \mathcal{G}) = \left(\frac{b-a}{2\varepsilon}\right)^K \vee 1 \tag{2.4.8}$$

(如果 $\varepsilon \leqslant (b-a)/2$, 那么可以以距离 2ε 为间隔均匀地取 α_k).

我们不再继续沿这个方向深入讨论了, 因为一般来说, ε 覆盖数 $\mathcal{N}_\infty(\varepsilon, \mathcal{G})$的估值是很复杂甚至是不可能的, 而且它限制了 (2.4.7) 的应用. 不过, 这些启发

性计算应该可以引起读者的好奇心，它说明计算在 $\mathcal{G}$ 上的一致偏差概率不是绝对不可能的，可以由一个推广的 Hoeffding 不等式得到.

▷ *覆盖数* L_1. 前面的分析引出 (2.4.7)，我们容易猜出用函数一致范数下的 $\mathcal{G}$ 的覆盖来量化均值/概率的波动好像是次优结果. 这指导我们如何用大小为 ε 的小球在 L_1 范数下 (关于 $\mathbb{R}^d$ 上的某个测度 ν) 覆盖 mG 来度量 $\mathcal{G}$ 的丰富性 (或者复杂性)$\mathcal{G}$，而不是在 L_∞ 范数下对它进行估值. 能完成这个覆盖的 ε 球的最小个数称为 L_1 覆盖数. 测度 ν 也可以取为在 $\mathbb{R}^d$ 中由 M 个点推导出的实证测度；最后一个情形最常用在如下方面：

定义 2.4.4 (覆盖数) 令 $\mathcal{G}$ 为一个函数类：$\varphi:\mathbb{R}^d\to\mathbb{R}$.

考虑 $\mathbb{R}^d$ 中的 M 个点 $(y_m)_{1\leqslant m\leqslant M}$，并且定义 ν^M 为由这些点定义的实证测度，

$|\cdot|_{L_1(\nu^M)}$ 为对应实证测度的 L_1 范数：对于任意的函数 φ，

$$|\varphi|_{L_1(\nu^M)}:=\frac{1}{M}\sum_{m=1}^{M}|\varphi(y_m)|.$$

一个基于范数 $|\cdot|_{L_1(\nu^M)}$ 的 $\mathcal{G}$ 的 ε 覆盖 $(\varepsilon>0)$ 是一个数目有限的函数集合 $\varphi_1,\cdots,\varphi_n:\mathbb{R}^d\mapsto\mathbb{R}$，满足对于任意 $\varphi\in\mathcal{G}$，我们可以找到一个指标 $j\in\{1,\cdots,n\}$ 使得 $|\varphi-\varphi_j|_{L_1(\nu^M)}\leqslant\varepsilon$ 成立.

使得这样一个 ε 覆盖存在的最小的 n 称为 ε 覆盖数，并定义为 $\mathcal{N}_1(\varepsilon,\mathcal{G},\nu^M)$.

更一般地，我们可以将实证测度 ν^M 替换为一个在 $\mathbb{R}^d$ 上的概率测度 ν，并类似地定义 $\mathcal{N}_1(\varepsilon,\mathcal{G},\nu)$.

注意到在这个定义中，点 $(y_m)_{1\leqslant m\leqslant M}$ 可以随机取出，事实上，我们将取它们等于蒙特卡罗计算中所采到的样本点.

然后，如果对于任意 $\varepsilon>0$, $\mathcal{N}_1(\varepsilon,\mathcal{G},\nu)<+\infty$，那么我们称 $\mathcal{G}$ 关于 ν 可以被覆盖. 我们总是考虑尺度最小的 ε 覆盖.

这里的目标不在于详尽研究 $\mathcal{G}$①，对于 $\mathcal{N}_1(\varepsilon,\mathcal{G},\nu)$，我们已知其显式控制表达式. 更多时候我们将注意力集中在这种具有恰当截断的有限向量空间类型的 $\mathcal{G}$ 中. 为了对函数施行截断，我们定义一个函数的剪切函数 (参见图 2.4). 它是一个 Lipschitz 变换，可以帮助我们把问题划归到有限函数情形.

定义 2.4.5 (剪切函数) 对于一个实值函数 φ 和一个水平值 $L\geqslant 0$, φ 在

① 为了了解更多细节，读者可以参见 [69].

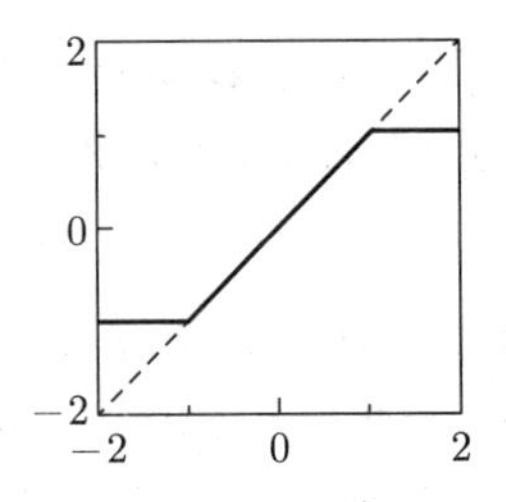

图 2.4 对于 $L=1$, 剪切函数 $\mathcal{C}_L$

水平值 L 的剪切函数定义为

$$\mathcal{C}_L\varphi := -L \vee \varphi \wedge L.$$

推广到函数类, 一个函数类 $\mathcal{G}$ 的剪切类定义为 $\mathcal{C}_L\mathcal{G}$, 记为

$$\mathcal{C}_L\mathcal{G} = \{\mathcal{C}_L\varphi : \varphi \in \mathcal{G}\}.$$

相当令人惊奇的是, 对于由函数 $\{\varphi_1,\cdots,\varphi_d\}$ 生成的向量空间的剪切类, 存在 ε 覆盖数的上界, 它独立于测度 ν, 空间维数 d 以及 $(\varphi_j)_j$ 的形式①.

定理 2.4.6 (关于 L_1 覆盖数的稳健上界) 考虑

- $\Phi = \mathrm{Span}(\varphi_1,\cdots,\varphi_K) = \{\sum_{k=1}^K \alpha_k\varphi_k, \alpha_k \in \mathbb{R}\}$, 其中 $\varphi_k : \mathbb{R}^d \mapsto \mathbb{R}$;
- $\mathcal{C}_L\Phi$ 是 Φ 的剪切 (关于 $L>0$ 的);
- μ 是在 $\mathbb{R}^d$ 上的概率测度.

那么, 关于 μ 和所有 $0<\varepsilon\leqslant L/2$, $\mathcal{C}_L\Phi$ 可以被覆盖, 我们有

$$\mathcal{N}_1(\varepsilon, \mathcal{C}_L\Phi, \mu) \leqslant \left(\frac{6L}{\varepsilon}\right)^{2(K+1)}.$$

我们可以看出来这是一个很难的结果, 建议读者参考 [69, 引理 9.2, 定理 9.4 和 9.5]②. 我们注意到覆盖数的上界显然随着 Φ 的维数和用来实施覆盖的球的直径的逆的增加而递增. 当 $\mathcal{G}$ 包含分段常值且有界的函数时, 这一点足以估计 $\mathcal{N}_\infty(\varepsilon,\mathcal{G})$ 的 (2.4.8).

$\triangleright$ 一致偏差. 由 L_1 中的 ε 覆盖, 我们能够应用与 (2.4.6) 相同的推导, 只需要把关于 $\varphi\in\mathcal{G}$ 的并替换为覆盖的有限并. 这是比关于 L_∞ 覆盖更细致的

---

① 于是, 这个性质关于全局或者局部多项式、Fourier 基、小波基等都成立.

② 如果读者认真读了所给出的参考文献, 那么我们要说明一下这里我们用了一个超上界 $2ex\log(3ex)\leqslant(\frac{11x}{5})^2$, 其中 $x\geqslant 4$, 这使得我们可以简化最终上界而不需要牺牲任何精度.

一个结果. 我们不讨论基于这些想法的技术计算的细节, 仅给出类似于不等式 (2.4.7) 的关键性渐近上界 (参见 [69, 定理 9.1]).

定理 2.4.7 (一致偏差概率) 令 $\mathcal{G}$ 为一个函数 $\varphi:\mathbb{R}^d\mapsto[0,B]$ 的可数集合①, 其中 $B>0$. 设 $(Y_m)_{1\leqslant m\leqslant M}$ 为一组相互独立的服从分布 μ 的随机变量样本, 用 μ^M 定义对应实证测度. 假设 $\mathcal{G}$ 可以被 μ^M 覆盖. 那么对于所有 $\varepsilon>0$, 我们有

$$\begin{aligned}&\mathbb{P}\left(\sup_{\varphi\in\mathcal{G}}\left|\frac{1}{M}\sum_{m=1}^{M}\varphi(Y_m)-\int_{\mathbb{R}^d}\varphi(y)\mu(dy)\right|>\varepsilon\right)\\&\leqslant 8\mathbb{E}\left(\mathcal{N}_1\left(\frac{\varepsilon}{8},\mathcal{G},\mu^M\right)\right)\exp\left(-\frac{\varepsilon^2M}{128B^2}\right).\end{aligned}$$

▷ 一致控制的应用.

⋆ **一致偏差的指数估计.** 将覆盖数的估计和一致偏差概率结合起来, 我们得到关于 Φ 一致的一个偏差的非渐近估计.

定理 2.4.8 (剪切向量空间上一致偏差概率) 假设在定理 2.4.6 中关于 Φ 和 $\mathcal{C}_L\Phi$ 的定义和假设都成立, 其中 $L>0$. 令 $(Y_m)_{1\leqslant m\leqslant M}$ 为一组服从分布 μ 的随机变量的相互独立样本, 并且定义 μ^M 为对应实证测度. 那么, 对于所有 $\varepsilon>0$, 我们有

$$\begin{aligned}&\mathbb{P}\left(\sup_{\varphi\in\mathcal{C}_L\Phi}\left|\frac{1}{M}\sum_{m=1}^{M}\varphi(Y_m)-\int_{\mathbb{R}^d}\varphi(y)\mu(dy)\right|>\varepsilon\right)\\&\leqslant 8\left(\frac{48L}{\varepsilon}\right)^{2(K+1)}\exp\left(-\frac{\varepsilon^2M}{512L^2}\right).\end{aligned}$$

证明 首先, 不改变事件的定义, 将基本系数取值限制在有理数集上, 我们能够在这个可数集合上取上确界. 然后我们应用定理 2.4.7, 取函数类 $\mathcal{G}:=\mathcal{C}_L\Phi+L=\{\mathcal{C}_L\varphi+L:\varphi\in\Phi\}$, 其元素是非负的, 且被 $B=2L$ 界住. 当然, 我们有 $\mathcal{N}_1(\varepsilon/8,\mathcal{G},\mu^M)=\mathcal{N}_1(\varepsilon/8,\mathcal{C}_L\Phi,\mu^M)$, 应用定理 2.4.6, 我们就可以得到结论 (我们检验这个定理中的限制 $\varepsilon/8\leqslant L/2$ 可以减弱, 这是因为在限制不成立的情形中, 由于函数 φ 被 L 界住, 已给出的上界显然成立). □

⋆ **一致大数定律.** 前面的上界能帮助我们证明对于任意 $\varepsilon>0$, $\{\mathbb{P}(\sup_{\varphi\in\mathcal{C}_L\Phi}|\frac{1}{M}\sum_{m=1}^{M}\varphi(Y_m)-\int_{\mathbb{R}^d}\varphi(y)\mu(dy)|>\varepsilon):M\geqslant 1\}$ 定义了一个收敛序列: 于是由 Borel-Cantelli 引理, 对于足够大的 M, 我们以概率 1 有 $\sup_{\varphi\in\mathcal{C}_L\Phi}|\frac{1}{M}\sum_{m=1}^{M}$

① 限制在可数集上保证了所研究的上确界仍然定义了一个随机变量.

$\varphi(Y_m) - \int_{\mathbb{R}^d} \varphi(y)\mu(dy)| \leqslant \varepsilon$. 我们之前已经证明了大数定律在函数类 $\mathcal{C}_L\Phi$ 上一致成立.

推论 2.4.9 (一致大数定律) 设在定理 2.4.8 中的假设和定义都成立, 我们有

$$\sup_{\varphi \in \mathcal{C}_L\Phi} \left| \frac{1}{M} \sum_{m=1}^{M} \varphi(Y_m) - \int_{\mathbb{R}^d} \varphi(y)\mu(dy) \right| \xrightarrow[M\to+\infty]{\text{a.s.}} 0.$$

$\star$ **实证平均与确切均值之间的一致 L_1 距离.** 为了测量在 L_1 中引入的误差, 下面的结果对于用确切均值替代实证平均非常有用, 反之亦然. 参数 $\sqrt{(K+1)\log(4M)}$ 是确保在函数类上一致成立所付出的代价.

定理 2.4.10 (实证平均与确切均值之间的一致 L_1 距离) 在定理 2.4.8 中相同的定义和假设下, 我们有

$$\begin{aligned}
&\mathbb{E}\left(\sup_{\varphi \in \mathcal{C}_L\Phi} \left| \frac{1}{M} \sum_{m=1}^{M} \varphi(Y_m) - \int_{\mathbb{R}^d} \varphi(y)\mu(dy) \right| \right) \\
&\leqslant 75 \frac{L}{\sqrt{M}} \sqrt{(K+1)\log(4M)}.
\end{aligned}$$

证明 令 Z 为我们要计算期望的随机变量. 然后, 对于任意 $\varepsilon_0 \geqslant 24\frac{L}{\sqrt{M}}$, 由定理 2.4.8, 我们推导出

$$\begin{aligned}
\mathbb{E}(Z) &= \int_0^{+\infty} \mathbb{P}(Z > \varepsilon) d\varepsilon \\
&\leqslant \varepsilon_0 + 8 \int_{\varepsilon_0}^{+\infty} \left(\frac{48L}{\varepsilon}\right)^{2(K+1)} \exp\left(-\frac{\varepsilon^2 M}{512L^2}\right) d\varepsilon \\
&\leqslant \varepsilon_0 + 8(4M)^{K+1} \int_{\varepsilon_0}^{+\infty} \frac{\sqrt{M}\varepsilon}{24L} \exp\left(-\frac{\varepsilon^2 M}{512L^2}\right) d\varepsilon \\
&= \varepsilon_0 + (4M)^{K+1} \frac{256L}{3\sqrt{M}} \exp\left(-\frac{\varepsilon_0^2 M}{512L^2}\right).
\end{aligned}$$

选择 $\varepsilon_0 = \frac{L}{\sqrt{M}}\sqrt{512(K+1)\log(4M)}$, 使得 $(4M)^{K+1}\exp(-\frac{\varepsilon_0^2 M}{512L^2}) = 1$ 成立, 并且 $\varepsilon_0 \geqslant 24\frac{L}{\sqrt{M}}$. 于是只需要一些基本的计算就能得到估计式为

$$\mathbb{E}(Z) \leqslant \frac{L}{\sqrt{M}} \sqrt{512(K+1)\log(4M)} + \frac{256L}{3\sqrt{M}}.$$

□

2.4.4 高斯噪声下的集中不等式

为了得到更一般的概率分布的指数型集中不等式, 我们所知的一个重要进展是基于对数 Sobolev 不等式的. 有关这些工具的工作最近有一些重要的进展; 参见 [103] 和 [4]. 关于高斯测度的结果可以追溯到 Gross 的工作 [66].

指数集中不等式的主要应用在于研究如下形式的随机变量 X_m:

$$X = f(Y),$$

其中 $f:\mathbb{R}^d \to \mathbb{R}$ 为 Lipschitz 函数, 并且 Y 是 $\mathbb{R}^d$ 中的随机向量 (取值几乎必然有限). 将所引入的概率测度定义为 μ. 在这一节中, 用下面的定义

$$\mathbb{E}_\mu(f) = \mathbb{E}(f(Y)) = \int_{\mathbb{R}^d} f(y)\mu(dy)$$

更加方便, 只要 $f(Y)$ 可积或者 f 是正的, 这个式子就成立.

为了给出对数 Sobolev 不等式的定义, 我们必须引入信息熵.

定义 2.4.11 (信息熵) 令 μ 是一个在 $\mathbb{R}^d$ 上的概率测度. 对于任意可测函数 $f:\mathbb{R}^d \mapsto \mathbb{R}^+$, f 在 μ 下的信息熵定义为

$$\mathrm{Ent}_\mu(f) = \mathbb{E}_\mu(f\log(f)) - \mathbb{E}_\mu(f)\log(\mathbb{E}_\mu(f)). \tag{2.4.9}$$

关于一类函数 $\mathcal{A}$, 测度 μ 满足常数为 $C_\mu \in (0,+\infty)$ 的对数 Sobolev 不等式, 如果

$$\mathrm{Ent}_\mu(f^2) \leqslant C_\mu \mathbb{E}_\mu(|\nabla f|^2), \quad \forall f \in \mathcal{A}, \tag{2.4.10}$$

这里 $\nabla f = (\partial_{x_1} f, \cdots, \partial_{x_d} f)$.

下面我们取 $\mathcal{A}$ 为集合 $\mathcal{C}_b^2(\mathbb{R}^d,\mathbb{R})$, 即一阶和二阶导数有界的有界函数. 注意到以下几点性质:

1. $\mathrm{Ent}_\mu(f)$ 是有限的, 当且仅当 $f[\log(f)]_+$ 是 μ 可积的.
2. $\mathrm{Ent}_\mu(f) \geqslant 0$: 将 Jensen 不等式应用到凸函数 $x \mapsto x\log(x)$ 上容易得到这个结果. 如果 f 在 μ 下几乎处处取常数值, 那么信息熵是零.
3. 对于 $\lambda > 0$, $\mathrm{Ent}_\mu(\lambda f) = \lambda \mathrm{Ent}_\mu(f)$ 成立.

如果 μ 满足对数 Sobolev 不等式, 那么我们可以推导出一个有趣的指数不等式[①].

① 这个技巧被称为 Herbst 理论.

定理 2.4.12 假设 μ 满足带常数 C_μ 的一个对数 Sobolev 不等式. 那么对于任何在 $\mathcal{A}$ 中具有紧支撑并满足 $|\nabla f| \leqslant 1$ 的函数, 我们有

$$\mathbb{E}_\mu(e^{\lambda f}) \leqslant e^{\lambda \mathbb{E}_\mu(f) + \frac{C_\mu \lambda^2}{4}}, \quad \forall \lambda \in \mathbb{R}.$$

证明 令 $H(\lambda) = \mathbb{E}_\mu(e^{\lambda f})$, 因为 f 具有紧支撑, 所以它是一个有限的非零量, 令 $F = e^{\frac{1}{2}\lambda f}$, 由于 $f \in \mathcal{A}$ 且具有紧支撑, 所以 F^2 在 $\mathcal{A}$ 中. 应用对数 Sobolev 不等式, 我们得到

$$\begin{aligned}
\mathrm{Ent}_\mu(F^2) &= \mathbb{E}_\mu(\lambda f e^{\lambda f}) - \mathbb{E}_\mu(e^{\lambda f}) \log(\mathbb{E}_\mu(e^{\lambda f})) \\
&= \lambda H'(\lambda) - H(\lambda) \log(H(\lambda)) \\
&\leqslant C_\mu \mathbb{E}_\mu |\nabla F|^2 = C_\mu \mathbb{E}_\mu \left| \frac{\lambda}{2} \nabla f e^{\frac{1}{2}\lambda f} \right|^2 \\
&\leqslant C_\mu \frac{\lambda^2}{4} H(\lambda).
\end{aligned}$$

换句话说, 导数 $K(\lambda) = \frac{1}{\lambda} \log(H(\lambda))$ 满足

$$K'(\lambda) = \frac{1}{\lambda^2} \left(\lambda \frac{H'(\lambda)}{H(\lambda)} - \log(H(\lambda)) \right) \leqslant \frac{C_\mu}{4}.$$

我们容易验证 $H(0) = 1$, $H'(0) = \mathbb{E}_\mu(f)$ 以及 $K(0) = \mathbb{E}_\mu(f)$ 成立; 于是

$$K(\lambda) = K(0) + \int_0^\lambda K'(u) du \leqslant \mathbb{E}_\mu(f) + \frac{C_\mu}{4} \lambda.$$

证毕. □

在给出前面的定理的一个推论之前, 我们回顾一下, 如果存在一个常数 $C \in \mathbb{R}^+$ 满足

$$|f(x) - f(y)| \leqslant C|x - y|, \quad \forall x \in \mathbb{R}^d, \ y \in \mathbb{R}^d,$$

那么 f 是 Lipschitz 函数. 若 f 的 Lipschitz 常数是满足上面不等式的最小的 C, 则我们将它记为 $|f|_{\mathrm{Lip}}$.

推论 2.4.13 (集中不等式) 令 Y 为在 $\mathbb{R}^d$ 中取值的一个随机向量, 其分布为 μ. 假设 μ 满足常数为 $C_\mu > 0$ 的对数 Sobolev 不等式. 那么, 对于任意的 Lipschitz 函数 $f : \mathbb{R}^d \mapsto \mathbb{R}$, 我们有

$$\mathbb{P}(|f(Y) - \mathbb{E}(f(Y))| > \varepsilon) \leqslant 2 \exp\left(-\frac{\varepsilon^2}{C_\mu |f|_{\mathrm{Lip}}^2} \right), \quad \forall \varepsilon \geqslant 0. \qquad (2.4.11)$$

证明

1. 首先假设 f 是 $\mathcal{A}$ 中的元素, 具有紧支撑并且 $|\nabla f| \leqslant 1$. 因此, 由对数 Chebyshev 不等式推出 (对于任意 $\lambda \geqslant 0$)

$$\mathbb{P}(f(Y) - \mathbb{E}(f(Y)) > \varepsilon) \leqslant \mathbb{E}_\mu(e^{\lambda(f-\mathbb{E}_\mu f-\varepsilon)}) \leqslant e^{\frac{C_\mu\lambda^2}{4}-\lambda\varepsilon}.$$

其最小的上界在 $\lambda = \frac{2\varepsilon}{C_\mu}$ 处达到, 它等于 $e^{-\frac{\varepsilon^2}{C_\mu}}$. 将 f 替换为 $-f$, 我们能证明 $\mathbb{P}(f(Y)-\mathbb{E}(f(Y)) < -\varepsilon$ 也具有相同的界. 将两个界结合起来, 我们得到

$$\begin{aligned}
&\mathbb{P}(|f(Y) - \mathbb{E}(f(Y))| > \varepsilon) \\
\leqslant\ &\mathbb{P}(f(Y) - \mathbb{E}(f(Y)) > \varepsilon) + \mathbb{P}(f(Y) - \mathbb{E}(f(Y)) < -\varepsilon) \\
\leqslant\ &2e^{-\frac{\varepsilon^2}{C_\mu}}.
\end{aligned} \tag{2.4.12}$$

若 f 使得 $|\nabla f|_\infty \neq 0$, 则我们用 $f/|\nabla f|_\infty$ 替代 f, 于是得到不等式

$$\mathbb{P}(|f(Y) - \mathbb{E}(f(Y))| > \varepsilon) \leqslant 2e^{-\frac{\varepsilon^2}{C_\mu|\nabla f|_\infty^2}}, \quad \forall\varepsilon \geqslant 0. \tag{2.4.13}$$

2. 下面的证明技巧性很强, 初学者可以略过. 让我们先把这个不等式推广到 f 不在 $\mathcal{C}^2$ 中, 而仅是 Lipschitz 的情形, 但它仍然具有紧支撑 (这样是有界的). 我们可以假设 $|f|_{\text{Lip}} \neq 0$, 否则, 由于此时 f 是零, 不等式是显然的. 设 V 为一个被 1 界住的随机变量, 且其密度函数 (其支撑在 $B(0,1)$ 中) 属于 $\mathcal{C}^\infty$, 令 $f_n = f * \xi_n$, 即 f 与 V/n 的密度函数的卷积:

$$\begin{aligned}
f_n(x) &= \int_{\mathbb{R}^d} f(u)n^d p(n(x-u))du \\
&= \int_{\mathbb{R}^d} f(x-v)n^d p(nv)dv = \mathbb{E}(f(x-V/n)).
\end{aligned}$$

从这些不等式中, 我们容易推导出 f_n 以 $\|f\|_\infty$ 为界, 属于 $\mathcal{C}^\infty$ 并且导数有界 (它的界可以依赖 n), 这样它也属于 $\mathcal{A}$. 由于 $|f_n(x) - f_n(y)| \leqslant |f|_{\text{Lip}}|x-y|$ 意味着 $|\nabla f_n| \leqslant |f|_{\text{Lip}}$. 最后, 由于 V 是有界的, f_n 也是有界的并具有紧支撑. 所以, f_n 满足 (2.4.13):

$$\mathbb{P}(|f_n(Y) - \mathbb{E}(f_n(Y))| > \varepsilon) \leqslant 2e^{-\frac{\varepsilon^2}{C_\mu|f|_{\text{Lip}}}}, \quad \forall\varepsilon \geqslant 0. \tag{2.4.14}$$

剩下的就是要在上式左边取极限. 我们注意到 $|f_n(x) - f(x)| \leqslant |f|_{\text{Lip}}\frac{1}{n}$. 由此我们推导出当 $n \to +\infty$ 时, $f_n(Y) - \mathbb{E}(f_n(Y))$ 一致收敛到 $f(Y) -$

$\mathbb{E}(f(Y))$(因此是几乎必然的), 特别地, $|f_n(Y)-\mathbb{E}(f_n(Y))|$ 依分布收敛到 $L:=|f(Y)-\mathbb{E}(f(Y))|$, 即 $\lim_{n\to+\infty}\mathbb{P}(|f_n(Y)-\mathbb{E}(f_n(Y))|>\varepsilon)=\mathbb{P}(|f(Y)-\mathbb{E}(f(Y))|>\varepsilon)$ 在 $\varepsilon\in\mathcal{D}$ 之外的集合上成立, 这里 $\mathcal{D}$ 为 L 的累积分布函数的不连续点的集合. 总之,

$$\mathbb{P}(|f(Y)-\mathbb{E}(f(Y))|>\varepsilon)\leqslant 2e^{-\frac{\varepsilon^2}{C_\mu|f|_{\mathrm{Lip}}}},\quad \forall\varepsilon\notin\mathcal{D}. \tag{2.4.15}$$

但是 $\mathcal{D}$ 中至多包含可数个点, 并且上式两边都关于 ε 从右边连续, 如果 $\varepsilon\in\mathcal{D}$, 那么只要取一个在 $\mathcal{D}$ 之外的序列 $(\varepsilon_k)_{k\geqslant1}$ 递减逼近 ε, 就足以得到在点 $\varepsilon\in\mathcal{D}$ 结果 (2.4.15) 成立.

3. 让我们继续将问题推广到不一定具有紧支撑, 但有界的 Lipschitz 函数 f 的情形中. 事实上, 我们能够列出一个具有紧支撑的函数序列 $(f_n)_{n\geqslant1}$, 满足关于 n 一致有界, 并且带有相同常数 $|f|_{\mathrm{Lip}}$ 的 Lipschitz 函数, 使得函数序列逐点收敛到 f. 那么收敛性和有界性保证了 $f_n(Y)-\mathbb{E}(f_n(Y))$ 几乎必然收敛到 $f(Y)-\mathbb{E}(f(Y))$, 最后由与之前类似的论述推导出 (2.4.11).

4. 推广到无界的 Lipschitz 函数 f 是类似的. 令 $f_n=-n\vee f\wedge n$, 其 Lipschitz 常数被 f 的 Lipschitz 常数界住, 这样 f_n 满足不等式 (2.4.11) 并且 $|f_n|_{\mathrm{Lip}}\leqslant|f|_{\mathrm{Lip}}$. 同样应用前面的论述, 只要证明 $f_n(Y)-\mathbb{E}(f_n(Y))$ 几乎必然收敛到 $f(Y)-\mathbb{E}(f(Y))$ 就足够了: 显然, $f_n(Y)\underset{n\to+\infty}{\overset{\text{a.s.}}{\to}}f(Y)$. 进一步通过证明 $(f_n(Y))_n$ 的一致可积性, 我们得出收敛在 L_1 中也成立, 这样就可以完成证明 (参见附录中的定理 A.1.2). 于是为了得到这个结果, 只需要证明

$$\sup_{n\geqslant1}\mathbb{E}(f_n^2(Y))<+\infty. \tag{2.4.16}$$

就像在 (2.4.4) 的证明中, 取 $p=2$, $M=1$, 我们从 (2.4.11) 推导出对于当前的 f_n 有

$$\sup_{n\geqslant1}\mathbb{E}(f_n(Y)-\mathbb{E}(f_n(Y))^2=\sup_{n\geqslant1}\left[\mathbb{E}(f_n^2(Y))-(\mathbb{E}(f_n(Y)))^2\right]<+\infty. \tag{2.4.17}$$

下面我们来证明 $\sup_{n\geqslant1}|\mathbb{E}(f_n(Y))|<+\infty$. 结合不等式 (2.4.11) 与命题 2.4.1 (令 $M=1$, $\lambda=\frac{1}{4}$, $c(M,\varepsilon)=C_\mu|f|_{\mathrm{Lip}}^2$), 应用到 f_n, 我们能够推断出, 以大于 $\frac{3}{4}$ 的概率下式成立:

$$|f_n(Y)-\mathbb{E}(f_n(Y))|\leqslant\sqrt{C_\mu|f|_{\mathrm{Lip}}^2\log(8)}.$$

对于足够大的 K, $|f_n(Y)| \leqslant |f(Y)| \leqslant K$ 成立的概率大于 $\frac{3}{4}$. 那么, 我们以大于 $\frac{1}{2}$ 的概率有

$$|\mathbb{E}(f_n(Y))| \leqslant |f_n(Y) - \mathbb{E}(f_n(Y))| + |f_n(Y)| \leqslant K + \sqrt{C_\mu |f|^2_{\mathrm{Lip}} \log(8)}.$$

上面的不等式的两边都是确定性的, 这给出了一个关于 $|\mathbb{E}(f_n(Y))|$ 的上界, 关于 n, 它是一致正确的 (并不是以 $\frac{1}{2}$ 概率). 结合 (2.4.17) 我们完成 (2.4.16) 的证明. □

高斯测度 $\gamma_d(dx) := \frac{1}{(2\pi)^{d/2}} \exp(-\frac{1}{2}|x|^2)dx$ 是一个满足对数 Sobolev 不等式的测度 μ 的重要例子. 关于其他测度 (Bernoulli, Boltzmann), 参见 [103].

定理 2.4.14 (1 维高斯分布) *1 维高斯测度 γ_1 满足常数为 $C_{\gamma_1} = 2$ 的对数 Sobolev 不等式.*

证明 我们这里用的工具是超出目前知识的, 它们会在第四章中讲到, 对于初学者, 证明可以略过.

如果 f 是零, 那么对数 Sobolev 不等式显然成立. 现在在 $\mathcal{A}$ 中取 f^2, 并假设它非零. 我们采用一个基于随机分析的证明来证明 W_1 的分布是 γ_1.

$\triangleright$ 首先, 假设 $\mathbb{E}(f^2(W_1)) = 1$. 令 $u(t,x) = \mathbb{E}(f^2(W_1)|W_t = x)$; 对于所有 $t < 1$, u 是正函数. 由 Itô 公式, 知

$$M_t = u(t, W_t) = 1 + \int_0^t u'_x(s, W_s)dW_s = 1 + \int_0^t 2\mathbb{E}(ff'(W_1)|W_s)dW_s.$$

注意到 $\mathrm{Ent}_{\gamma_1}(f^2) = \mathbb{E}(M_1 \log(M_1))$. 那么

$$\begin{aligned} M_t \log(M_t) = &\int_0^t 2(\log(M_s) + 1)\mathbb{E}(ff'(W_1)|W_s)dW_s \\ &+ \frac{1}{2}\int_0^t \frac{[2\mathbb{E}(ff'(W_1)|W_s)]^2}{\mathbb{E}(f^2(W_1)|W_s)}ds. \end{aligned}$$

通过细致的局部化过程, 并在前面的分解式中取期望, 我们得到

$$\begin{aligned} \mathrm{Ent}\gamma_1(f^2) &\leqslant 2\int_0^1 \mathbb{E}\left[\frac{(\mathbb{E}(ff'(W_1)|W_s))^2}{\mathbb{E}(f^2(W_1)|W_s)}\right] ds \\ &\leqslant 2\int_0^1 \mathbb{E}\left[\frac{(\mathbb{E}(f^2(W_1)|W_s)\mathbb{E}((f')^2(W_1)|W_s)}{\mathbb{E}(f^2(W_1)|W_s)}\right] ds \\ &\quad \text{(Cauchy-Schwarz 不等式)} \\ &= 2\mathbb{E}((f')^2(W_1)) = \mathbb{E}_{\gamma_1}(|f'|^2). \end{aligned}$$

▷ 如果 $\mathbb{E}(f^2(W_1)) \neq 0$, 那么取 $g = f/\sqrt{\mathbb{E}(f^2(W_1))}$, 我们就回到前面的情形: 实际上, 这是因为 $\mathbb{E}(g^2(W_1)) = 1$ 以及 $\mathrm{Ent}_{\gamma_1}(f^2) = \mathbb{E}(f^2(W_1))\mathrm{Ent}_{\gamma_1}(g^2) \leqslant \mathbb{E}(f^2(W_1))C_{\gamma_1}\mathbb{E}(|\nabla g|^2(W_1)) = C_{\gamma_1}\mathbb{E}(|\nabla f|^2(W_1))$. □

对数 Sobolev 不等式的魅力在于它可以自然且毫无困难地通过张量化方法推广到高维.

引理 2.4.15 (张量化)　令 $n \geqslant 2$. 如果每个 μ_i (其中 $1 \leqslant i \leqslant n$) 满足常数为 C_{μ_i} 的对数 Sobolev 不等式, 那么乘积测度 $\mu^{\otimes n}$ —— 对应于 $(Y_1, \cdots, Y_n)$ 的分布, 即一个满足各分量相互独立且第 i 个元素的分布为 μ_i 的随机向量 —— 仍然满足对数 Sobolev 不等式, 对应常数为 $C_{\mu^{\otimes n}} = \max_{1\leqslant i\leqslant n} C_{\mu_i}$.

证明　开始证明之前, 我们首先给出一个信息熵的等价刻画,

$$\mathrm{Ent}_\mu(f) = \sup\{\mathbb{E}_\mu(fg) : \mathbb{E}_\mu(e^g) = 1\}. \tag{2.4.18}$$

在 $\mathbb{E}_\mu(f) = 0$ 的时候这个等式显然成立 ($f = 0$ μ-a.e.).

在 $\mathbb{E}_\mu(f) > 0$ 的情形, 由于 (2.4.18) 两边关于 f 都是线性的, 只需要在 $\mathbb{E}_\mu(f) = 1$ 的时候, 即当 $\mathrm{Ent}_\mu(f) = \mathbb{E}_\mu(f\log(f))$ 的时候, 证明等式成立. 令 $f \geqslant 0$, 且满足 $\mathbb{E}_\mu(f) = 1$.

- 一方面, 函数 $g = \log(f)\mathbf{1}_{f>0} - c\mathbf{1}_{f=0}$ 对于某个 c 满足 $\mathbb{E}_\mu(e^g) = 1$. 关于这个选择, 我们有 $f\log(f) = fg$, 这说明 (2.4.18) 的左边小于右边.
- 另一方面, 让我们从不等式 $uv \leqslant u\log(u) - u + e^v$ ① 出发, 其中 $u \geqslant 0$, $v \in \mathbb{R}$; 它说明 $\mathbb{E}_\mu(fg) \leqslant \mathbb{E}_\mu(f\log(f)) - \mathbb{E}_\mu(f) + \mathbb{E}_\mu(e^g) = \mathrm{Ent}_\mu(f)$ 对于满足 $\mathbb{E}_\mu(e^g) = 1$ 的任意函数 g 成立. 这就完成了 (2.4.18) 的证明.

现在取 g 使得 $\mathbb{E}_{\mu^{\otimes n}}(e^g) = 1$ 成立, 并写出

$$g = \sum_{i=1}^n g_i := g - \log\Big(\int e^g d\mu_1(x_1)\Big) + \sum_{i=2}^n \log\frac{\int e^g d\mu_1(x_1)\cdots d\mu_{i-1}(x_{i-1})}{\int e^g d\mu_1(x_1)\cdots d\mu_i(x_i)}.$$

式中每一个 g_i 都如前定义以使得 $\int e^{g_i} d\mu_i(x_i) = 1$ 成立. 定义 ∇_i 为关于第 i

① 这个不等式可以由下面的观察证明出来: 首先 $u \mapsto g_v(u) = u\log(u) - u + e^v - uv$ (对于固定的 v) 是凸的, 其次 $g_v'(e^v) = 0$, 最后有 $g_v(u) \geqslant g_v(e^v) \geqslant 0$.

个变量的导数, 我们推导出

$$\begin{aligned}\mathbb{E}_{\mu^{\otimes n}}(f^2 g) &= \sum_{i=1}^{n} \mathbb{E}_{\mu^{\otimes n}}(f^2 g_i) = \sum_{i=1}^{n} \mathbb{E}_{\mu^{\otimes n}}(\mathbb{E}_{\mu_i}(f^2 g_i)) \\ &\leqslant \sum_{i=1}^{n} \mathbb{E}_{\mu^{\otimes n}}(\mathrm{Ent}_{\mu_i}(f^2)) \leqslant \sum_{i=1}^{n} C_{\mu_i} \mathbb{E}_{\mu^{\otimes n}}(\mathbb{E}_{\mu_i}(|\nabla_i f|^2)) \\ &\leqslant \max_{1\leqslant i\leqslant n} C_{\mu_i} \sum_{i=1}^{n} \mathbb{E}_{\mu^{\otimes n}}(|\nabla_i f|^2) = \max_{1\leqslant i\leqslant n} C_{\mu_i} \mathbb{E}_{\mu^{\otimes n}}(|\nabla f|^2).\end{aligned}$$

结合 (2.4.18), 结果证明完成. □

取 $\mu_i = \gamma_1$, 我们立刻推出 γ_n 满足常数为 2 的对数 Sobolev 不等式.

推论 2.4.16 (n 维高斯分布) *n 维高斯测度 γ_n 满足常数为 $C_{\gamma_n} = 2$ 的对数 Sobolev 不等式.*

我们现在可以给出一个重要结果, 给出在计算 $\mathbb{E}(X)$ 时关于实证平均的指数集中不等式, 这里 $X = f(Y)$, 即将高斯随机向量的 Y 代入 Lipschitz 函数 f 中的结果.

定理 2.4.17 (高斯情形的集中不等式) *令 $(Y_1, \cdots, Y_M)$ 为一列相互独立随机向量, 服从 d 维标准高斯分布. 那么对于任何 Lipschitz 函数 $f : \mathbb{R}^d \mapsto \mathbb{R}$, 我们有*

$$\mathbb{P}\left(\left|\frac{1}{M}\sum_{m=1}^{M} f(Y_m) - \mathbb{E}(f(Y))\right| > \varepsilon\right) \leqslant 2\exp\left(-\frac{M\varepsilon^2}{2|f|_{\mathrm{Lip}}^2}\right).$$

证明 将推论 2.4.13 应用到 $(Y_1, \cdots, Y_m)$ 的联合分布, 这个分布满足常数为 2 的对数 Sobolev 不等式, 令函数 $g(y_1, \cdots, y_M) = \frac{1}{M}\sum_{m=1}^{M} f(y_m)$. 其 Lipschitz 常数比 $|f|_{\mathrm{Lip}}/\sqrt{M}$ 小, 这是由于

$$\begin{aligned}|g(y_1, \cdots, y_M) - g(y_1', \cdots, y_M')| &\leqslant \frac{1}{M}\sum_{m=1}^{M} |f|_{\mathrm{Lip}} |y_m - y_m'| \\ &\leqslant \frac{|f|_{\mathrm{Lip}}}{\sqrt{M}}\sqrt{\sum_{m=1}^{M} |y_m - y_m'|^2}.\end{aligned}$$

这就完成了证明. □

有了这样的不等式, 就像在命题 2.4.1 中一样, 我们可以推导出非渐近置信区间, 这在第六章中模拟随机微分方程时非常有用.

2.5　习题

习题 2.1 (中心极限定理的不同收敛速度)　令 $(X_m)_{m\geqslant 1}$ 为一列独立同分布的随机变量, 服从参数为 $\alpha>0$ 的对称 Pareto 分布, 其密度函数为

$$\frac{\alpha}{2|z|^{\alpha+1}}\mathbf{1}_{|z|\geqslant 1}.$$

设 $\overline{X}_M:=\frac{1}{M}\sum_{m=1}^{M}X_m$.

i) 对于 $\alpha>1$, 验证当 $M\to+\infty$ 时, $\overline{X}_M$ 几乎必然收敛到 0.

ii) 对于 $\alpha>2$, 证明关于 $\overline{X}_M$ 的中心极限定理，其收敛速度为 $\sqrt{M}$.

iii) 对于 $\alpha\in(1,2]$, 寻找并确定使得 $u_M\overline{X}_M$ 依分布收敛到一个极限所需要 $u_M\to+\infty$ 的速度.

提示: 为了区分 $\alpha=2$ 与 $\alpha\in(1,2)$ 的情形, 要用到 Lévy 判据 (定理 A.1.3), 以及特征函数表示

$$\mathbb{E}(e^{iuX})=1+\alpha|u|^{\alpha}\int_{|u|}^{+\infty}\frac{\cos t-1}{t^{\alpha+1}}dt.$$

习题 2.2 (代入方法)　我们的目标是用一个高斯随机变量 $X\overset{\mathrm{d}}{=}\mathcal{N}(0,\sigma^2)$ 的数量为 M 的独立同分布样本来估计其 Laplace 变换

$$\phi(u):=\mathbb{E}(e^{uX})=e^{\sigma^2u^2/2}.$$

参数 σ^2 是未知的. 哪一个方法给出的结果最精确?

i) 计算实证平均 $\phi_{1,M}(u):=\frac{1}{M}\sum_{m=1}^{M}e^{uX_m}$;

ii) 用实证方差 σ_M^2 估计 σ^2, 然后由 $\phi_{2,M}(u):=e^{\frac{u^2}{2}\sigma_M^2}$ 估计 $\phi(u)$.

我们利用对应的置信区间比较估计值.

习题 2.3 (中心极限定理, 代入方法)　考虑定理 2.2.6 的那些假设并估计 $\max(\mathbb{E}(X),a)$.

i) 假设 $a>\mathbb{E}(X)$. 证明上估计 $\overline{f}_M$ 和下估计 $\underline{f}_M$ 都以速度 M 在 L_1 中收敛到 $\max(\mathbb{E}(X),a)$.

ii) 假设 $a<\mathbb{E}(X)$. 对于 $\overline{f}_M-\max(\mathbb{E}(X),a)$, $\underline{f}_M-\max(\mathbb{E}(X),a)$, 以及 $(\overline{f}_M-\max(\mathbb{E}(X),a),\underline{f}_M-\max(\mathbb{E}(X),a))$ 证明速度为 $\sqrt{M}$ 的中心极限定理.

iii) 探究 $a=\mathbb{E}(X)$ 的情形.

习题 2.4 (敏感性公式, 指数分布) 设 $Y \stackrel{\mathrm{d}}{=} \mathcal{E}\mathrm{xp}(\lambda)$, 其中 $\lambda>0$, 并且令 $F(\lambda)=\mathbb{E}(f(Y))$, f 为给定的有界函数.

i) 用似然比率方法将 F' 表示为一个期望.

ii) 用路径微分方法得到关于光滑函数 f 的另外一个表示 (应用定义 1.2.2 中的公式).

iii) 由分部积分公式, 证明两个公式的结果重合.

习题 2.5 (敏感性公式, 高维高斯分布) 将例 2.2.11 的结果推广到高维情形, 考虑均值 $\mathbb{E}(Y)$ 以及协方差矩阵 $\mathbb{E}(YY^{\mathrm{T}})$ (假设是可逆的) 关于参数的敏感性.

提示: 关于 $\mathbb{E}(YY^{\mathrm{T}})$ 中的元素的敏感性, 人们可以用对称方法扰动矩阵 $\mathbb{E}(YY^{\mathrm{T}})$ 以保持它的对称性.

习题 2.6 (敏感性公式, 再次模拟方法) 我们的目标是说明在 (2.2.6) 中用公共随机数 (CRN) 的好处, 以及 f 的光滑性在估计方差中的影响. 我们考虑高斯模型 $Y \stackrel{\mathrm{d}}{=} \mathcal{N}(\theta,1)$.

i) 定义 $(G_1,\cdots,G_M,G_1',\cdots,G_M')$ 为 $\mathcal{N}(0,1)$ 的独立同分布样本, 并考虑一个光滑函数 f, 满足本身及导数有界. 用不同的随机数

$$\frac{1}{M}\sum_{m=1}^{M}\frac{f(\theta+\varepsilon+G_m)-f(\theta-\varepsilon+G_m')}{2\varepsilon}$$

计算估计值的方差, 这里 M 固定, 并令 $\varepsilon\to 0$.

ii) 将这个结果与 CRN 估计

$$\frac{1}{M}\sum_{m=1}^{M}\frac{f(\theta+\varepsilon+G_m)-f(\theta-\varepsilon+G_m)}{2\varepsilon}$$

比较.

iii) 当 $f(x)=\mathbf{1}_{x\geqslant 0}$ 时, 分析 CRN 估计值的方差, 以及对应于 $\varepsilon\to 0$ 时的依赖性.

利用这些结果编写一个模拟程序.

习题 2.7 (集中不等式, 高斯变量的极大值)

i) 用推论 2.4.13 中高斯集中不等式来证明 Borell 不等式 (1975): 对任意中心化的高斯向量 $Y = (Y_1, \cdots, Y_d)$, 我们有

$$\mathbb{P}\left(\left|\max_{1\leqslant i\leqslant d} Y_i - \mathbb{E}(\max_{1\leqslant i\leqslant d} Y_i)\right| > \varepsilon\right) \leqslant 2\exp\left(-\frac{\varepsilon^2}{2\sigma^2}\right), \quad \varepsilon \geqslant 0,$$

这里 $\sigma^2 = \max_{1\leqslant i\leqslant d} \mathbb{E}(Y_i^2)$①.

提示: 首先假设 $(Y_i)_i$ 是独立同分布的标准高斯随机变量. 为了证明一般情形, 要用到命题 1.4.1 中的表示.

ii) 我们考虑 $d \to +\infty$ 的情形, 并假设 $\sigma^2 = \max_{1\leqslant i\leqslant d} \mathbb{E}(Y_i^2)$ 在 $d \to +\infty$ 时是有界的. 假设 $\mathbb{E}(\max_{1\leqslant i\leqslant d} Y_i) \to +\infty$, 并且推导出

$$\frac{\max_{1\leqslant i\leqslant d} Y_i}{\mathbb{E}(\max_{1\leqslant i\leqslant d} Y_i)} \xrightarrow[d\to+\infty]{\text{Prob}} 1.$$

应用: 在标准独立同分布情形, 由于当 $d \to +\infty$ 时, $\mathbb{E}(\max_{1\leqslant i\leqslant d} Y_i) \sim \sqrt{2\log(d)}$ (参见 [49]), 我们得到一个关于 $\max_{1\leqslant i\leqslant d} Y_i$ (概率的) 的漂亮的确定性等价形式.

① 观察到常数并不依赖于维数, 于是将结果推广到无穷维是可行的.

第三章　方差缩减

在前一章中, 我们看到在控制蒙特卡罗计算的误差时, 置信区间与所需要采样的随机变量 X 的标准差密切相关. 减小方差 (或者修改模拟过程, 或者通过变换问题) 应该能够对加快蒙特卡罗方法的收敛速度有所帮助. 将方差缩减 10 倍等价于 (近似地) 将精度提高 10 倍. 在这一章里, 我们将学习缩减方差的技巧, 特别关注重要采样方法.

3.1　对照采样

这个方法基于 Chebyshev 协方差不等式.

引理 3.1.1　令 Y 为一个实值的随机变量. 考虑一个非增函数 $f:\mathbb{R}\to\mathbb{R}$ 和一个非减函数 $g:\mathbb{R}\to\mathbb{R}$. 假设 $f(Y)$ 和 $g(Y)$ 都是平方可积的. 那么, $f(Y)$ 与 $g(Y)$ 之间的协方差是非正的:

$$\mathbb{E}(f(Y)g(Y))\leqslant\mathbb{E}(f(Y))\mathbb{E}(g(Y)).$$

证明　设 Y' 为 Y 的一个新的独立样本. 令 $C:=\mathbb{C}\mathrm{ov}\ (f(Y)-f(Y'),g(Y)-g'(Y))$.

一方面, $\mathbb{E}(f(Y)-f(Y'))=\mathbb{E}(g(Y)-g(Y'))=0$ 可推出 $C=\mathbb{E}((f(Y)-f(Y'))(g(Y)-g(Y')))$. 由 f 和 g 的单调性, 我们得到 $C\leqslant 0$.

另一方面, $C=\mathbb{C}\mathrm{ov}\ (f(Y),g(Y))+\mathbb{C}\mathrm{ov}\ (f(Y'),g(Y'))=2\mathbb{C}\mathrm{ov}\ (f(Y),g(Y))$. 于是 $C=2\mathbb{C}\mathrm{ov}\ (f(Y),g(Y))\leqslant 0$. □

特别地, 如果 f 是单调的, 那么对于任意非增函数 φ,

$$\mathbb{C}\mathrm{ov}\ (f(Y), f(\varphi(Y))) \leqslant 0$$

成立. 考虑将它应用在蒙特卡罗方法中, 如果 $\varphi(Y)$ 和 Y 有相同的分布, 这样就有可能通过简单地取 $\varphi(Y)$(对照变量) 从而省去再生成一次 Y 的样本, 那么这个不等式就会引起人们的兴趣.

例 3.1.2

1. 如果 Y 服从在 $[0,1]$ 上的均匀分布, 那么 $\varphi(Y) := 1 - Y \overset{\mathrm{d}}{=} Y$.
2. 如果 Y 是中心化的高斯随机变量, 那么 $\varphi(Y) := -Y \overset{\mathrm{d}}{=} Y$. 更一般地, 对于任何服从对称分布的随机变量 (即 $-Y \overset{\mathrm{d}}{=} Y$), 选择 $\varphi(x) = -x$ 是可行的.
3. 如果 Y 服从参数为 σ 的 Cauchy 分布, 那么 $\varphi(Y) := \frac{\sigma^2}{Y} \overset{\mathrm{d}}{=} Y$. 不过, $\varphi(Y) = \frac{\sigma^2}{y}$ 只有在 y 限制在正值或者负值上才是非增函数, 因此, 若 f 在 $\mathbb{R}^+$ 或 $\mathbb{R}^-$ 上是常数, 又或者 f 是偶函数, 则这个方法适用于 φ.

一般来说, 我们可以借助于 Y 的分布函数以及它的反函数, 来设计一个对照函数 φ.

引理 3.1.3 *假设分布函数 $y \mapsto F(y) = \mathbb{P}(Y \leqslant y)$ 是连续的. 参照命题 1.2.1 定义 F^{-1} 为它的广义逆函数, 且为连续的. 那么 $\varphi(y) = F^{-1}(1 - F(y))$ 是一个非增函数, 满足*

$$\varphi(Y) \overset{\mathrm{d}}{=} Y;$$

于是 $\varphi(Y)$ 是关于 Y 的对照变量.

证明 显然, φ 是非增函数. 由命题 1.2.1, 我们有

$$\varphi(Y) = F^{-1}(1 - F(Y)) = F^{-1}(1 - U) \overset{\mathrm{d}}{=} F^{-1}(U) \overset{\mathrm{d}}{=} Y,$$

其中 U 是一个服从 $[0,1]$ 上均匀分布的随机变量. □

对照变量的构造可以让我们将例 3.1.2 的情形包含进来, 但没有包括 Cauchy 分布.

应用. 假设我们想要用蒙特卡罗方法计算 $\mathbb{E}(f(Y))$, 那么我们应该用下面的哪个估计?

$$I_{1,M} := \frac{1}{M}\sum_{m=1}^{M} f(Y_m) \text{ 还是} I_{2,M} := \frac{1}{M}\sum_{m=1}^{M} \frac{f(Y_m) + f(\varphi(Y_m))}{2}?$$

两个估计都几乎必然收敛到 $\mathbb{E}(f(Y))$; 我们需要再模拟与 Y 的数目相同的一组样本, 如果我们假设 $\varphi(Y)$, $f(Y)$, $f(\varphi(Y))$ 的数值计算的成本比模拟 Y 的成本少, 那么两者有相近的计算成本. 它们的精度可以通过其对应的方差来分析:

$$\begin{aligned} M\mathbb{V}\text{ar }(I_{1,M}) &= \mathbb{V}\text{ar }(f(Y)), \\ M\mathbb{V}\text{ar }(I_{2,M}) &= \frac{1}{4}[\mathbb{V}\text{ar }(f(Y)+f(\varphi(Y)))] \\ &= \frac{1}{2}[\mathbb{V}\text{ar }(f(Y))+\mathbb{C}\text{ov }(f(Y),f(\varphi(Y)))]. \end{aligned}$$

因为 $\mathbb{C}\text{ov }(f(Y),f(\varphi(Y))) \leqslant \sqrt{\mathbb{V}\text{ar }(f(Y))}\sqrt{\mathbb{V}\text{ar }(f(\varphi(Y)))} = \mathbb{V}\text{ar }(f(Y))$, 我们总有 $\mathbb{V}\text{ar }(I_{1,M}) \geqslant \mathbb{V}\text{ar }(I_{2,M})$: 对照样本至少与常用的样本一样好. 性能改进比定义为

$$\frac{\mathbb{V}\text{ar }(I_{1,M})}{\mathbb{V}\text{ar }(I_{2,M})} = \frac{2}{1+\mathbb{C}\text{ov }(f(Y),f(\varphi(Y)))} := R \geqslant 1.$$

如果 f 是单调的, 那么由引理 3.1.1, 我们有 $R \geqslant 2$: 对照采样的计算至少比常用采样方法有效 2 倍.

由于总能提供较好的结果, 这个技巧就算没有显著地改善计算, 仍然被广泛使用. 最后, 我们强调还要一直记得计算置信区间, 而它依赖 $f(Y_m)$ 和 $f(\varphi(Y_m))$.

例 3.1.4 假设 Y 为 $[0,1]$ 上的服从均匀分布的随机变量, 并且 $f(y)=y^2$. 一个简单的计算给出 $\mathbb{V}\text{ar }(f(Y)) = \frac{1}{5}-(\frac{1}{3})^2 = \frac{4}{45}$ 以及 $\mathbb{V}\text{ar }(f(Y)) + \mathbb{C}\text{ov }(f(Y),f(\varphi(Y))) = [\frac{1}{5}-(\frac{1}{3})^2]+[\frac{1}{3}+\frac{1}{5}-\frac{2}{4}-(\frac{1}{3})^2] = \frac{1}{90}$, 那么性能改进比为 $R=16$.

3.2 条件化和分层化

我们继续考虑用蒙特卡罗方法对 $\mathbb{E}(X)$ 进行估值的问题.

3.2.1 条件化技巧

假设我们进一步知道关于某些随机变量 Z, $g(z)=\mathbb{E}(X|Z=z)$ 的显式形式. 然后, 通过独立生成样本 $(Z_1,\cdots,Z_m,\cdots)$, 我们得到一个新的蒙特卡罗估计值

$$\frac{1}{M}\sum_{m=1}^{M} g(Z_m).$$

由强大数定律, 它几乎必然收敛到 $\mathbb{E}(g(Z)) = \mathbb{E}(\mathbb{E}(X|Z)) = \mathbb{E}(X)$. 这个估计值的精度可以用满足 $\mathbb{V}\text{ar}\ (g(Z)) \leqslant \mathbb{V}\text{ar}\ (X)$[①] 的方差来度量, 这个条件化技巧提供了一个系统性方差缩减. 因为有效地确定条件期望的取值一般来说是个很难的问题, 所以应用这个技巧来改进不一定总是可行的 (参见后面的第八章). 这里给出一个技巧有效的例子.

例 3.2.1 假设 $X = \mathbf{1}_{U_1^2+U_2^2\leqslant 1}$, 其中 U_1 和 U_2 都是服从 $[0,1]$ 上的均匀分布的随机变量, 由它得出 $\mathbb{E}(X) = \frac{\pi}{4}$. 那么 $\mathbb{E}(X|U_1) = \sqrt{1-U_1^2}$. 方差缩减的改善比例等于

$$\frac{\mathbb{V}\text{ar}\ (X)}{\mathbb{V}\text{ar}\ (\mathbb{E}(X|U_1))} = \frac{\frac{\pi}{4}(1-\frac{\pi}{4})}{1-\frac{1}{3}-(\frac{\pi}{4})^2} \approx 3.38.$$

3.2.2 分层化技巧

就像前面提到的, 条件期望 $g(z) = \mathbb{E}(X|Z=z)$ 有显式表达式的限制条件对于实际应用来说太强了. 另外一个基于条件化思想的进展是分层化技巧[②], 这个技巧假设 Z 的取值的集合被分解为 k 层 $\mathcal{S}_1, \cdots, \mathcal{S}_k$, 且满足

- 对于每一个分层 $\mathcal{S}_j$, $\mathbb{P}(Z\in\mathcal{S}_j) = p_j$ 已知, 并且 $\sum_{j=1}^k p_j = 1$;
- 定义 X_j 为一个服从这个分布的随机变量. 给定 $Z\in\mathcal{S}_j$, X 的条件分布是可以模拟的 (能引起极大兴趣的算法).

在每一层中, 我们生成 X_j 的 M_j 个独立样本, 并且独立于其他分层. 分层后估计值是

$$I^{\text{strat.}}_{M_1,\cdots,M_k} = \sum_{j=1}^k p_j \frac{1}{M} \sum_{m=1}^{M_j} X_{j,m}. \tag{3.2.1}$$

如果所有 M_j 都趋向于无穷大, 那么它几乎必然收敛到 $\mathbb{E}(X)$:

$$I^{\text{strat.}}_{M_1,\cdots,M_k} \overset{\text{a.s.}}{\to} \sum_{j=1}^k p_j\mathbb{E}(X_j) = \sum_{j=1}^k \mathbb{E}(X|Z\in\mathcal{S}_j)\mathbb{P}(Z\in\mathcal{S}_j) = \mathbb{E}(X).$$

再一次, 这样可以证明一个中心极限定理. 如此这个技巧的误差分析原则上可以划归为对其方差的分析: 定义 $\sigma_j^2 = \mathbb{V}\text{ar}\ (X_j) = \mathbb{V}\text{ar}\ (X|Z\in\mathcal{S}_j)$, 我们有

$$\mathbb{V}\text{ar}\ (I^{\text{strat.}}_{M_1,\cdots,M_k}) = \sum_{j=1}^k p_j^2 \frac{\sigma_j^2}{M_j}. \tag{3.2.2}$$

① 我们用到经典分解 $\mathbb{V}\text{ar}\ (X) = \mathbb{E}(\mathbb{V}\text{ar}\ (X|Z)) + \mathbb{V}\text{ar}\ (\mathbb{E}(X|Z))$.

② 这个方法也称为定量方法.

在全部模拟计算总量的限制下,

$$M = \sum_{j=1}^{k} M_j \tag{3.2.3}$$

存在几种不同策略来分配每个分层中计算数量.

▷ 基于分层的概率的分配比例. 在这个策略中取 $\frac{M_j}{M} = p_j$ (四舍五入, 忽略小数), 分层样本的估计值的方差为

$$\begin{aligned}\mathbb{V}\text{ar }(I_{M_1,\cdots,M_k}^{\text{strat.,prop.alloc.}}) &= \frac{1}{M}\sum_{j=1}^{k} p_j\sigma_j^2 \\ &= \frac{1}{M}\sum_{j=1}^{k} \mathbb{V}\text{ar }(X|Z \in \mathcal{S}_j)\mathbb{P}(Z \in \mathcal{S}_j) \\ &= \frac{\mathbb{E}(\mathbb{V}\text{ar }(X|I))}{M},\end{aligned}$$

这里 I 是离散随机变量, 由 $\{I = j\} = \{Z \in \mathcal{S}_j\}$ 来定义. 由于 $\mathbb{E}(\mathbb{V}\text{ar }(X|I)) \leqslant \mathbb{V}\text{ar }(X)$, 与没有分层的方法相比, 这个方法所给出估值的方差总是会减少.

▷ 最优配置. 在计算总量限制 (3.2.3) 下, 写出最小化方差 $\sum_{j=1}^{k} p_j^2 \frac{\sigma_j^2}{M_j}$ 的方程, 我们能求出每一层的最优配置数量是 $M_j^* = M\frac{p_j\sigma_j}{\sum_{i=1}^{k} p_i\sigma_i}$. 此时最小化方差等于

$$\mathbb{V}\text{ar }(I_{M_1,\cdots,M_k}^{\text{strat.,opt.alloc.}}) = \frac{1}{M}(\sum_{j=1}^{k} p_j\sigma_j)^2.$$

由 Jensen 不等式, 我们观察到这个方差比我们用概率分配所计算出的方差小. 不过, 因为这个策略需要我们事先知道 σ_j, 所以它无法直接实现. 除了对每一个分层的样本模拟数目最优化, 我们也可以优化分层, 一般来说, 这是一个很困难的问题.

例 3.2.2 (高斯向量的分层) 如果 $Y = (G_1, \cdots, G_d)$ 为一个高斯向量, 我们可以将 $Z = \beta \cdot Y$ 看做一个分层变量: 事实上, Z 的分布是高斯的, 带有显式特征函数, 由此 $(p_j = \mathbb{P}(Z \in \mathcal{S}_j))_j$ 可以确切计算出来. 在给定事件 $\{Z \in \mathcal{S}_j\}$ 下, Y 的条件模拟可以用如下方法实现:

1. 在给定事件 $\{Z \in \mathcal{S}_j\}$ 的条件下, 用反函数方法模拟 Z (参见定义 1.2.9).
2. 给定 Z, 模拟 Y, 借助高斯向量的性质, 这个模拟可以演归为关于一个均值和方差都依赖于 Z 的高斯变量的模拟.

参见习题 3.4, 关于应用, 参见 [55].

3.3 控制变量

3.3.1 概念

定义 3.3.1 考虑 $\mathbb{E}(X)$ 的计算问题, 我们定义一个**控制变量**, 即一个中心化的平方可积随机变量 Z, 它可以是 d 维的, 能够与 X 联合模拟. 对于 $\beta \in \mathbb{R}^d$, 我们定义

$$Z(\beta) := \beta \cdot Z = \sum_{j=1}^{d} \beta_i Z_i;$$

$Z(\beta)$ 同样也是中心化的平方可积随机变量.

控制变量引起人们的兴趣是由于在模拟 X 的过程中加入 $Z(\beta)$ 不改变期望的值, 然而, 通过优化权重 β, 我们有希望能够缩减方差. 于是, 带控制变量的 $\mathbb{E}(X)$ 的蒙特卡罗估计值由下式给出

$$I_{\beta,M}^{\text{Cont.Var.}} = \frac{1}{M} \sum_{m=1}^{M} (X_m - Z_m(\beta)). \tag{3.3.1}$$

它几乎必然收敛到 $\mathbb{E}(X - Z(\beta)) = \mathbb{E}(X)$. 重整化后误差的渐近方差等于

$$M\mathbb{V}\text{ar}\ (I_{\beta,M}^{\text{Cont.Var.}}) = \mathbb{V}\text{ar}\ (X - Z(\beta)).$$

如果这个方差小于 $\mathbb{V}\text{ar}\ (X) = \mathbb{V}\text{ar}\ (X - Z(\beta))|_{\beta=0}$, 那么估计值 $I_{\beta,M}^{\text{Cont.Var.}}$ 会比没有控制变量的情况渐近改善.

3.3.2 最优选择

在这个方法中, 两个重要的问题是:

- 对于给定的问题, 我们如何构造控制变量 Z?
- 当 Z 已选好时, 我们如何确定最佳参数 β?

对于第一个问题, 尚未有一个统一的回答; 我们只能根据手上的问题分不同情形来具体考虑. 关于第二个问题的分析将会帮助我们更好地理解如何选择 Z 会是一个好选择. 因为期望不依赖于 β, 所以最小化 $\mathbb{V}\text{ar}\ (X - Z(\beta))$ 可以转化为最小化 $\mathbb{E}(X - Z(\beta))^2$ 的问题, 从这一点来看, 它可以看做数据处理中的统计线性回归问题. 为了选择更好的变量 Z, 我们需要寻找最好的解释变量来表述 X 的随机性.

例 3.3.2 如果 $X=f(U)$, 其中 U 服从均匀分布, 那么 $Z=U-\frac{1}{2}$ (这里 $d=1$) 是一个控制变量. 如果 f 是局部线性的, 那么先验地它是一个好的控制变量选择.

最优参数 β 通过最小化下式求得

$$\mathbb{E}(X-Z(\beta))^2=\mathbb{E}(X^2)-2\beta\cdot\mathbb{E}(XZ)+\beta\cdot\mathbb{E}(ZZ^{\mathrm{T}})\beta,$$

它是关于 β 的二次方程. 假设 Z 的分量都不是冗余的 ($\mathbb{E}(ZZ^{\mathrm{T}})$ 可逆), 则其最小值唯一地在下式给出的点达到

$$\beta^*=[\mathbb{E}(ZZ^{\mathrm{T}})]^{-1}\mathbb{E}(XZ).$$

这说明如果 Z 与 X 不相关 (即 $\mathbb{E}(XZ)=0$), 与常用的方法相比, 这个方法并没有让结果变得更好. 相反地, 当 X 与 Z 的分量显著相关的时候, 这个方法变得有效的多.

我们不可能计算出 β^* 的确切值 (比先验地计算 $\mathbb{E}(X)$ 困难多了), 不过我们可以用相同样本的模拟值通过下式进行数值上的近似:

$$\beta_M^*=\left[\frac{1}{M}\sum_{m=1}^{M}Z_mZ_m^{\mathrm{T}}\right]^{-1}\frac{1}{M}\sum_{m=1}^{M}X_mZ_m. \tag{3.3.2}$$

在实际应用中, 我们用一个数量更少的样本来估值可能就足以得到期望的方差缩减. 最后, 为了估计值 $\mathbb{E}(X)$, 我们计算 $I_{\beta_M^*,M}^{\text{Cont.Var.}}$: 这个估计值的中心化后的误差仍然满足中心极限定理①, 其极限方差为 $\mathbb{V}\mathrm{ar}\,(X-Z(\beta^*))$. 我们将证明留给读者.

例 3.3.3 取 $X=\exp(U)$, 其中 U 服从均匀分布, 并且 $Z=U-\frac{1}{2}$. 最优参数 β^* (由 1000 个模拟数值计算出来) 近似为 1.69. 得到这个数值后, 其方差的改进比率为

$$\frac{\mathbb{V}\mathrm{ar}\,(X)}{\mathbb{V}\mathrm{ar}\,(X-Z(\beta^*))}\approx\frac{0.24}{0.0040}=60.$$

在结束之前, 我们给出一些控制变量的例子.

例 3.3.4 考虑 $X=f(G)$ 的情形, 这里 G 是一个标准高斯随机变量.

- Hermite 多项式 $H_k(x)=(-1)^k e^{x^2/2}\partial_x^k(e^{-x^2/2})$ 满足 $\mathbb{E}(H_k(G))=0$. 这里 $Z=(H_1(G),\cdots,H_d(G))$ 是控制变量.

① 这与之前的证明相比并不显然, 因为 $(X_m-Z_m(\beta_M^*))_m$ 不再是独立的, 而这是由于 β_M^* 是随机的, 不收敛到 β^*.

- 受 Laplace 变换的显式表达式启发, 我们也可以取 $Z = e^{\lambda G} - e^{\frac{1}{2}\lambda^2}$, 这里 λ 可以取不同的值.

显然, 这个结果可以推广到 G 服从其他分布的情形, 只要新的随机变量 G 有矩或者 Laplace 变换的显式表达式.

3.4 重要采样

方差缩减的这个技巧基于对样本分布的修正, 目的是为了输出更加接近手上的问题的采样. 修正这个分布简单来说是一个概率变换, 这在概率论和统计中都有普遍的应用. 例如在统计学中, 极大似然估计理论是基于对应参考概率测度的概率密度的参数化模型的研究. 这个密度函数称为似然函数, 它利用参数对模型的依赖性进行编码. 在概率中, 人们可以在高斯空间理论和鞅的研究中发现非常漂亮的概率变换的应用. 在金融数学中, 这是金融合约定价的一个基本工具. 在蒙特卡罗方法的理论中, 它提高了算法模拟小概率事件的有效性.

接下来, 在给出更多一般性信息之后, 我们研究基于指数变换的概率变换 (又称为 Esscher 变换). 最后我们将提供相应的算法来自动确定概率变换的最优参数.

对于离散随机变量, 概率变换是很简单的; 这样我们将更多地将注意力集中在连续随机变量情形中.

3.4.1 概率测度变换: 基本概念与在蒙特卡罗方法中的应用

▷ *定义和通常信息.* 令 $(\Omega, \mathcal{F}, \mathbb{P})$ 为参考概率空间, 比如可以代表要模拟的概率模型所在的概率空间.

定义 3.4.1 *一个在空间 $(\Omega, \mathcal{F})$ 上的概率测度 $\mathbb{Q}$ 定义了一个概率测度变换 (关于 $\mathbb{P}$ 的), 如果存在一个正随机变量 L 满足*

$$\mathbb{Q}(A) = \mathbb{E}(L\mathbf{1}_A), \quad 其中 A \in \mathcal{F}. \tag{3.4.1}$$

随机变量 L 称为 $\mathbb{Q}$ 关于 $\mathbb{P}$ 的密度函数或者似然函数. 一般来说, 我们定义

$$\mathbb{Q} = L \cdot \mathbb{P}, \ 或者 d\mathbb{Q} = Ld\mathbb{P}, \ 或者 \frac{d\mathbb{Q}}{d\mathbb{P}} = L.$$

如果随机变量 L 是 $\mathbb{P}$-a.s. 严格正的, 那么我们称两个概率测度 $\mathbb{P}$ 和 $\mathbb{Q}$ 是等价的. 这也就是说, $\mathbb{P}$ 也是关于 $\mathbb{Q}$ 的密度函数为 L^{-1} 的概率变换.

为了使 $\mathbb{Q}$ 成为一个概率 (即全测度为 1), 需要有 $\mathbb{E}_{\mathbb{P}}(L)=1$. 反之, 在正定假设下, 这个条件足以恰当地定义一个概率测度 $\mathbb{Q}$ (全概率为 1 和 σ 可加性公理会被满足).

当两个概率测度是等价的时候——下面总假设这一点成立——密度函数 L 经常表示为 e^l 的形式, 这里 l 被称为*对数似然函数*. 在等价概率测度的情形中, 关于 $\mathbb{P}$ 可忽略的一个事件关于 $\mathbb{Q}$ 也是可以忽略的, 并且反之亦然: 因为 $\mathbf{1}_A=0$, $\mathbb{P}$-a.s., 所以 $\mathbb{P}(A)=0\Rightarrow\mathbb{Q}(A)=\mathbb{E}_{\mathbb{P}}(L\mathbf{1}_A)=0$. 反之, $\mathbb{Q}(A)=0\Rightarrow\mathbb{P}(A)=\mathbb{E}_{\mathbb{Q}}(L^{-1}\mathbf{1}_A)=0$. 由此, 一个几乎必然成立的等式或一个几乎必然收敛的极限在两个概率空间中同时发生, 那就不需要加上 $\mathbb{P}$-a.s. 或者 $\mathbb{Q}$-a.s. 了.

在实际中, 为了在新的概率测度下计算一个期望, 我们可以用下面的公式, 这使得我们可以从在概率 $\mathbb{P}$ 下计算转换到在概率 $\mathbb{Q}$ 下计算, 反之也成立; 这是由 $\mathbb{Q}$ 和 $\mathbb{P}$ 的定义得到的. 对任意可测的有界函数 f (或者满足合适的可积性), 我们有

$$\mathbb{E}_{\mathbb{Q}}(f(Y))=\mathbb{E}_{\mathbb{P}}(Lf(Y)),\quad \mathbb{E}_{\mathbb{P}}(f(Y))=\mathbb{E}_{\mathbb{Q}}(L^{-1}f(Y)). \tag{3.4.2}$$

例 3.4.2 假设 Y 是一个随机变量, 其关于 Lebesgue 测度的密度函数 $p(\cdot)$ 定义在 $\mathbb{R}^d$ 上, 并令 $q(\cdot)$ 为定义在 $\mathbb{R}^d$ 上的另外一个概率密度函数: 我们还要假设 $\{x\in\mathbb{R}^d:q(x)=0\}=\{x\in\mathbb{R}^d:p(x)=0\}$.

那么, $L=\frac{q}{p}(Y)$ 定义了一个新的等价的概率测度 $\mathbb{Q}$ 关于 $\mathbb{P}$ 的似然函数: 事实上, L 是正的, 并且满足 $\mathbb{E}_{\mathbb{P}}(L)=\int_{\mathbb{R}^d}\frac{q}{p}(y)p(y)dy=1$.

Y 在 $\mathbb{Q}$ 下的分布有密度函数 q: 实际上, 对于任意有界可测函数 f, 我们有

$$\mathbb{E}_{\mathbb{Q}}(f(Y))=\mathbb{E}_{\mathbb{P}}(Lf(Y))=\int_{\mathbb{R}^d}f(y)\frac{q}{p}(y)p(y)dy=\int_{\mathbb{R}^d}f(y)q(y)dy.$$

由这个例子引出几个简单又重要的注释.

1. 如果 Y 的分量在 $\mathbb{P}$ 下相互独立 (即密度函数 p 可以写为函数乘积的形式, $p(y)=p_1(y_1)\cdots p_d(y_d)$), 而且存在 $q(y)=q_1(y_1)\cdots q_d(y_d)$, 满足

$$L=\prod_{i=1}^{d}\frac{q_i}{p_i}(Y_i),$$

那么, 随机变量 $(Y_i)_i$ 在 $\mathbb{Q}$ 下也是相互独立的, 在 $\mathbb{Q}$ 下, Y_i 的分布存在且其密度函数为 $q_i(\cdot)$. 这是常见情形.

2. 概率变换不一定保留独立性: 实际上, 如果 Y 的分量在 $\mathbb{P}$ 下相互独立 ($p(y) = p_1(y_1)\cdots p_d(y_d)$), 并不能保证它们在 $\mathbb{Q}$ 下还相互独立 (q 不一定能写成关于分量的密度函数乘积的形式), 反之亦然. 不过, 如果似然函数仅依赖于一个独立于其他随机变量的随机变量, 那么独立性能被保留下来.

命题 3.4.3 (独立性) 设 Y 和 Z 为两个随机变量, 在 $\mathbb{P}$ 下是独立的, 并设 $L = \Phi(Y)$ 为一个似然函数, 用 L 定义了一个等价概率测度 $\mathbb{Q}$. 那么, Y 和 Z 在 $\mathbb{Q}$ 下还是独立的.

证明 对于任意的连续有界函数 g_1 和 g_2, 我们直接验证

$$\begin{aligned}\mathbb{E}_{\mathbb{Q}}(g_1(Y)g_2(Z)) &= \mathbb{E}_{\mathbb{P}}(\Phi(Y)g_1(Y)g_2(Z))\\ &= \mathbb{E}_{\mathbb{P}}(\Phi(Y)g_1(Y))\mathbb{E}_{\mathbb{P}}(g_2(Z))\\ &= \mathbb{E}_{\mathbb{P}}(\Phi(Y)g_1(Y))\mathbb{E}_{\mathbb{P}}(\Phi(Y)g_2(Z))\\ &= \mathbb{E}_{\mathbb{Q}}(g_1(Y))E_{\mathbb{Q}}(g_2(Z)).\end{aligned}$$

□

3. 由于 q 可以灵活选择, 由 $\mathbb{P}$ 变换为 $\mathbb{Q}$ 时, Y 的均值和协方差可以先验地计算出来. 在高斯情形, 参数的变化更容易确定.
4. 随机变量 $f(Y)$ 在 $\mathbb{P}$ 下是平方可积的, 但它在 $\mathbb{Q}$ 下不一定是平方可积的. 很容易找到这样的例子.

▷ *在蒙特卡罗方法中的应用.* 在深入分析概率测度变换取得的效果之前, 我们给出它在 $\mathbb{E}(X) = \mathbb{E}_{\mathbb{P}}(X)$ 的数值计算中的应用, 这里我们总是明确写出参考测度 $\mathbb{P}$ 以避免出现任何混淆状况. 以 (3.4.2) 为出发点, 我们推导出另外一个计算 $\mathbb{E}_{\mathbb{P}}(X)$ 的蒙特卡罗估计的方法.

命题 3.4.4 令 $\mathbb{Q}$ 为一个等价于 $\mathbb{P}$ 的概率测度, 对应的似然函数为 L. 假设 (L, X) 可以依据其在 $\mathbb{Q}$ 下的联合分布模拟出, 记 $(L_m, X_m)_{m\geqslant 1}$ 为一列独立随机变量, 其分布与 (L, X) 在 $\mathbb{Q}$ 下的联合分布相同. 那么, 对于任何在 $\mathbb{P}$ 下可积的随机变量 X, 我们有

$$I_{\mathbb{Q},M}^{\text{Imp.Samp.}} := \frac{1}{M}\sum_{m=1}^{M} L_m^{-1}X_m \underset{M\to+\infty}{\overset{\text{a.s.}}{\to}} \mathbb{E}_{\mathbb{P}}(X) = \mathbb{E}(X). \tag{3.4.3}$$

注意到 (3.4.3) 的模拟输出不再使用之前用过的等权重 $\frac{1}{M}$, 这是很重要的: 因为概率变换改变了样本的似然性.

我们要强调一个小缺点: 关于常数随机变量的期望的估值, 比如 1, 不再是确定的 (与通常蒙特卡罗方法相比的差别): 实际上, 这就像是 $\frac{1}{M}\sum_{m=1}^{M} L_m^{-1} \neq 1$. 类似地, $X \in [0,1]$ 的实证平均可能会给出一个大于 1 的估计值, 虽然当 $M \to +\infty$ 时, 它几乎必然收敛到 $\mathbb{E}(X) \in [0,1]$.

证明 我们来验证 $L^{-1}X$ 在 $\mathbb{Q}$ 下是平方可积的. 取截断 $|X| \wedge n \underset{n\to+\infty}{\uparrow} |X|$, 应用 (3.4.2), 由控制收敛定理和 Fatou 引理, 我们有

$$\begin{aligned}\mathbb{E}_{\mathbb{P}}(|X|) &= \lim_{n\to+\infty} \mathbb{E}_{\mathbb{P}}(|X| \wedge n) = \lim_{n\to+\infty} \mathbb{E}_{\mathbb{Q}}(L^{-1}(|X| \wedge n)) \\ &\geqslant \mathbb{E}_{\mathbb{Q}}(\liminf_{n\to+\infty} L^{-1}(|X| \wedge n)) = \mathbb{E}_{\mathbb{Q}}(L^{-1}|X|).\end{aligned}$$

于是, 大数定律可以在 $\mathbb{Q}$ 下应用: 极限满足 $\mathbb{E}_{\mathbb{Q}}(L^{-1}X) = \mathbb{E}_{\mathbb{P}}(X)$. □

下一个步骤是为了得到置信区间, 应用中心极限定理即可, 这里用到极限方差等于

$$\mathbb{V}\text{ar}_{\mathbb{Q}}(L^{-1}|X|) = \mathbb{E}_{\mathbb{Q}}(L^{-2}|X|^2) - (\mathbb{E}X)^2 = \mathbb{E}_{\mathbb{P}}(L^{-1}|X|^2) - (\mathbb{E}X)^2. \quad (3.4.4)$$

▷ 这个方差会小于 $\mathbb{V}ar_{\mathbb{P}}(X) = \mathbb{E}_{\mathbb{P}}(X^2) - (\mathbb{E}X)^2$ 吗? 如果是, 那么重要采样给出了一个比 $\mathbb{E}(X)$ 的蒙特卡罗估计更精确的渐近估计. 但是一般来说考虑到方差会在任何地方出现: 新的方差可能会更小, 或者更大, 甚至是无穷大. 实际上, 考虑到 (3.4.4), 我们观察到假设 X 在 $\mathbb{P}$ 下是平方可积的不足以保证 $L^{-1}X$ 在 $\mathbb{Q}$ 下是平方可积的; 参见下面的例子.

例 3.4.5 (若估计值 $I_{Q,M}^{\text{Imp.Samp.}}$ 的方差为无穷大) 令 $X = \exp(Y/3)$, Y 的分布为 $\mathcal{E}\text{xp}(1)$, 满足

$$\mathbb{E}(X^2) = \int_0^{+\infty} \exp(2y/3)\exp(-y)dy < +\infty.$$

设 $q(\cdot)$ 为分布 $\mathcal{E}\text{xp}(2)$ 的密度函数: 那么, $L = \frac{q}{p}(Y)$, 并且

$$\begin{aligned}\mathbb{E}_{\mathbb{Q}}(|L^{-1}X|^2) &= \mathbb{E}_{\mathbb{P}}(L^{-1}|X|^2) \\ &= \int_0^{+\infty} \frac{\exp(-y)}{2\exp(-2y)} \exp(2y/3)\exp(-y)dy = +\infty.\end{aligned}$$

▷ 寻找好的测度变换的指南. 其实, 存在一个最优概率测度变换.

命题 3.4.6 假设 X 是一个正实值随机变量. 那么 $L = \frac{X}{\mathbb{E}(X)}$ 定义了一个等价于 $\mathbb{P}$ 的新概率测度 $\mathbb{Q}$, 并使得 $I_{\mathbb{Q},M}^{\text{Imp.Samp.}}$ 的方差为零: 只要一个样本就足以估计出 $\mathbb{E}(X)$.

证明 L 是关于 $\mathbb{P}$ 的似然函数, 因为它是正的, 并且在 $\mathbb{P}$ 下的期望为 1. 进一步, 需要采样的随机变量为 $L^{-1}X = \mathbb{E}(X)$, 于是它是常数, 并且关于所有 $M \geqslant 1$ 有 $I_{\mathbb{Q},M}^{\text{Imp.Samp.}} = \mathbb{E}(X)$. □

这个结果当然是个乌托邦, 因为在实际应用中, $\mathbb{Q}$ 下的有效采样是无法做到的: 实际上, 如果对 $\mathbb{E}(X)$ 没有任何了解, 那么很难模拟 L, 更不用说 (L, X).

命题 3.4.6 对于我们理解如何选择 L 非常重要. 例如, 如果 $X = \mathbf{1}_A$, 其中 A 是某个概率非零的事件——于是目标变为计算 $\mathbb{P}(A)$——那么我们设

$$L_\varepsilon = \frac{\mathbf{1}_A + \varepsilon}{\mathbb{P}(A) + \varepsilon}, \text{ 这里 } \varepsilon > 0, \tag{3.4.5}$$

来恰当定义出一个新的概率测度 $\mathbb{Q}_\varepsilon$. 如果 $\varepsilon = 0$, 那么我们可以通过命题 3.4.6 找回最优似然估计. 于是在 $\mathbb{Q}$ 下, 若有 $\varepsilon \ll \mathbb{P}(A)$, 则 A 以非常接近 1 的概率发生: "最优"概率测度变换具有使目标事件更容易出现的效果, 即使它在 $\mathbb{P}$ 下不一定这样的. 换句话说, *能够显著地缩减 $\mathbb{E}(X)$ 的蒙特卡罗计算中的方差的概率变换, 是能够采样到 X 的重要输出值的那些概率.*

▷ *困境: 显式似然函数与显式采样.* 为了提高一个概率测度变换的有效性, 有两个基本的元素是必需的:

- 似然函数 L 的显式形式, 这对于找到 (3.4.3) 的输出值的权重有用, 并使得似然函数接近最优的;
- 要模拟的分布在 $\mathbb{Q}$ 下的显式表达式, 这能够有效地生成序列 $(X_m)_{m \geqslant 1}$.

在实际应用中要满足这两个条件是很微妙的. 为了启发之后的讨论, 考虑情形 $X = f(Y)$. 一方面, 似然函数 L 的理想选择必定是 $f(Y)$ 的近似比例: 通过对函数 f 的数值或者理论研究, 我们希望能够为似然函数 $\tilde{L}(Y)$ 提供一个理想的候选. 我们必须注意到, 很不幸, 并没有系统地导出一个简单又可执行的选择过程来在 $\mathbb{Q}$ 下生成 Y, 也就是 X. 通常, 可以考虑取舍方法.

反之, 从模拟 X 方面来讲, 首先确定 Y 在 $\mathbb{Q}$ 下的分布一定是相当方便的: 但是即使 L 是显式的, 还是没有办法保证它会接近最优值 $\frac{X}{\mathbb{E}(X)}$. 虽然没做到完美, 这个方面的进展还是有广泛应用.

这就是为什么 L 的一个好的调整要求对问题有好的直觉和分析. 在 3.4.4 小节中我们将讨论关于概率测度变换参数调整的稳健算法.

例 3.4.7 (小概率事件) 对于我们可能考虑的问题来, 进行启发式的说明, 假设 $X = \mathbf{1}_{Y \geqslant y}$, 其中 Y 是中心化的随机变量. X 是一个 Bernoulli 随机变量, 其参数为 $p = \mathbb{P}(Y \geqslant y)$, 方差为 $p(1-p)$. 简单蒙特卡罗方法的**相对误**

差, 以 95% 的概率, 等于

$$\frac{1.96\sqrt{p(1-p)/M}}{p}=\frac{1.96\sqrt{1-p}}{\sqrt{pM}}.$$

现在假设 $y\gg 1$, 于是 $p\ll 1$ (小概率事件): 相对误差是 $1/\sqrt{pM}$ 阶的, 而且精度随着事件越来越罕见而恶化 (只有占很少比例的 Y 的样本值比 y 大). 为了确保满足给定的相对精度, 模拟的数目和所求的概率值需要成反比.

考察 "最优" 概率变换 $\mathbb{Q}_\varepsilon$ (在 (3.4.5) 中定义的), 它可以使得 $\{Y\geqslant y\}$ 以大概率出现. $\mathbb{Q}$ 的有效选择——可以参考但不是最优——一定包括使得这个事件更容易发生的因素, 例如 $\mathbb{Q}(Y\geqslant y)\approx\frac{1}{2}$. 修改 Y 的均值以及/或者方差能够达到这个目的.

3.4.2 经由仿射变换得到的概率测度变换

我们继续研究一类经典的概率测度变换. 找到似然函数的表达式, 并给出新的随机变量的分布.

下面的结果给出如何由概率变换修改均值和方差. 这是一个简单的概率测度变换, 它的优势是在新的概率测度 (关于原始变量做仿射变换) 下可以用显式似然函数进行基本模拟.

命题 3.4.8 假设 Y 是取值于 $\mathbb{R}^d$ 的一个随机变量, 其密度函数 $p(\cdot)$ 在 $\mathbb{R}^d$ 中取为正数.

- **(均值变换)** 对于任意 $\theta_\mu\in\mathbb{R}^d$, 似然函数

  $$L=\frac{p(Y-\theta_\mu)}{p(Y)}$$

  定义了一个等价概率测度 $\mathbb{Q}$, Y 在其下的分布与 $Y+\theta_\mu$ 在 $\mathbb{P}$ 下的分布相同.

- **(均值和方差变换)** 更一般地, 对于任意 $\theta_\mu\in\mathbb{R}^d$ 和任意 d 维方阵 θ_σ, 似然函数

  $$L=\frac{1}{|\det(\theta_\sigma)|}\frac{p(\theta_\sigma^{-1}(Y-\theta_\mu))}{p(Y)}$$

  定义了一个等价概率测度 $\mathbb{Q}$, Y 在其下的分布与 $\theta_\sigma Y+\theta_\mu$ 在 $\mathbb{P}$ 下的分布相同.

证明 一般情形下, 我们注意到由例 3.4.2, 在 $\mathbb{Q}$ 下, Y 的分布具有密度函数 $q(y)=\frac{1}{|\det(\theta_\sigma)|}p(\theta_\sigma^{-1}(y-\theta_\mu))$, 由此得出结论. □

在 Y 为 1 维标准高斯随机变量 ($p(y)=\frac{1}{\sqrt{2\pi}}e^{-\frac{y^2}{2}}$) 的情形, 这个结果可以如下写出

推论 3.4.9 (1 维高斯随机变量) 令 $Y \overset{\text{law}(\mathbb{P})}{=} \mathcal{N}(0,1)$.

- **(均值变换)** 对于所有 $\theta_\mu \in \mathbb{R}$, 由似然函数

$$L=\exp\left(\theta_\mu Y-\frac{1}{2}\theta_\mu^2\right)$$

可以导出 $Y \overset{\text{law}(\mathbb{Q})}{=} \mathcal{N}(\theta_\mu,1)$.

- **(均值和方差变换)** 对于所有 $\theta_\mu \in \mathbb{R}^d$ 和 $\theta_\sigma>0$, 似然函数

$$L=\frac{1}{\theta_\sigma}\exp\left(\frac{1}{2}\Big(1-\frac{1}{\theta_\sigma^2}\Big)Y^2+\frac{Y\theta_\mu}{\theta_\sigma^2}-\frac{\theta_\mu^2}{2\theta_\sigma^2}\right)$$

可以导出 $Y \overset{\text{law}(\mathbb{Q})}{=} \mathcal{N}(\theta_\mu,\theta_\sigma^2)$.

对数似然函数为一个 2 次多项式, 以它为似然函数定义的概率变换将高斯分布仍变为高斯分布. 这个结论在高维情形仍然成立. 我们仅给出均值变换的结果.

命题 3.4.10 (多维高斯随机变量) 令 $(Y_1,\cdots,Y_d,Z)$ 为 $d+1$ 维的高斯向量. 概率测度 $\mathbb{Q}$, 关于 $\mathbb{P}$ 的似然函数为

$$L=\exp\left(Z-\mathbb{E}_{\mathbb{P}}(Z)-\frac{1}{2}\mathbb{V}\mathrm{ar}_{\mathbb{P}}(Z)\right),$$

向量 $(Y_1,\cdots,Y_d)$ 在 $\mathbb{Q}$ 下是高斯的, 它在 $\mathbb{P}$ 下与在 $\mathbb{Q}$ 下的协方差矩阵是相同的, 且期望向量为

$$\mathbb{E}_{\mathbb{Q}}(Y_i)=\mathbb{C}\mathrm{ov}_{\mathbb{P}}(Y_i,Z_i)+\mathbb{E}_{\mathbb{P}}(Y_i).$$

证明 不像在之前的证明中应用密度函数, 我们将有效地应用随机变量的线性组合的 Laplace 变换. 令 $Y=\sum_{i=1}^d a_iY_i$, 它与 Z 一起构成高斯向量, 我们有

$$\begin{aligned}
&\mathbb{E}_{\mathbb{Q}}\Big(\exp\Big(\sum_{i=1}^d a_iY_i\Big)\Big)\\
=&\,\mathbb{E}_{\mathbb{P}}\Big(\exp\Big(Z-\mathbb{E}_{\mathbb{P}}(Z)-\frac{1}{2}\mathbb{V}\mathrm{ar}_{\mathbb{P}}(Z)\Big)\exp(Y)\Big)\\
=&\exp\Big(\mathbb{E}_{\mathbb{P}}(Y+Z)-\mathbb{E}_{\mathbb{P}}(Z)+\frac{1}{2}(\mathbb{V}\mathrm{ar}_{\mathbb{P}}(Y+Z)-\mathbb{V}\mathrm{ar}_{\mathbb{P}}(Z))\Big)\\
=&\exp\Big(\mathbb{E}_{\mathbb{P}}(Y)+\mathbb{C}\mathrm{ov}_{\mathbb{P}}(Y,Z)+\frac{1}{2}\mathbb{V}\mathrm{ar}_{\mathbb{P}}(Y)\Big).
\end{aligned}$$

向量 $(Y_1,\cdots,Y_d)$ 在概率测度 $\mathbb{Q}$ 下的 Laplace 变换与它在 $\mathbb{P}$ 下相比具有相同的协方差, 并且它的期望由 $\mathbb{E}_{\mathbb{Q}}\Big(\sum_{i=1}^d a_iY_i\Big)=\sum_{i=1}^d a_i(\mathbb{E}_{\mathbb{P}}(Y_i)+\mathbb{C}\mathrm{ov}_{\mathbb{P}}(Y_i,Z_i))$ 给出. □

例 3.4.11 考虑计算 $\mathbb{E}(X)$, 其中 $X=\mathbf{1}_{Y\geqslant y}$, 且 $Y\overset{\mathrm{d}}{=}\mathcal{N}(0,1)$. 我们比较用简单蒙特卡罗方法与重要采样蒙特卡罗方法给出的估计值. 结果都是通过 10000 次模拟得到. 在新的概率测度下, Y 的分布为 $\mathcal{N}(1,y)$, 于是 $\mathbb{Q}(Y\geqslant y)=\frac{1}{2}$. 数值结果在表 3.1 中给出. 超出 $y=4$ 之外, 简单蒙特卡罗方法估计由于 10000 次模拟中没有超过 y 的采样而经常输出零值: 显然 $\mathbb{E}(X)$ 的这个估计值完全错了. 在最后一栏中给出了不同的方差缩减比率, 这给出了达到给定的相同精度时, 用重要采样方法比用简单蒙特卡罗方法在计算时间方面的改进比率. y 越大, 事件发生的概率越小, 效果越明显; 当比较重要采样方法和简单蒙特卡罗方法时, 这是一般会观测到的现象.

在前面这个例子里, 增加 Y 的均值会导出更好的结果, 这是由于, 鉴于 $X=\mathbf{1}_{Y\geqslant y}$ 的形式, 我们需要采样到 Y 为很大正值的样本. 现在我们考虑 $X=\mathbf{1}_{|Y|\geqslant y}$, 特别注意取值为很大的正数和取值为很小的负数的情形. 改变均值并不能给出好的结果. 更糟的是, 比如令 $y=6$, 给人以收敛的印象, 但是它仅在一半分布上取值 (因为 $\mathbb{Q}(Y\leqslant -6)=\mathbb{P}(Y\leqslant -12)$ 是极小的). 在图 3.1 中, 我们画出了实证均值. 在这个情形中, 增加 Y 的方差 (取 $\theta_\sigma=9$) 显示很好的效果. 这说明选择相对有效的概率测度变换时, 我们需要仔细分析所研究的问题.

表 3.1 比较简单蒙特卡罗方法与重要采样的置信区间的长度一半 (半宽度): 其中第二个问题中的高斯分布的均值被调整为 y

y	$\mathbb{E}(X)=\mathcal{N}(-y)$ 的确切值	实证均值 (简单蒙特卡罗方法)	置信区间半宽度 (95%)	实证均值 (重要采样)	置信区间半宽度 (95%)	方差缩减比率
1	1.59E-1	1.48E-1	6.96E-3	1.58E-1	3.74E-3	3.46
2	2.28E-2	2.12E-2	2.82E-3	2.24E-2	6.77E-4	17.4
3	1.35E-3	1.70E-3	8.07E-4	1.34E-3	4.84E-5	279
4	3.17E-5	0.00E+0	0.00E+0	3.24E-5	1.34E-6	∞
5	2.87E-7	0.00E+0	0.00E+0	2.90E-7	1.35E-8	∞

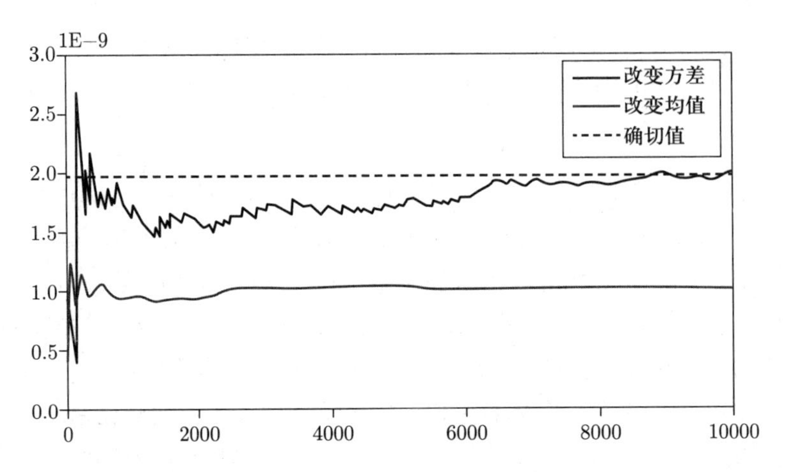

图 3.1 用蒙特卡罗方法计算 $\mathbb{P}(|Y| \geqslant 6)$, 比较应用简单方法和应用改变均值 $\theta_\mu = 6$ 或者方差 $\theta_\sigma = 9$ 的重要采样方法: 仅给出了实证均值

3.4.3 经由 Esscher 变换得到的概率测度变换

指数阶矩有限的随机变量 Y 可以很容易地帮我们定义出一个概率变换, 也称作 Esscher 变换.

定义 3.4.12 令 Y 为一个实值随机变量, 且对于某个 $r > 0$, $\mathbb{E}(e^{r|Y|}) < +\infty$ 成立. Y 的矩母函数定义为

$$M : \theta \in \mathbb{R} \mapsto \mathbb{E}(e^{\theta Y}) > 0.$$

它在包含零的开区间 I 上是有限的:

- 在 I 上 M 属于 $\mathcal{C}^\infty$, 并且 $M^{(k)}(\theta) = \mathbb{E}(Y^k e^{\theta Y})$;
- 它的取对数函数 $\Gamma(\theta) = \log(M(\theta))$ 是凸的.

这些结果都是经典的, 我们将证明留给读者. 由此我们推导出下面结果.

推论 3.4.13 由定义 3.4.12 给出 Y. 对于 $\theta \in I$, 令 $L = e^{\theta Y - \Gamma(\theta)}$: 由 L 定义一个等价概率测度 $\mathbb{Q}_\theta$, 在其下随机变量 Y 的矩母函数如下

$$\mathbb{E}_{\mathbb{Q}_\theta}(e^{zY}) = e^{\Gamma(\theta+z)-\Gamma(\theta)}.$$

它在 $\mathbb{Q}_\theta$ 下的期望和方差分别为

$$\mathbb{E}_{\mathbb{Q}_\theta}(Y) = \Gamma'(\theta), \qquad \mathbb{V}\mathrm{ar}_{\mathbb{Q}_\theta}(Y) = \Gamma''(\theta).$$

证明 由 Γ 的定义知 L 在 $\mathbb{P}$ 下的期望为 1, 并且

$$\mathbb{E}_{\mathbb{Q}_\theta}(e^{zY})=\mathbb{E}_{\mathbb{P}}(e^{\theta Y-\Gamma(\theta)}e^{zY})=e^{\Gamma(\theta+z)-\Gamma(\theta)}.$$

其次, 矩母函数唯一地确定了随机变量的分布.

最后, $\mathbb{E}_{\mathbb{Q}_\theta}(Y)=\mathbb{E}_{\mathbb{P}}(Ye^{\theta Y-\Gamma(\theta)})=\frac{M'(\theta)}{M(\theta)}=\Gamma'(\theta)$, 并且 $\mathbb{V}\mathrm{ar}_{\mathbb{Q}_\theta}(Y)=\mathbb{E}_{\mathbb{P}}(Y^2e^{\theta Y-\Gamma(\theta)})-[\frac{M'(\theta)}{M(\theta)}]^2=\frac{M''(\theta)M(\theta)-(M')^2(\theta)}{M^2(\theta)}=\Gamma''(\theta)$. □

如果 Y 是高斯分布随机变量, 那么我们能找到改变其均值的似然函数 (推论 3.4.9). 这里我们给出另外一些容易验证的例子:

- **指数分布** $\mathcal{E}\mathrm{xp}(\lambda)$**:** 我们有 $\Gamma(\theta)=\ln(\frac{\lambda}{\lambda-\theta})\mathbf{1}_{\theta<\lambda}+\infty\mathbf{1}_{\theta\geqslant\lambda}$, 并且在 $\mathbb{Q}_\theta$ 下 (这里 $\theta<\lambda$), $Y\overset{\mathrm{d}}{=}\mathcal{E}\mathrm{xp}(\lambda-\theta)$.

- **Poisson 分布** $\mathcal{P}(\lambda)$**:** 我们有 $\Gamma(\theta)=\lambda(e^\theta-1)$, 在 $\mathbb{Q}_\theta$ 下 Y 仍服从 Poisson 分布, 其参数为 λe^θ.

进一步, 如果我们想要 Y 在新的概率测度下的均值 μ 为给定值 (相应的, 方差 σ^2 为给定值), 那么我们需要选择 θ 使得 $\Gamma'(\theta)=\mu$(相应的, $\Gamma''(\theta)=\sigma^2$).

下面一个例子研究独立随机变量的随机和, 它是研究带跳的过程的一个基础 (复合 Poisson 过程).

定义 3.4.14 (随机变量的随机和) 令 N 为带参数 λ 的 Poisson 随机变量, $(Z_n)_{n\geqslant1}$ 为一列独立随机变量, 与 Z 的分布相同, 并具有指数阶矩. 假设 N 与 $(Z_n)_{n\geqslant1}$ 是独立的. 那么 $Y=\sum_{n=1}^N Z_n$ 的矩母函数为

$$\mathbb{E}(e^{\theta Y})=e^{\lambda\mathbb{E}(e^{\theta Z}-1)},\quad\forall\theta\in\mathbb{R}.\tag{3.4.6}$$

证明 由 N 和 $(Z_n)_{n\geqslant1}$ 的独立性, 可知 $\mathbb{E}(e^{\theta Y})$ 等于

$$\begin{aligned}\sum_{k\geqslant0}e^{-\lambda}\frac{\lambda^k}{k!}\mathbb{E}(e^{\theta\sum_{n=1}^N Z_n}|N=k)&=\sum_{k\geqslant0}e^{-\lambda}\frac{\lambda^k}{k!}\mathbb{E}(e^{\theta\sum_{n=1}^k Z_n})\\&=\sum_{k\geqslant0}e^{-\lambda}\frac{[\lambda\mathbb{E}(e^{\theta Z})]^k}{k!}.\end{aligned}$$

□

就像在推论 3.4.13 中, 通过修改 N 的参数和 Z 的分布, 我们容易推导出似然函数为显式形式的概率变换. 这提供了很大的灵活性. 它说明就像高斯分布一样, Poisson 分布在概率变换下也具有一定的稳定性.

命题 3.4.15 令 $Y=\sum_{n=1}^{N}Z_n$, 其中 N 和 $(Z_n)_{n\geqslant 1}$ 由定义 3.4.14 给出. 设 $\varphi:\mathbb{R}\to\mathbb{R}$ 为一个至多线性增长[①] 的可测函数. 取

$$L=\exp\left(\sum_{n=1}^{N}\varphi(Z_n)-\lambda\mathbb{E}_{\mathbb{P}}(e^{\varphi(Z)}-1)\right):$$

由 L 定义一个等价于 $\mathbb{P}$ 的概率测度 $\mathbb{Q}$, 在其下 Y 与

$$Y'=\sum_{n=1}^{N'}Z'_n$$

服从相同的分布, 并且

- N' 和 $(Z'_n)_{n\geqslant 1}$ 是独立的,
- N' 是一个服从 Poisson 分布的随机变量, 其参数为 $\lambda'=\lambda\mathbb{E}_{\mathbb{P}}(e^{\varphi(Z)})$,
- 随机变量 $(Z'_n)_{n\geqslant 1}$ 是独立的, 并且与 Z 服从相同的分布, $\mathbb{Q}(Z'\in dz)=\frac{e^{\varphi(z)}}{\mathbb{E}_{\mathbb{P}}(e^{\varphi(Z)})}\mathbb{P}(Z\in dz)$.

证明 L 是一个明确定义的似然函数, 即它是正的并且在 $\mathbb{P}$ 下的均值为 1, 这是由在等式 (3.4.6) 中取 $\theta=1$, 并用 $\varphi(Z_n)$ 代替 Z_n (基于 φ 的假设, 它同样具有指数矩) 而得到.

然后让我们来计算 Y 在 $\mathbb{Q}$ 下的矩母函数: 再次应用等式 (3.4.6), 我们有

$$\begin{aligned}\mathbb{E}_{\mathbb{Q}}(e^{\theta Y})=\mathbb{E}_{\mathbb{P}}(Le^{\theta Y})&=\mathbb{E}_{\mathbb{P}}\left(\exp\left(\sum_{n=1}^{M}(\varphi(Z_n)+\theta Z_n)-\lambda\mathbb{E}_{\mathbb{P}}(e^{\varphi(Z)}-1)\right)\right)\\&=\exp\left(\lambda\mathbb{E}_{\mathbb{P}}\left(e^{\theta Z+\varphi(Z)}-1\right)-\lambda\mathbb{E}_{\mathbb{P}}(e^{\varphi(Z)}-1)\right)\\&=\exp\left(\lambda'\mathbb{E}_{\mathbb{P}}\left(\frac{e^{\theta Z+\varphi(Z)}}{\mathbb{E}_{\mathbb{P}}(e^{\varphi(Z)})}-1\right)\right)\\&=\exp\left(\lambda'\int(e^{\theta z}-1)\mathbb{Q}(Z'\in dz)\right).\end{aligned}$$

根据 (3.4.6), 我们确定了 Y 在 $\mathbb{Q}$ 下的分布, 这样就完成了证明. □

例 3.4.16 令 $X=\mathbf{1}_{Y\geqslant 6}$, 其中 Y 服从参数为 $\lambda=1$ 的 Poisson 分布. 通过显式计算得到 $\mathbb{E}(X)=0.000594$. 通过简单蒙特卡罗方法的计算步骤, 用 1000 个样本, 95% 的置信区间等于 $[-0.00096,0.00296]$. 应用基于命题 3.4.15 的重点采样方法, 取 $\lambda'=6$, 置信区间变成 $[0.000507,0.000647]$. 方差的改进比率近似为 800, 在计算时间方面也有同样的改进.

① $\sup_{x\in\mathbb{R}}\frac{|\varphi(x)|}{1+|x|}<+\infty$.

3.4.4 适应性方法

一旦用户基于经验选定概率测度变换的类型, 剩下的就是调整几个参数以得到有效的算法. 显然我们可以人工调整, 但是在稳健性方面自动调整有优势. 正是这个想法驱动我们研究将要讲述的内容, 现在给出的进展是基于 [82] 的, 对于高斯情形下改变均值有效.

我们想要估计 $\mathbb{E}(X)$, 其中 $X = f(Y_1, \cdots, Y_d)$, 即分量可能是独立的一个高斯变量 $Y = (Y_1, \cdots, Y_d)$ 的函数. 概率测度变换由命题 3.4.10 推导出: 这要求我们确定由高斯向量 $Y_1, \cdots, Y_d$ 构成的随机变量 Z 的形式. 例如:

- 如果 X 主要依赖于和式 $Y_1 + \cdots + Y_d$, 那么它可以写为 $Z = \theta(Y_1 + \cdots + Y_d)$, 其中参数 $\theta \in \mathbb{R}$ 可以优化.
- 如果 X 主要依赖于前两个分量 Y_1 和 Y_2, 那么选择 $Z = \theta_1 Y_1 + \theta_2 Y_2$ 是合理的, 这里 2 维参数 $(\theta_1, \theta_2) \in \mathbb{R}^2$ 可以优化.
- 我们还可以取 $Z = \sum_{i=1}^{d} \theta_i Y_i = \theta \cdot Y$, 如果我们无法说明其中的特别的关系.

为了包含这些所有不同类型情形, 我们定义 $Z = \theta \cdot Y$, 其中 $\theta \in \mathbb{R}^{d'}$, 并设 W 为一个 d' 维随机向量, 满足 (Y, W) 是一个高斯向量.

不失一般性, 我们假设 W 已经在零点中心化, 否则我们可以用 $W - \mathbb{E}_{\mathbb{P}}(W)$ 来代替 W. 如果我们定义 K 为 W 的协方差矩阵, 那么 $\mathbb{Q}_\theta$ 关于 $\mathbb{P}$ 的似然函数可以写为

$$L_\theta = \exp\Big(\theta \cdot W - \frac{1}{2}\theta \cdot K\theta\Big).$$

由命题 3.4.10 知道, 在 $\mathbb{Q}_\theta$ 下, 向量 (Y, W) 是高斯的, 其方差未变而均值改变

$$\begin{cases} \mathbb{E}_{\mathbb{Q}_\theta}(Y) = (\mathbb{E}_{\mathbb{Q}_\theta}(Y_i))_i = (\mathbb{E}_{\mathbb{P}}(Y_i) + \underbrace{\mathbb{E}(Y_i W^{\mathrm{T}})}_{:=\mu_i} \theta)_i; \\ \mathbb{E}_{\mathbb{Q}_\theta}(W) = \mathbb{E}_{\mathbb{P}}(W) + K\theta, \end{cases}$$

记 $\mu = \mathbb{E}(YW^{\mathrm{T}})$. 我们假设这个矩阵的大小 $d \times d'$ 是已知的. 于是为了得到在 $\mathbb{Q}_\theta$ 下 (Y, W) 的模拟, 只要在 $\mathbb{P}$ 下模拟 (Y, W), 然后加上 $(\mu\theta, K\theta)$ 就足够了: 我们将在下面用到这个结论.

标准蒙特卡罗估计值是 $\frac{1}{M}\sum_{m=1}^{M} f(Y_m)$, 而重要采样蒙特卡罗方法的估计值是 (参见 (3.4.3))

$$I_{\mathbb{Q},M}^{\text{Imp.Samp.}} = \frac{1}{M}\sum_{m=1}^{M} \exp\Big(-\theta \cdot W_m - \frac{1}{2}\theta \cdot K\theta\Big) f(Y_m + \theta\mu),$$

这里在 $\mathbb{P}$ 下 $(Y_m, W_m)_{m\geqslant 1}$ 与 (Y, W) 服从相同的分布. 主要的问题仍然是如何选择参数 θ 来最小化 $L^{-1}X$ 在 $\mathbb{Q}_\theta$ 下的方差. 由 (3.4.4) 可知, θ 需要最小化

$$v(\theta) = \mathbb{E}_{\mathbb{P}}(L_\theta^{-1}|X|^2) = \mathbb{E}_{\mathbb{P}}\left(\exp\Big(-\theta\cdot W + \frac{1}{2}\theta\cdot K\theta\Big)f^2(Y)\right),$$

这里为了避免可积性问题, 我们假设对任意 θ, 有 $\mathbb{E}(f^2(Y)e^{\theta\cdot W}) < +\infty$ 成立.

稍微做点微积分运算, 我们可以证明 v 在 $\mathcal{C}^2$ 中, 并且它的 Hessian 矩阵等于

$$\begin{aligned}\nabla^2 v(\theta) = \mathbb{E}\Big(&(K + (K\theta - W)(K\theta - W)^{\mathrm{T}})\\ &\cdot\exp\Big(-\theta\cdot W + \frac{1}{2}\theta\cdot K\theta\Big)f^2(Y)\Big) \geqslant 0.\end{aligned}$$

于是函数 v 是凸的, 实际上只要有 $\mathbb{P}(f(Y)\neq 0) > 0$ 成立, 它就是严格凸的, 我们假设总有这个条件成立. 其实, 我们甚至可以证明在某些情形 (比如说 $W = Y$) 中, v 是强凸的. 注意到这个理由不需要在 f 上加任何光滑性条件. 强凸性意味着存在唯一的 θ^* 使得重要采样蒙特卡罗估计的方差达到最小值.

为了由数值计算确定它, 自然想到最小化函数 $v(\theta)$ 的实证版本:

$$v_M(\theta) := \frac{1}{M}\sum_{m=1}^{M}\exp\Big(-\theta\cdot W_m + \frac{1}{2}\theta\cdot K\theta\Big)f^2(Y_m).$$

基于与之前类似的推导, 我们可以验证 v_M 关于 θ 是凸的, 并且通过 Newton 法优化步骤, 我们能够找到 θ_M^*. 下面还需要附加的工作来证明实证数值结果几乎必然以速度 $\sqrt{M}$ 收敛到期望极限 ($\theta_M^* \underset{M\to+\infty}{\overset{\text{a.s.}}{\to}} \theta^*$ 并且 $v_M(\theta_M^*) \underset{M\to+\infty}{\overset{\text{a.s.}}{\to}} v(\theta^*)$), 而且其偏差可以控制 (中心极限定理); 关于这些分析的细节, 我们建议读者参考 [82].

3.5 习题

习题 3.1 (对照采样) 详细描述如何定义对照估计 $I_{2,M}$ 的置信区间, 其中基于样本计算出标准差.

习题 3.2 (对照采样, Cauchy 分布) 令 Y 为一个标准 Cauchy 随机变量. 为以下三个例子写出一个模拟程序, 来比较分别用对照变换 $Y\to -Y$ 与用半对照变换 $Y\to 1/Y$ 计算 $\mathbb{E}(f(Y))$ 的结果:

i) $f(y) = \sin y$,

ii) $f(y) = \cos y$,

iii) $f(y) = (y)_+^{1/4}$.

在每个情形中, 讨论并解释与标准过程相比在方差上可能出现的改进.

习题 3.3 (分层方法, 最优配置)

i) 证明最优配置实际在 $M_j^* = M\frac{p_j\sigma_j}{\sum_{i=1}^k p_i\sigma_i}$ 处达到.

ii) 对于这样一个选择, 推导关于估计值 $I_{M_1,\cdots,M_k}^{\text{Strat.,opt.alloc.}}$ 的中心极限定理 (当 $M \to +\infty$ 时).

习题 3.4 (高斯向量的分层方法) 我们的目标是讨论例 3.2.2 的第 1 步和第 2 步中随机变量的生成. 我们假设 Y 是一个标准 d 维高斯向量, 并且 β 标准化为 1, 即 $|\beta| = 1$.

i) $Z = \beta \cdot Y$ 服从什么分布? 其参数是多少?

ii) 假设 $\mathcal{S}_j = [-x_{j-1}, x_j]$, 其中 $-\infty := x_0 < \cdots < x_j < \cdots < x_k := +\infty$. 计算 $p_j = \mathbb{P}(Z \in \mathcal{S}_j)$, 将它看做 $(x_i)_i$ 的函数. 推导出以事件 $\{Z \in \mathcal{S}_j\}$ 为条件时 Z 的条件累积分布函数. 推导这样一个分布的采样算法 (假设 $\mathcal{N}^{-1}(\cdot)$ 已知).

iii) 计算出 $Y - \beta Z$ 的分布的显式表达. 证明它独立于 Z.

iv) 推导在事件 $\{\mathbb{Z} \in \mathcal{S}_j\}$ 的条件下, Y 的采样算法.

习题 3.5 (控制变量) 证明关于带控制变量的估计值 $I_{\beta_M^*,M}^{\text{Cont.Var.}}$ 的中心极限定理, 这里用 (3.3.2) 中定义的最优实证权重 β_M^*.

验证极限方差是 $\mathbb{V}\text{ar}\ (X - Z(\beta^*))$.

习题 3.6 (重要采样, 高斯向量) 将推论 3.4.9 中的公式推广到多维情形, 同时用到均值和方差变换.

习题 3.7 (Esscher 变换, 高斯分布和指数分布) 在命题 3.4.15 中, 用显式表达式写出 Z 在 $\mathbb{Q}$ 下的分布, 这里我们取 $\varphi(z) = z$, 此时 Z 在 $\mathbb{P}$ 下服从高斯分布或者指数分布.

习题 3.8 (重要采样, Poisson 分布) 写出一个用重要采样方法计算 $\mathbb{P}(Y \geqslant x)$ 的程序. 这里 Y 服从参数为 1 的 Poisson 分布, x 取很大的数值 (参见例 3.4.16).

第二部分：线性过程的模拟

第四章 随机微分方程和 Feynman-Kac 公式

在这一章中, 我们将用显式表达式写出随机微分方程与偏微分方程之间的关系: 也就是说, 一个偏微分方程的解可以写成关于一个随机过程的泛函的期望值. 我们称这个表达式为偏微分方程的概率表示, 或者 *Feynman-Kac* 公式.

历史上, 第一个研究的例子是热方程, 它与布朗运动有关. 这个轨道非常不规律的随机过程首先由 Robert Brown 于 1827 年描述并研究, 之后, 由 Louis Bachelier 于 1900 年和 Albert Einstein 于 1905 年分别在其他文献中对它进行研究. Einstein 用它来描述一个物理粒子的随机扩散运动, 并发现在时刻 t 时粒子位于位置 x 的概率的密度函数是高斯密度函数, 这也称为热方程的基本解. 之后, Mark Kac (1914—1984)① 将这个关系式推广到布朗轨道的泛函的情形中, 即考虑的不仅是在给定时刻关于位置的函数 (参见 [84]): 实际上, 这个新观点与 Richard Feynman② 的 1942 年的博士论文相呼应, 该论文在关于量子力学中的薛定谔方程的讨论中引入轨道积分. 关于这方面的介绍, 参见 [86].

在 20 世纪后半叶, 随着随机分析工具令人惊叹地发展起来, 这个关系推广到更多的随机过程和更多的偏微分方程, 都统一归于 *Feynman-Kac* 公式名下. 关于偏微分方程的解的这个表示, 即关于随机过程的泛函取期望, 可以写成多

① 译者注: Mark Kac (1914—1984), 出生在波兰的美国概率学家.

② Richard Feynman (1918—1988), 物理学家, 于 1965 年获得诺贝尔物理学奖.

种形式: 比如参见 Friedmann 的专著 [45, 46], Durrett [33], Freidlin [43] 或者专著 [27, 88, 1]. 这是丰富多产的发展的起始点. 而且从两个方面——分析和概率——看问题的方法非常有用.

- 给出两套工具来解决理论问题: 通常的观察说明两方面的进展是互补的;
- 这两种求解方法能提供的数值算法差别很大 (蒙特卡罗模拟或者偏微分方程离散化): 各有各的优点, 方法选取取决于手上的具体问题.

在本书中——显然是不完全的——我们将会强调 "概率算法", 这为我们提供了偏微分方程的一种数值解法.

本章内容安排如下: 我们从布朗运动开始, 将它与热方程关联起来. 布朗运动可用作更加复杂的随机模型的基础构件. 在下面的陈述里, 我们给出模拟或者逼近布朗运动的最有用的那些性质. 然后, 我们引入随机微分方程来处理更一般的线性随机微分方程. 这个推广需要用到*随机分析*, 这里我们列出一些没有证明的重要结果: 为了了解更多的细节, 读者可以参考这个主题的经典工作 [88] 或者 [127].

谈到应用, 随机微分方程是数量众多的模型的基本构件, 例如在生物 [101], 化学 [95], 人口的动态模型和遗传模型 [39], 金融和经济 [119], 随机动力学 [96], 物理学 [27]…… 其他一些参考文献也将会在本章中给出. 第二部分主要研究线性问题, 而非线性问题将会在第三部分研究.

4.1 布朗运动

4.1.1 布朗运动简史

布朗运动最初由英国博物学家罗伯特 · 布朗描述, 他观察到微小生物粒子悬浮在气体或者液体中呈现出不规则运动. 在 1900 年, Louis Bachelier① 在对股票交易所中股票价格的随机变动建模时, 也引入了布朗运动. 在 1905 年, 当 Albert Einstein 建立模型来描述粒子的扩散运动时, 发现了布朗运动与热方程之间的联系. 布朗运动的严格数学模型的建立要归功于 Norbert Wiener② 在 1923 年的工作. 我们在这里将给出他的证明.

① 译者注: Louis Bachelier(1870—1946), 法国数学家, 现代金融学奠基人. 他在 1900 年完成的博士论文 (在 Poincaré 指导下)《投机理论》被认为是第一篇关于金融市场和各种衍生品的研究.

② 译者注: Norbert Wiener (1894—1964), 美国应用数学家和哲学家. Wiener 被认为是控制论的创始者, 提出反馈概念, 对工程、系统控制、计算机科学、生物学、神经科学、哲学和社会组织都产生了影响.

4.1.2 定义

布朗运动可以看做定义为 $S_n = \sum_{i=1}^{n} X_i$ 的对称随机游走的极限, 其中 X_i 是独立随机变量, 服从 Rademacher 分布即, $\mathbb{P}(X_i = \pm 1) = \frac{1}{2}$. 由于 X_i 已经中心化且方差为 1, 应用中心极限定理可以证明 $\frac{1}{\sqrt{n}} S_n \underset{n\to+\infty}{\Rightarrow} \mathcal{N}(0,1)$. 我们可以在某些大数量 n 处看出收敛性, 由此, 我们得到一个随机过程: 为此, 我们需要在时间和空间上对过程 $(S_n)_{n\geqslant 1}$ 重整化, 即令

$$W_t^n = \frac{1}{\sqrt{n}} \sum_{i=1}^{\lfloor nt \rfloor} X_i. \tag{4.1.1}$$

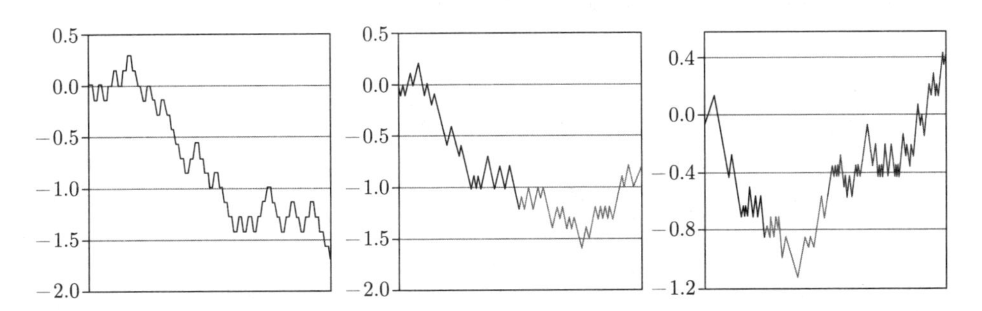

图 4.1 在时间和空间上重整化后的随机游走. 从左到右: 当 $n = 50, 100, 200$ 时的过程 W^n. 相同颜色的部分由相同的 X_i 生成

如上面定义的, W^n 是分段常数的: 为了使它成为连续的, 我们在类似 i/n 形式的时刻之间进行线性差值. 利用中心极限定理再次证明 $W_t^n \underset{n\to+\infty}{\Longrightarrow} \mathcal{N}(0,t)$. 而且 $(X_i)_i$ 的独立性以及同分布性能够说明 W^n 的时间增量是渐近独立的, 且极限分布为 $W_t^n - W_s^n \underset{n\to+\infty}{\Longrightarrow} \mathcal{N}(0, t-s)$(对于 $t > s$). 这些论述构成了 *Donkser* 定理的核心 (参见 Breiman [19]), 它证明了过程 W^n 依分布收敛到一个极限过程, 称之为布朗运动. 我们在这里不进入随机过程层面的依分布收敛的证明的细节, 我们仅简单地考虑极限的特征, 作为布朗运动的一个定义.

定义 4.1.1 (1 维布朗运动) 一个 **1 维标准布朗运动**是一个连续时间随机过程 $\{W_t; t \geqslant 0\}$, 它具有连续轨道, 并满足

- $W_0 = 0$;
- 时间增量 $W_t - W_s$ $(0 \leqslant s < t)$ 服从零均值且方差为 $(t-s)$ 的高斯分布;
- 对于任何 $0 = t_0 < t_1 < t_2 < \cdots < t_n$, 这些增量 $\{W_{t_{i+1}} - W_{t_i}; 0 \leqslant i \leqslant n-1\}$ 是相互独立的.

增量相互独立的性质可以导出 W 是马尔可夫过程. 人们也可以用高斯过程[①]来定义布朗运动, 两个定义的等价性证明留给读者.

命题 4.1.2 (用高斯过程刻画布朗运动) 一个具有连续轨道的连续时间随机过程 $(W_t)_{t\geqslant 0}$ 是一个布朗运动, **当且仅当**它是一个中心化 (对任意 $t\geqslant 0$, $\mathbb{E}(W_t)=0$) 的高斯过程, 并对于任意 $s,t\geqslant 0$, 协方差函数 $\mathbb{C}\mathrm{ov}\,(W_t,W_s)=\min(s,t)$.

因为 W_t 服从零均值且标准差等于 $\sqrt{t}$ 的高斯分布, 我们得到对于给定时刻 t, $|W_t|\leqslant 1.96\sqrt{t}$ 以 95% 的概率成立: 这描述了布朗运动的扩散行为, 一般的, 这个性质对于随后的随机偏微分方程也成立.

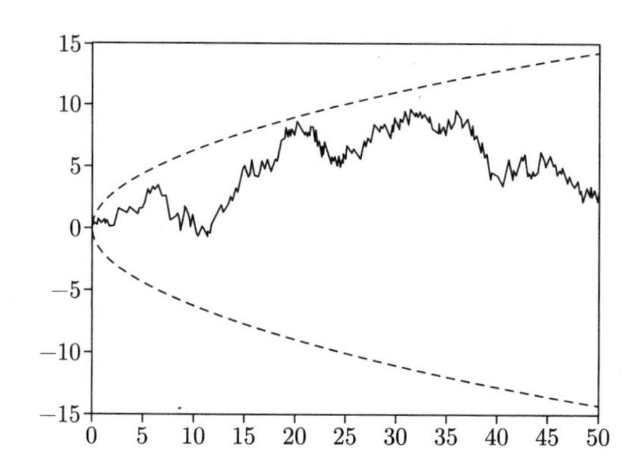

图 4.2 一条布朗运动轨道和两条曲线 $f(t)=\pm 1.96\sqrt{t}$

定理 4.1.3 *布朗运动存在!*

证明 布朗运动的存在性有好几种证明. 这里我们采用 Wiener 提出的构造性而且显式的结果, 这个成果有时会用在数值算法中. 令

$$W_t=\frac{t}{\sqrt{\pi}}G_0+\sqrt{\frac{2}{\pi}}\sum_{m\geqslant 1}\frac{\sin(mt)}{m}G_m,$$

其中 $(G_m)_{m\geqslant 0}$ 为一列相互独立标准高斯随机变量 $\mathcal{N}(0,1)$: 我们下面将用布朗运动的高斯过程刻画, 来说明过程是一个在区间 $[0,\pi]$ 上的标准布朗运动. 为了构造一个在 $\mathbb{R}^+$ 上的布朗运动, 只需要将这些过程一个一个地接起来: 在

① $(X_t)_t$ 是一个高斯过程, 如果其元素的任何线性组合 $\sum_i a_i X_{t_i}$ 服从高斯分布; $(X_t)_t$ 可以由其均值函数 $t\mapsto\mathbb{E}(X_t)$ 和协方差函数 $(t,s)\mapsto\mathbb{C}\mathrm{ov}\,(X_t,X_s)$ 刻画, 参见 [127, 第 1 章].

$[i\pi,(i+1)\pi]$ 上, 我们令

$$W_t = W_{i\pi} + \frac{t-i\pi}{\sqrt{\pi}} G_0^{(i)} + \sqrt{\frac{2}{\pi}} \sum_{m\geqslant 1} \frac{\sin(mt)}{m} G_m^{(i)},$$

这里 $(G_m^{(i)})_{i,m\geqslant 0}$ 是一组相互独立标准高斯随机变量.

在下面的几个情形中, 我们会用到下面的性质 (参见引理 A.1.4).

引理 4.1.4 假设实值随机变量 $X_n \stackrel{\mathrm{d}}{=} \mathcal{N}(\mu_n, \sigma_n^2)$ 依分布收敛. 那么, 参数序列 (μ_n, σ_n^2) 收敛, 并且随机变量的极限分布是参数为 $(\lim_n \mu_n, \lim_n \sigma_n)$ 的高斯分布.

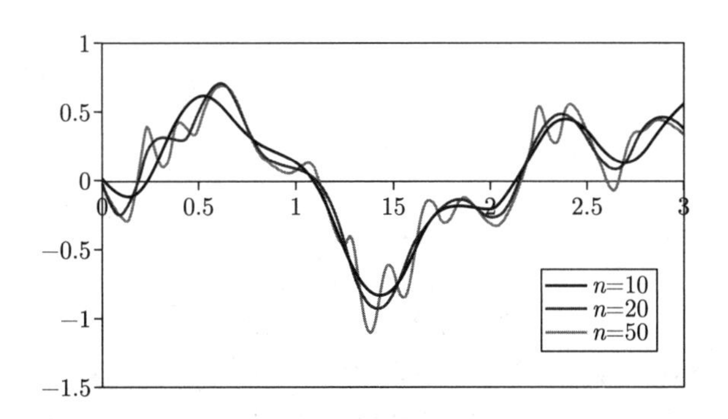

图 4.3 取 $n=10,\ 20,\ 50$ 的 Wiener 近似 W^n

令 $W_t^{(n)} = \frac{t}{\sqrt{\pi}} G_0 + \sqrt{\frac{2}{\pi}} \sum_{1\leqslant m\leqslant n} \frac{\sin(mt)}{m} G_m$, 它写为一些独立随机变量的和, 这些随机变量具有 (关于 n) 的一致有界方差, 这是由于 $\sum_{m\geqslant 1} \mathbb{V}\mathrm{ar} \left(\frac{\sin(mt)}{m} G_m\right) < +\infty$; 类似于 (2.1.2) 式, 我们能证明当 $n\to+\infty$ 时, $W_t^{(n)}$ 几乎必然收敛 (于是依分布收敛). 而且, $W_t^{(n)}$ 服从中心化 (即零均值) 的高斯分布. 由引理 4.1.4, W_t 服从中心化的高斯分布. 最后, $W^{(n)}$ 是一个高斯过程, 这是由于任何线性组合 $\sum_i a_i W_{t_i}^{(n)}$ 也服从高斯分布; 由此极限 $\sum_i a_i W_{t_i}$ 同样服从高斯分布, 即 W 为一个高斯过程. 协方差函数 $\mathbb{C}\mathrm{ov}\ (W_t, W_s)$ 可以作为协方差 $\mathbb{C}\mathrm{ov}\ (W_t^{(n)}, W_s^{(n)})$ 的极限计算出来, 即

$$\mathbb{C}\mathrm{ov}\ (W_t, W_s) = \frac{ts}{\pi} + \frac{2}{\pi} \sum_{m\geqslant 1} \frac{\sin(mt)}{m} \frac{\sin(ms)}{m}.$$

上面的序列关于 $[0,\pi]$ 中的 (s,t) 等于 $\min(s,t)$: 这可以通过计算函数 $t\in[-\pi,\pi]\mapsto \min(s,t)$ (s 固定) 的 Fourier 系数而证明.

总结一下, 剩下的是要证明如上面构造的 $(W_t)_{0\leqslant t\leqslant\pi}$ 是连续的: 这可以通过证明当某个子序列 $n\to+\infty$ 时, $\sum_{0\leqslant m\leqslant n} \frac{\sin(mt)}{m} G_m$ 为一致收敛而得到. 我

们直接考虑复值序列, 令 $\mathcal{S}_{n,p} := \sup_{t\leqslant\pi}|\sum_{n\leqslant m\leqslant n+p}\frac{e^{imt}}{m}G_m|$. 我们有

$$\begin{aligned}\mathcal{S}_{n,p}^2 &= \sup_{t\leqslant\pi}\left|\sum_{n\leqslant m,m'\leqslant n+p}\frac{e^{-imt}}{m}\frac{e^{im't}}{m'}G_mG_{m'}\right|\\&\leqslant \sum_{n\leqslant m\leqslant n+p}\frac{G_m^2}{m^2}+2\sup_{t\leqslant\pi}\left|\sum_{1\leqslant l\leqslant p}\sum_{n\leqslant m\leqslant n+l-1}e^{ilt}\frac{G_mG_{m+l}}{m(m+l)}\right|\\&\leqslant \sum_{n\leqslant m\leqslant n+p}\frac{G_m^2}{m^2}+2\sum_{1\leqslant l\leqslant p}\left|\sum_{n\leqslant m\leqslant n+l-1}\frac{G_mG_{m+l}}{m(m+l)}\right|,\end{aligned}$$

于是

$$\begin{aligned}\mathbb{E}(\mathcal{S}_{n,p}^2) &\leqslant \sum_{n\leqslant m\leqslant n+p}\frac{1}{m^2}+2\sum_{1\leqslant l\leqslant p}\sqrt{\mathbb{E}\left(\sum_{n\leqslant m\leqslant n+l-1}\frac{G_mG_{m+l}}{m(m+l)}\right)^2}\\&= \sum_{n\leqslant m\leqslant n+p}\frac{1}{m^2}+\sum_{1\leqslant l\leqslant p}\sqrt{\sum_{n\leqslant m\leqslant n+l-1}\frac{1}{m^2(m+l)^2}}.\end{aligned}$$

于是, 可知 $\mathbb{E}(\mathcal{S}_{n,p}^2)\leqslant C(n^{-1}+pn^{-3/2})$ 关于某些常数 C 成立. 这样, 我们得到 $\mathbb{E}(\sum_{k\geqslant1}\mathcal{S}_{2^k,2^k-1})\leqslant\sum_{k\geqslant1}\sqrt{C(2^{-k}+2^{-k/2})}<+\infty$, 这说明通常形如 $(\sum_{2^k\leqslant m\leqslant 2^{k+1}-1}\frac{\sin(mt)}{m}G_m)_{k\geqslant1}$ 的函数序列在区间 $[0,\pi]$ 上几乎必然一致收敛: 结果, 我们得到了极限的连续性, 即 W 的连续性. □

这个结果在布朗运动模拟方面有什么应用? 前面的证明的优越处在于它提供了一个在 $[0,\pi]$ 上, 显式的、简单的、收敛的布朗运动的近似:

$$W_t^{(n)}=\frac{t}{\sqrt{\pi}}G_0+\sqrt{\frac{2}{\pi}}\sum_{1\leqslant m\leqslant n}\frac{\sin(mt)}{m}G_m.$$

它的优点是只需要生成 n 个独立同分布的高斯随机变量, 就可以从任一点开始快速计算. 另一方面, 这个近似在 L_2 中的收敛是 $n^{-1/2}$ 阶的 (序列 $\sum_{m\geqslant n}m^{-2}$ 的余项的平方根): 于是, 序列只能在 n 足够大处截断, 以获得一个精确的估计. 进一步, 对于所有 n, 渐近逼近项 $W^{(n)}$ 在 $\mathcal{C}^\infty$ 中 (参见图 4.3), 然而布朗运动在任意区间上都是不可微的、单调的 (命题 4.1.5). 这样布朗运动轨道的不规则性不能由 Wiener 的渐近逼近而体现出, 这在研究一些问题上是个主要的缺点 —— 例如模拟布朗运动的极值.

命题 4.1.5 (缺失单调性) *我们有*

$$\mathbb{P}(t\mapsto W_t\ \text{在某个区间上单调})=0.$$

证明 定义 $M^{\uparrow}_{s,t}=\{\omega: u\mapsto W_u(\omega)$ 满足在区间 $]s,t]$ 上非降 $\}$, 并类似地定义 $M^{\downarrow}_{s,t}$. 我们注意到

$$\begin{aligned}M&:=\{\omega: t\mapsto W_t(\omega)\text{在一个区间上单调}\}\\&=\bigcup_{s,t\in\mathbb{Q},0\leqslant s<t}(M^{\uparrow}_{s,t}\cup M^{\downarrow}_{s,t}),\end{aligned}$$

由于这里是可数个集合的并, 为了得到 $\mathbb{P}(M)\leqslant\sum_{s,t\in\mathbb{Q},0\leqslant s<t}[\mathbb{P}(M^{\uparrow}_{s,t})+\mathbb{P}(M^{\downarrow}_{s,t})]=0$, 只需要证明 $\mathbb{P}(M^{\uparrow}_{s,t})=\mathbb{P}(M^{\downarrow}_{s,t})=0$. 对于给定的 n, 设 $t_i=s+i(t-s)/n$, 那么 $\mathbb{P}(M^{\uparrow}_{s,t})\leqslant\mathbb{P}(W_{t_{i+1}}-W_{t_i}\geqslant 0, 0\leqslant i<n)$. 布朗运动的增量是独立的并中心化 (即期望为零), 我们有 $\mathbb{P}(M^{\uparrow}_{s,t})\leqslant\prod_{i=0}^{n-1}\mathbb{P}(W_{t_{i+1}}-W_{t_i}\geqslant 0)=\frac{1}{2^n}$. 由于整数 n 是任意的, 我们得到 $\mathbb{P}(M^{\uparrow}_{s,t})=0$. 经由相同的论述得到 $\mathbb{P}(M^{\downarrow}_{s,t})=0$. □

现在我们叙述一些布朗运动的轨道性质: 关于其证明, 建议读者参考 [88] 或者 [127]. 这些性质对于后面的模拟是非常有用的.

命题 4.1.6 设 W 为一个布朗运动.

i) (**对称性**) W 是一个布朗运动.

ii) (**尺度变换**) 对于任意 $c>0$, $\{W^c_t=c^{-1}W_{c^2t}; t\in\mathbb{R}^+\}$ 是一个布朗运动.

iii) (**时间反演**) 将过程关于时刻 T 进行反演, 即 $\hat{W}^{\mathrm{T}}_t=W_T-W_{T-t}$, 所得到的过程也是在 $[0,T]$ 上的布朗运动.

iv) (**极值分布**) 对于任意 $y\geqslant 0$ 和任意 $x\leqslant y$, 我们有

$$\mathbb{P}\left(\sup_{t\leqslant T}W_t\geqslant y, W_T\leqslant x\right)=\mathbb{P}\left(W_T\geqslant 2y-x\right),\tag{4.1.2}$$

$$\mathbb{P}\left(\sup_{t\leqslant T}W_t\geqslant y\right)=\mathbb{P}\left(|W_T|\geqslant y\right).\tag{4.1.3}$$

4.1.3 模拟

前向模式. 如果目标是在给定的时间增序列上生成骨架过程 $(W_{t_i})_{0\leqslant i\leqslant n}$, 那么只要对于 $i=0,\cdots,n-1$ 迭代计算 $W_{t_{i+1}}=W_{t_i}+\sqrt{t_{i+1}-t_i}G_i$ 就可以了, 这里 $(G_i)_i$ 是相互独立的标准高斯随机变量.

在某些算法中, 可能需要在与增序列重合的时刻 t 上添加一个赋值 W:

- 如果 $t>t_n$, 那么我们通过生成 $W_t\overset{\mathrm{d}}{=}W_{t_n}+\sqrt{t-t_n}\mathcal{N}(0,1)$ 继续前向模拟出所需的值.

- 如果 $t \in (t_i, t_{i+1})$, 人们需要根据之前生成的其他值来插入一个新值 W_t(即过程细化). 这是布朗桥技巧, 即在已知一些中间值的情况下插入值模拟布朗运动轨迹.

这个模拟过程依赖于下面的结果, 它证明如何基于 W_{t_i} 和 $W_{t_{i+1}}$ 的值对 $t \in (t_i, t_{i+1})$ 来生成 W_t 点的值. 我们给出一个带漂移项 μ 的稍微推广的更有趣的结果.

引理 4.1.7 (布朗桥)　令 $\mu \in \mathbb{R}$ 及 $X_t = W_t + \mu t$. 设 $0 \leqslant u \leqslant v$, $(X_t)_{u \leqslant t \leqslant v}$ 关于 $(X_s : s \leqslant u; X_s : s \geqslant v)$ 的条件分布与 $(X_t)_{u \leqslant t \leqslant v}$ 关于 X_u 和 X_v 的条件分布重合. 这个条件分布是

$$\left(X_u + (X_v - X_u)\frac{t-u}{v-u} + B_t^{u,v}\right)_{u \leqslant t \leqslant v}$$

的分布, 其中 $(B_t^{u,v})_{u \leqslant t \leqslant v}$ 是一个独立于 $(X_s : s \leqslant u; X_s : s \geqslant v)$ 的中心化的高斯分布, 其协方差函数为

$$\mathbb{C}\mathrm{ov}\ (B_t^{u,v}, B_s^{u,v}) = \frac{(s-u)(v-t)}{v-u}, \quad v \geqslant t \geqslant s \geqslant u.$$

由于 $(B_t^{u,v})_{u \leqslant t \leqslant v}$ 既不依赖于 X_u, 也不依赖于 X_v 以及漂移项 μ, 它与以 $W_u = 0$ 为起点, 并且到达 $W_v = 0$ 的布朗运动 $(W_t)_{u \leqslant t \leqslant v}$ 服从相同的分布, 即所谓的在 u 和 v 之间的标准布朗桥. 因此, 基于前面的结果, 通常一个布朗桥是一个标准布朗桥和连接 (u, X_u) 与 (v, X_v) 的仿射函数的独立叠加.

证明　让我们从条件分布的最初结果开始. 我们考虑三个有界连续泛函 φ_u, φ_{uv}, φ_v, 并令 $\Phi_u = \varphi_u(X_s : s \leqslant u)$, $\Phi_{uv} = \varphi_{uv}(X_s : u \leqslant s \leqslant v)$, $\Phi_v = \varphi_v(X_s : s \geqslant v)$. 重复应用条件期望的相容性质 (tower property), 以及布朗运动的马尔可夫性, 推导出

$$\begin{aligned}
\mathbb{E}(\Phi_u \Phi_{uv} \Phi_v) &= \mathbb{E}(\Phi_u \mathbb{E}(\Phi_{uv} \mathbb{E}(\Phi_v | X_s : s \leqslant v) | X_s : s \leqslant u)) \\
&= \mathbb{E}(\Phi_u \mathbb{E}(\Phi_{uv} \mathbb{E}(\Phi_v | X_v) | X_u)) \\
&= \mathbb{E}(\mathbb{E}(\Phi_u | X_u) \mathbb{E}(\mathbb{E}(\Phi_{uv} | X_u, X_v) \mathbb{E}(\Phi_v | X_v) | X_u)) \\
&= \mathbb{E}(\Phi_u \mathbb{E}(\Phi_{uv} | X_u, X_v) \Phi_v) \text{ (进行后向计算)},
\end{aligned}$$

这里实际上证明了 $(X_t)_{u \leqslant t \leqslant v}$ 关于 $(X_s : s \leqslant u, s \geqslant v)$ 的条件分布与它关于 X_u 和 X_v 的条件分布重合.

$B^{u,v}$ 的定义等价于

$$B_t^{u,v} := X_t - X_u - (X_v - X_u)\frac{t-u}{v-u}; \tag{4.1.4}$$

这个过程显然是中心化的高斯过程, 因为 $\mathbb{E}(B_t^{u,v}) = \mu t - \mu u - (\mu v - \mu u)\frac{t-u}{v-u} = 0$, 由协方差的计算, 我们得到

$$\mathbb{C}\mathrm{ov}\ (B_t^{u,v}, X_r) = t \wedge r - u \wedge r - (v \wedge r - u \wedge r)\frac{t-u}{v-u}.$$

若 $r \leqslant u$ 或者 $r \geqslant v$, 则我们知道协方差为零; 由高斯分布的性质, 可以得出结论中的独立性成立.

最后, 过程 $B^{u,v}$ 的协方差函数由 (4.1.4) 容易得到; 我们将计算细节留给读者. □

迭代程序. 由此知 W_t 关于 W_{t_i} 和 $W_{t_{i+1}}$ 的条件分布是高斯的, 期望位于连接 W_{t_i} 和 $W_{t_{i+1}}$ 的线段上, 并具有显式协方差. 那么, 在中点 $t = \frac{1}{2}(t_{i+1} + t_i)$ 处, 其特征函数是相当简单的: 在关于 W_{t_i} 和 $W_{t_{i+1}}$ 的条件下, 我们有

$$W_{\frac{t_{i+1}+t_i}{2}} \stackrel{\mathrm{d}}{=} \mathcal{N}\left(\frac{W_{t_i} + W_{t_{i+1}}}{2}, \frac{t_{i+1} - t_i}{4}\right).$$

通过依次模拟 $W_1, W_{\frac{1}{2}}, (W_{\frac{1}{4}}, W_{\frac{3}{4}}), (W_{\frac{1}{8}}, W_{\frac{3}{8}}, W_{\frac{5}{8}}, W_{\frac{7}{8}}), \cdots$ 并在点间应用线性差值, 我们得到图 4.4. 这个构造要归功于 Paul Lévy (1886—1971), 他用这个方法构造出布朗运动.

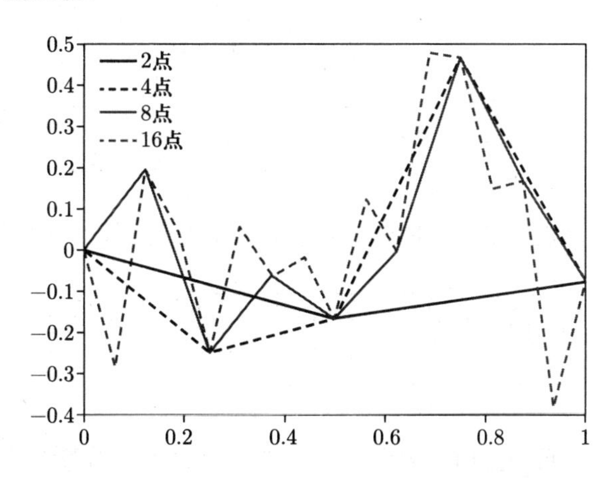

图 4.4 基于布朗桥技巧的布朗运动的迭代结构

人们应该以多高的频率来对布朗运动的轨道采样? 它主要取决于下面要解决的问题.

- 如果目标是模拟 W_1, 显然, 离散化时间没有任何用处, 只用一个高斯随机变量就足以生成 W_1.

- 如果感兴趣的问题是模拟积分 $\int_0^1 W_s ds$, 可以用矩形方法, 由 $\frac{1}{n}\sum_{i=1}^n W_{\frac{i}{n}}$ 来模拟它: 可以证明在 L_2 中其误差是 $1/n$ 阶的.

  不过还有一个简单的方法: $\int_0^1 W_s ds$ 服从高斯分布 (因为这是 Riemann 和的极限, 参见引理 A.1.4), 其均值为零且方差为 $\frac{1}{3}$.

- 如果我们现在考虑 $M_1 = \max_{t\in[0,1]} W_t$, 用 $\max_{i\leqslant n} W_{\frac{i}{n}}$ 来逼近它是很自然的, 不过结果是相当粗糙的. 需要注意到所要估计的随机变量被低估了: 由于 W 的增量差不多是时间步长的平方根, 人们可能猜测误差衰减大约是 $1/\sqrt{n}$ 阶. 这个直观结果是对的, 但是证明困难: 参见 [6] 中的完整证明. 无论如何, 这个低估会导致一个不可忽视的扭曲, 它随着 n 增加而缓慢衰减. 实际上, M_1 的分布等于 $|W_1|$ 的分布 (参见等式 (4.1.3)) 且用这个诀窍比模拟 M_1 简单多了.

  如果我们现在想要模拟 $(W_1, M_1 = \max_{T\in[0,1]} W_t)$, 我们也可以通过 (4.1.2) 写出一个精确的模拟. 人们从模拟 W_1 开始, 然后在 W_1 的条件下模拟 M_1. 第二个步骤, 是基于条件累计分布函数的显示表达式:

$$\begin{aligned}\mathbb{P}(M_1 \leqslant y|W_1 = x) &= \frac{\partial_x \mathbb{P}(M_1 \leqslant y, W_1 \leqslant x)}{\partial_x \mathbb{P}(W_1 \leqslant x)} \\ &= 1 - \frac{\partial_x \mathbb{P}(W_1 \geqslant 2y - x)}{\partial_x \mathbb{P}(W_1 \leqslant x)} \\ &= 1 - \exp\left(-\frac{1}{2}(2y-x)^2 + \frac{1}{2}x^2\right) \\ &= 1 - \exp(-2y(y-x)). \end{aligned} \tag{4.1.5}$$

由逆方法 (命题 1.2.1), 以及均匀分布的随机变量 U, 我们得到

$$\frac{1}{2}\left(x + \sqrt{x^2 - 2\log(1-U)}\right) \stackrel{\mathrm{d}}{=} M_1 | W_1 = x.$$

4.1.4 热方程

▷ *一维情形.* $x + W_t$ 的分布是均值为 x 且方差为 t 的高斯分布: 对于 $t > 0$, 它在 y 点的概率密度函数为

$$g(t,x,y) := \frac{1}{\sqrt{2\pi t}} \exp(-(y-x)^2/2t),$$

称为*热核*. 直接计算就能够证明 $g(t,x,y)$ 满足偏微分方程

$$g'_t(t,x,y) = \frac{1}{2} g''_{xx}(t,x,y), \qquad t > 0.$$

那么, 两边乘以 $f(y)$ (为了简化我们假设可测函数 f 为有界的), 然后关于 y 积分: 我们得到

$$\int_{\mathbb{R}} g_t'(t,x,y)f(y)dy = \frac{1}{2}\int_{\mathbb{R}} g_{xx}''(t,x,y)f(y)dy.$$

如果我们令 $u(t,x) = \mathbb{E}(f(x+W_t)) = \int_{\mathbb{R}} g(t,x,y)f(y)dy$, 然后应用 Lebesgue 微分定理, 不难验证 (对于 $t>0$) 左边的积分是 $u_t'(t,x)$ 而右边的是 $\frac{1}{2}u_{xx}''(t,x)$. 我们在 1 维空间的情形证明了第一个 Feynman-Kac 公式.

定理 4.1.8 (热方程, $d=1$) 令 $f:\mathbb{R}\mapsto\mathbb{R}$ 为一个有界可测函数. 函数 $u:(t,x)\in\mathbb{R}^+\times\mathbb{R}\mapsto u(t,x)=\mathbb{E}(f(x+W_t))$ 是如下热方程的解:

$$u_t'(t,x) = \frac{1}{2}u_{xx}''(t,x) \quad u(0,x)=f(x). \tag{4.1.6}$$

于是这样的方程只存在唯一解, 而这个解正好可以由 $\mathbb{E}(f(x+W_t))$ 给出.

▷ 高维情形. 推广到 $d>1$ 维, 结果是类似的. 关于这一点我们引入一个 d 维布朗运动 $W = \begin{pmatrix} W_1 \\ \vdots \\ W_d \end{pmatrix}$, 每个分量都是一个 1 维布朗运动, 并且各个分量是相互独立的. $x+W_t$ 的分布是高斯分布并且具有密度函数 $g(t,x,y) = \frac{1}{(2\pi t)^{d/2}}\exp(-|y-x|^2/2t)$, 它给出热方程的解

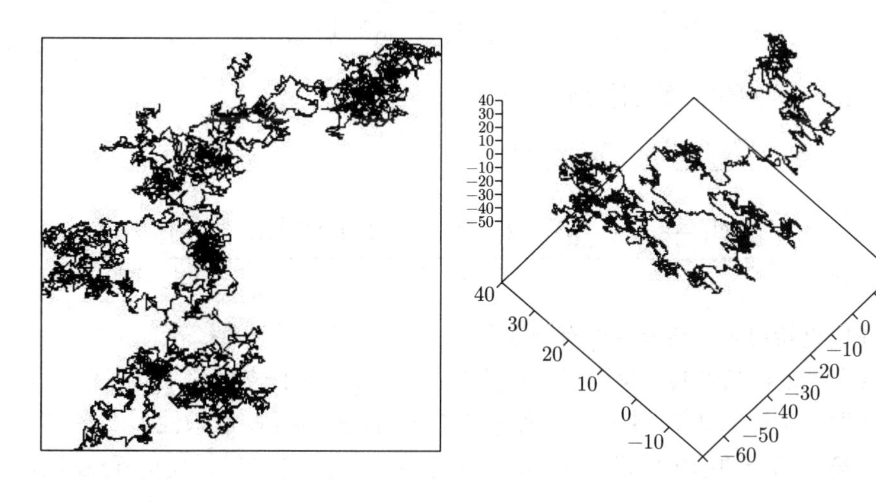

图 4.5 2 维与 3 维的布朗运动

$$g_t'(t,x,y) = \frac{1}{2}\sum_{k=1}^{d} g_{x_k,x_k}''(t,x,y) = \frac{1}{2}\Delta g(t,x,y),$$

这里我们用记号 Δ 来表示 d 维 Laplace 算子. 就像前面一样, 我们得到如下结论:

定理 4.1.9 (热方程, $d>1$) 令 $f:\mathbb{R}^d\mapsto\mathbb{R}$ 为一个有界可测函数. 函数 $u:(t,x)\in\mathbb{R}^+\times\mathbb{R}^d\mapsto u(t,x)=\mathbb{E}(f(x+W_t))$ 是如下热方程的解:

$$u_t'(t,x)=\frac{1}{2}\Delta u(t,x),\quad u(0,x)=f(x). \tag{4.1.7}$$

随机游走与偏微分方程的有限变差算法之间的联系. 考虑 (4.1.1) 式中定义的 1 维随机游走

$$W_t^n=\frac{1}{\sqrt{n}}\sum_{i=1}^{\lfloor nt\rfloor}X_i;$$

在高维中的讨论是类似的. 当 $n\to+\infty$ 时, W^n 依分布收敛到一个布朗运动, 于是这意味着如果 f 是连续有界的, 那么

$$u^n(t,x)=\mathbb{E}(f(x+W_t^n))$$

收敛到热方程 (4.1.7) 的解 $u(t,x)$. 对于 $t=\frac{i}{n}$, 由于 $(X_i)_i$ 是独立的, 我们得出

$$\begin{aligned}u^n\Big(\frac{i}{n},x\Big)&=\mathbb{E}\left(f\Big(x+W^n_{\frac{i-1}{n}}+\frac{X_i}{\sqrt{n}}\Big)\right)\\&=\frac{1}{2}u^n\Big(\frac{i-1}{n},x+\frac{1}{\sqrt{n}}\Big)+\frac{1}{2}u^n\Big(\frac{i-1}{n},x-\frac{1}{\sqrt{n}}\Big).\end{aligned}$$

重新安排一下这些项, 我们得到

$$\begin{aligned}&\frac{u^n(\frac{i}{n},x)-u^n(\frac{i-1}{n},x)}{\frac{1}{n}}\\&=\frac{1}{2}\frac{u^n(\frac{i-1}{n},x+\frac{1}{\sqrt{n}})-2u^n(\frac{i-1}{n},x)+u^n(\frac{i-1}{n},x-\frac{1}{\sqrt{n}})}{(\frac{1}{\sqrt{n}})^2},\end{aligned}$$

于是我们重新得到了热方程的有限差分算法, 参见 [2, 第 2 章].

▷ 蒙特卡罗方法的应用. 我们可以通过生成 $x+W_t$ 的独立模拟采样然后应用蒙特卡罗方法计算期望, 来对热方程 (4.1.7) 的解进行估值. 收敛性和误差控制已经在第一部分的结果中讲述过. 需要注意的是, 这些模拟结果使得逐点求解, 也就是说求在点 (t,x) 处的解成为可能, 而同时偏微分方程算法给出的是在时间/空间上的全部格点的解. 人们用蒙特卡罗方法算出解在其他的时间和空间的点处的值, 只需要将 $(W_t^m)_m$ 的同一组模拟值保存下来, 然后将它们在空间变量中平移, 或者截断, 或者延伸; 这个技巧对于其他过程一般不成立.

▷ 总结. 基于偏微分方程与基于蒙特卡罗方法的数值计算方法之间主要的不同特征如下:

1. **偏微分方程的数值计算方法**

   (a) 优点: 计算出全局解 (或者在一个大区域求解); 好的收敛速度 (与选择的时间和空间的离散步长有关); 计算网格可以加细.

   (b) 缺点: 涉及对高维线性系统 (其尺度随着维数 d 呈指数增长) 求逆; 其收敛依赖于模型的系数 (显式算法的 CFL 类的稳定性条件, 非常数系数情形下的椭圆条件).

2. **蒙特卡罗方法的数值计算方法**

   (a) 优点: 无条件收敛 (由于大数定律的普适性, 不需要模型的非退化条件); 编程代码相对简单 (无论是编写还是修改); 复杂性关于维数的不敏感; 先验误差估计 (置信区间).

   (b) 缺点: 逐点计算解; 收敛速度慢 (由于中心极限定理); 随机误差 (不可复制性).

人们普遍认为, 一般来说, 偏微分方程方法适用于维数小于 3 的情形, 而蒙特卡罗方法在高维时变得更有优势. 在第八章中, 对于非线性方程开发的蒙特卡罗方法给出的数值解, 变得关于维数敏感了.

4.1.5 二次变差

布朗运动具有一个令人惊奇的性质, 它具有有限的非零二次变差. 这里布朗运动是 1 维的.

定义 4.1.10 (二次变差) 对于一个给定时间区间的划分 $\pi = \{t_0 = 0 < \cdots < t_i < \cdots\}$, W 在 π 上的二次变差定义为

$$V_t^\pi = \sum_{t_i \in \pi \cap [0,t]} (W_{t_{i+1} \wedge t} - W_{t_i})^2.$$

那么, 对于任何划分序列 π, 当其步长 $|\pi| = \sup_i |t_{i+1} - t_i| \to 0$ 时, V_t^π 在 L_2 中收敛到 t:

$$\lim_{|\pi| \to 0} V_t^\pi \stackrel{L^2}{=} t.$$

让我们先来回忆一下, 一个连续可微函数的二次变差在极限处等于 0: 当考虑一个特殊的微积分的问题时, 这是一个本质不同.

证明 定义 $n(t)$ 为满足 $t_{n(t)} \leqslant t < t_{n(t)+1}$ 的整数, 记 $V_t^\pi - t = \sum_{i=0}^{n(t)-1} Z_i$ 以及 $Z_i = (W_{t_{i+1}\wedge t} - W_{t_i \wedge t})^2 - (t_{i+1} \wedge t - t_i \wedge t)$. 随机变量 $(Z_i)_i$ 是相互独立的、中心化并平方可积的 (由于高斯分布具有有限 4 阶矩): 而且命题 4.1.6 的尺度变换性质保证了存在一个正常数 C_2, 使得 $\mathbb{E}(Z_i^2) = C_2(t_{i+1} \wedge t - t_i \wedge t)^2$ 成立. 那么, $\mathbb{E}(V_t^\pi - t)^2 = \sum_{i=0}^{n(t)-1} \mathbb{E}(Z_i^2) = C_2 \sum_{i=0}^{n(t)-1} (t_{i+1} \wedge t - t_i \wedge t)^2 \leqslant C_2 t|\pi| \to 0$. □

假如 W 是连续可微的, 根据通常微积分法则, 我们应该能写出 $W_t^2 = 2\int_0^t W_s dW_s = \lim_{|\pi|\to 0} \sum_{t_i \in \pi\cap[0,t]} 2W_{t_i}(W_{t_{i+1}\wedge t} - W_{t_i})$. 而之前的非零二次变差改变了这个规律, 并且我们得到了带平方项的一个不同的公式, 因为多出一个 “t” 项.

命题 4.1.11 (第一个 Itô 公式) 我们有

$$W_t^2 \stackrel{L^2}{=} t + \lim_{|\pi|\to 0} \sum_{t_i \in \pi\cap[0,t]} 2W_{t_i}(W_{t_{i+1}\wedge t} - W_{t_i}).$$

证明 写出 $W_t^2 = \sum_{t_i \leqslant t}(W_{t_{i+1}}^2 - W_{t_i}^2) = \sum_{t_i \leqslant t}(W_{t_{i+1}} - W_{t_i})^2 + 2\sum_{t_i \leqslant t} W_{t_i}(W_{t_{i+1}} - W_{t_i})$ 就足够了, 然后应用定义 4.1.10. □

下一节的目标是给出上面的极限的一些一般性质, 这个极限仍然记为 $\int_0^t 2W_s dW_s$, 称之为随机积分. 我们可以看到这项 $\int_0^t 2W_s dW_s$ 有零期望, 而 $\mathbb{E}(W_t^2) = t$.

4.2 随机积分与 Itô 公式

在这一节中, 我们列出能够保证我们可以继续随机微分方程的模拟研究所必需的相关随机分析中的数学工具. 我们并没有完整给出它们的证明, 这里只有启发性说明, 而读者很容易在通常的教科书中找到这些结果, 比如 [88] 或者 [127].

4.2.1 信息流与停时

在概率空间 $(\Omega, \mathcal{F}, \mathbb{P})$ 中, 我们假设在其上已经定义好一个布朗运动 W (可能是 d 维的), 对于 $t \geqslant 0$, 我们关联上一个 σ 域 $\mathcal{F}_t^0 = \sigma(W_s : 0 \leqslant s \leqslant t)$, 即使得随机变量 W_s 是可测的最小的 σ 域, 这里 $0 \leqslant s \leqslant t$. 下面, 我们考虑布朗

运动的自然信息流, 并且将其关于零测集完备化①, 即 σ 域的非降序列 $(\mathcal{F}_t)_{t\geqslant 0}$, 其中 $\mathcal{F}_t$ 是由 $\mathcal{F}_t^0$ 中的集合以及 σ 域 $\mathcal{F}$ 中的那些零概率的集合所生成的 σ 域.

定义 4.2.1 一个 $\mathbb{R}$ 值的随机过程 $(X_t)_{t\geqslant 0}$ 是可测的, 如果 $X:(t,\omega)\in(\mathbb{R}^+\times\Omega)\mapsto X_t(\omega)\in\mathbb{R}$ 是 $\mathcal{B}(\mathbb{R}^+)\otimes\mathcal{F}$ 可测的.

过程 $(X_t)_{t\geqslant 0}$ 关于 $(\mathcal{F}_t)_{t\geqslant 0}$ 是适应的 (或者简单适应的), 如果对于任何 $t\geqslant 0$, X_t 是 $\mathcal{F}_t$ 可测的.

这样我们可以验证 $(W_t)_{t\geqslant 0}$ 和 $(W_t^2-t)_{t\geqslant 0}$ 是关于 $(\mathcal{F}_t)_t$ 的鞅②: 实际上, 对于任意 $t\geqslant s$,

i) $\mathbb{E}(W_t|\mathcal{F}_s)=W_s+\mathbb{E}(W_t-W_s|\mathcal{F}_s)=W_s$;

ii) $\mathbb{E}(W_t^2-t|\mathcal{F}_s)=W_s^2-s+\mathbb{E}((W_t-W_s)(2W_s+(W_t-W_s))-(t-s)|\mathcal{F}_s)=W_s^2-s$.

这些鞅的性质将会延续到下面的随机积分中.

定义 4.2.2 一个非负的随机变量 τ 是一个停时 (意味着关于信息流 $(\mathcal{F}_t)_{t\geqslant 0}$ 的), 如果对于任意 $t\geqslant 0$, 事件 $\{\tau\leqslant t\}$ 在 $\mathcal{F}_t$ 中.

因此,

- 标量布朗运动关于 $y>0$ 的首达时③ 是一个停时;
- 在时刻 1 之前最后一次停留在 0 点的时刻不是停时.

4.2.2 随机积分及其性质

对于给定的时刻 $T>0$ (有可能 $T=+\infty$), 我们定义几个由随机过程组成的集合.

- $\mathbb{H}_T^2=\{\phi$ 为适应过程, 满足 $\|\phi\|_{\mathbb{H}_T^2}^2:=\mathbb{E}(\int_0^{\mathrm{T}}|\phi_s|^2ds)<+\infty\}$. 过程可以是标量值或者向量值 (例如列向量).
- $\mathbb{H}_T^{2,\mathrm{loc}}=\{\phi$ 为适应过程, 满足 $\int_0^{\mathrm{T}}|\phi_s|^2ds<+\infty$. a.s.$\}$.
- $\mathbb{H}^{\mathrm{elem}}$ 代表基本适应过程 (阶梯过程) 的集合, 即 $\phi_t=\phi_{t_i}$, 其中 $t_i<t\leqslant t_{i+1}$, 这里 $\pi=\{0=t_0<\cdots<t_i<\cdots\}$ 为某个时间划分网格.

---

① 这个完备化是技术性结果, 以保证零测集也是 $\mathcal{F}_t$ 可测的.

② 译者注: 鞅 $(M_t)_{0\leqslant t\leqslant\infty}$ 是一个 $(\mathcal{F}_t)$ 适应的随机过程, M_t 可积, 且对于所有的 $0\leqslant s\leqslant t\leqslant\infty$ 满足 $\mathbb{E}(M_t|\mathcal{F}_s)=M_s$ a.s..

③ 译者注: 这个首达时定义为 $\tau=\inf\{t:W_t>0,t>0\}$.

▷ 基本过程情形. 如果 ϕ 是一个基本过程, 取值于 $\mathbb{R}^d$ 且平方可积 (即 $\phi \in \mathbb{H}_T^2 \cap \mathbb{H}^{\text{elem}}$), 那么关于 d 维布朗运动的随机积分定义为

$$\begin{aligned}\int_0^{\mathrm{T}} \phi_s dW_s &= \sum_{t_i \leqslant T} \phi_{t_i}(W_{T\wedge t_{i+1}} - W_{t_i}) \\ &= \sum_{t_i \leqslant T} \sum_{k=1}^{d} \phi_{k,t_i}(W_{k,T\wedge t_{i+1}} - W_{k,t_i}). \qquad (4.2.1)\end{aligned}$$

它的一阶距和二阶矩可以显式地算出来, 这要用到 ϕ 是适应的, 以及布朗运动的增量是独立的、中心化的, 且具有显式的方差, 而且不同布朗运动 $(W_k)_k$ 是相互独立的这些事实.

- 随机积分是中心化的:

$$\mathbb{E}\Big(\int_0^{\mathrm{T}} \phi_s dW_s\Big) = \sum_{t_i \leqslant T} \sum_{k=1}^{d} \mathbb{E}(\phi_{k,t_i}\mathbb{E}(W_{k,T\wedge t_{i+1}} - W_{k,t_i}|\mathcal{F}t_i)) = 0. \quad (4.2.2)$$

- 随机积分是平方可积的, 并且有显式 L_2 范数:

$$\begin{aligned}&\mathbb{E}\Big(\int_0^{\mathrm{T}} \phi_s dW_s\Big)^2 \\ &= 2\sum_{t_i < t_j \leqslant T} \mathbb{E}(\phi_{t_i}(W_{T\wedge t_{i+1}} - W_{t_i})(W_{T\wedge t_{j+1}} - W_{t_j})^{\mathrm{T}}\phi_{t_j}^{\mathrm{T}} \\ &\quad + \sum_{t_i \leqslant T} \mathbb{E}(\phi_{t_i}(W_{T\wedge t_{i+1}} - W_{t_i})(W_{T\wedge t_{i+1}} - W_{t_i})^{\mathrm{T}}\phi_{t_i}^{\mathrm{T}} \\ &= \sum_{t_i \leqslant T} \mathbb{E}(\phi_{t_i}\phi_{t_i}^{\mathrm{T}})(T\wedge t_{i+1} - t_i) = \mathbb{E}\Big(\int_0^{\mathrm{T}} |\phi_s|^2\Big) ds. \qquad (4.2.3)\end{aligned}$$

应用极化等式, 对于另一个 $\varphi \in \mathbb{H}^{\text{elem}}$, 我们得到

$$\mathbb{E}\left(\Big(\int_0^{\mathrm{T}} \phi_s dW_s\Big)\Big(\int_0^{\mathrm{T}} \varphi_s dW_s\Big)\right) = \mathbb{E}\left(\int_0^{\mathrm{T}} \phi_s \cdot \varphi_s ds\right).$$

我们容易观察到随机积分 $(I_T^{\phi} = \int_0^{\mathrm{T}} \phi_s dW_s)_{T\geqslant 0}$ 作为以时间为指标的过程是连续的、适应的, 并且其有限二次变差如下

$$\lim_{|\pi|\to 0} \sum_{t_i \leqslant T} (I_{t_{i+1}\wedge T}^{\phi} - I_{t_i}^{\phi})^2 = \int_0^{\mathrm{T}} |\phi_s|^2 ds.$$

最后, 由与之前计算一阶和二阶矩类似的简单计算, 得出如下的鞅性质的表达式 (类似于布朗运动):

$$\mathbb{E}\left(I_T^\phi|\mathcal{F}_t\right) = I_t^\phi, \quad \mathbb{E}\left((I_T^\phi)^2 - \int_0^{\mathrm{T}} |\phi_s|^2 ds|\mathcal{F}_t\right) = (I_t^\phi)^2 - \int_0^t |\phi_s|^2 ds.$$

▷ 一般情形. 随机积分推广到任意 $\phi \in \mathbb{H}_T^2$ 依赖玩于等式 (4.2.3), 这个式子定义了空间 $L_2(d\mathbb{P})$ 与 $L_2(dt \otimes d\mathbb{P})$ 之间的等距关系, 以及在 $\mathbb{H}^{\text{elem}}$ 中存在的基本过程序列——在 $\|\cdot\|_{\mathbb{H}_T^2}$ 范数意义下——逼近 $\mathbb{H}_T^2$ 中的过程. 如此一来, 之前的性质在一般情形中仍然成立, 而且这个构造可以保留随机积分过程的连续性质. 我们将这些性质总结为一个定理, 以备后面使用.

定理 4.2.3 令 W 为一个 d 维布朗运动, 且 $\phi \in \mathbb{H}_T^2$ 取值于 $\mathbb{R}^d$ (记为列向量). 随机积分 $(I_t^\phi = \int_0^t \phi_s dW_s)_{0\leqslant t\leqslant T}$ 是一个连续适应过程, 并满足以下性质:

- **(鞅性)** $(I_t^\phi)_{0\leqslant t\leqslant T}$ 和 $((I_t^\phi)^2 - \int_0^t |\phi_s|^2 ds)_{0\leqslant t\leqslant T}$ 都是鞅.
- **(协方差)** 对于任意 $\varphi \in \mathbb{H}_T^2$ 取值于 $\mathbb{R}^d$

$$\mathbb{E}\left(\left(\int_0^{\mathrm{T}} \phi_s dW_s\right)\left(\int_0^{\mathrm{T}} \varphi_s dW_s\right)\right) = \mathbb{E}\left(\int_0^{\mathrm{T}} \phi_s \cdot \varphi_s ds\right).$$

- **(Doob 极大值不等式)** 存在一个普适正常数 c_2[①]满足

$$\mathbb{E}\left(\sup_{0\leqslant t\leqslant T} |I_t^\phi|^2\right) \leqslant c_2 \sup_{0\leqslant t\leqslant T} \mathbb{E}\left(|I_t^\phi|^2\right) = c_2\mathbb{E}\left(\int_0^{\mathrm{T}} |\phi_s|^2 ds\right).$$

- **(局部化)** 对于任意停时 τ, $I_{t\wedge\tau}^\phi = I_t^{\phi\mathbf{1}_{\cdot<\tau}} (= \int_0^t \mathbf{1}_{s<\tau}\phi_s dW_s)$.
- **(二次变差)** $\lim_{|\pi|\to 0} \sum_{t_i\leqslant T} (I_{t_{i+1}\wedge\tau}^\phi - I_{t_i}^\phi)^2 = \int_0^{\mathrm{T}} |\phi_s|^2 ds$.

▷ 一些延伸结果

- 通常随机积分的分布没有显式表达式: 令人惊喜的例外是 ϕ 为确定函数的情形. 在这个情形中, I_t^ϕ 服从中心化的高斯分布, 具有方差 $\int_0^t |\phi_s|^2 ds$: I_t^ϕ 称为 *Wiener* 积分.
- 人们可以定义一个关于 $\phi \in \mathbb{H}_T^{2,\text{loc}}$ 的随机积分, 但是这个积分不一定会满足鞅性质、一阶矩与二阶矩的等式.

---

① $c_2 = 4$.

$\triangleright$ 随机积分的模拟. 为了对 $\phi \in \mathbb{H}_T^2$ 模拟 $\int_0^{\mathrm{T}} \phi_s dW_s$, 通常不存在一个精确的方法, 因为它的分布没有显式表达式. 人们可以通过等距离时间间隔 $t_i = i\frac{T}{n}$ 的 Riemann 和 $\sum_{i=0}^{n-1} \phi_{t_i}(W_{t_{i+1}} - W_{t_i})$ 来模拟它. 我们可以证明 (这需要相当多的技巧) 误差依概率收敛到 0: 在最一般的情形中, 在 L^2 中收敛速度的展开证明是相当困难的, 并且收敛速度严重依赖于时间离散化的选择以及 ϕ 的正则性质. 参见习题 4.3.

4.2.3 Itô 过程与 Itô 公式

定义 4.2.4 (Itô 过程) 令 $(b_t)_{t \geqslant 0}$ 和 $(\sigma_t = [\sigma_{1,t}, \cdots, \sigma_{d,t}])_t$ 为两个适应过程, 满足对于 $t \geqslant 0$, $\int_0^t (|b_s| + |\sigma_s|^2) ds < +\infty$ 几乎必然成立, 其中第一项在 $\mathbb{R}^q$ 中取值, 而第二项在 $\mathbb{R}^q \otimes \mathbb{R}^d$ 中取值. 从 x_0 点出发, 带有漂移系数 b 和扩散系数 σ 的 Itô 过程 $(X_t)_{t \geqslant 0}$ 是一个 q 维过程, 其定义如下

$$
\begin{aligned}
X_t &= x_0 + \int_0^t b_s ds + \int_0^t \sigma_s dW_s \\
&= x_0 + \int_0^t b_s ds + \sum_{k=1}^d \int_0^t \sigma_{k,s} dW_{k,s}, \quad t \geqslant 0.
\end{aligned}
$$

b 关于时间变量的积分在 $\mathcal{C}^1$ 中, 于是它的二次变差是零: 因此, X 的二次变差项正是 $\int_0^{\cdot} \sigma_s dW_s$ 的二次变差项, 即在时刻 t 它是 $\int_0^t |\sigma_s|^2 ds$. 这一点非常重要, 因为通过 Taylor 公式对 $f(X_t)$ 进行无穷小展开时会出现一个由 X 的二次变差引入的二次导数项. 这在某种程度上反映了随机分析的特征, 即著名的 Itô 公式.

定理 4.2.5 (Itô 公式) 令 $f : \mathbb{R}^+ \times \mathbb{R}^q \to \mathbb{R}$ 为一个 $\mathcal{C}^{1,2}$ 类的函数, 并且设 X 为一个系数为 b 和 σ 的 q 维 Itô 过程.

那么 $Y_t = f(t, X_t)$ 又定义了一个 1 维 Itô 过程, 其系数如下

$$
\begin{aligned}
f(t, X_t) = f(0, x_0) &+ \int_0^t \partial_t f(s, X_s) ds + \int_0^t \nabla_x f(s, X_s) b_s ds \\
&+ \int_0^t \nabla_s f(s, X_s) \sigma_s dW_s + \frac{1}{2} \sum_{k,l=1}^q \int_0^t f''_{x_k, x_l}(s, X_s) [\sigma_s \sigma_s^{\mathrm{T}}]_{k,l} ds.
\end{aligned}
$$

换句话说, 一个 Itô 过程的光滑变换仍然是一个 Itô 过程, 并且有显式分解. 在下面的内容里, 我们会经常用到这个公式.

4.3 随机微分方程

4.3.1 定义, 存在性, 唯一性

随机微分方程是在常微分方程 $\dot{x}_t = b(t, x_t)$ 中加上一个布朗运动扰动项的方程.

定理 4.3.1 令 W 为一个 d 维布朗运动. 设 $b : \mathbb{R}^+ \times \mathbb{R}^d \mapsto \mathbb{R}^d$ 和 $\sigma : \mathbb{R}^+ \times \mathbb{R}^d \mapsto \mathbb{R}^d \otimes \mathbb{R}^d$ 为两个**连续**函数, 满足以下正则性和有界性条件①: 存在有限正常数 $C_{b,\sigma}$ 使得

i) $|b(t,x) - b(t,y)| + |\sigma(t,x) - \sigma(t,y)| \leqslant C_{b,\sigma}|x - y|$ 对于所有 $(t,x,y) \in [0,T] \times \mathbb{R}^d \times \mathbb{R}^d$ 成立;

ii) $\sup_{0 \leqslant t \leqslant T}(|b(t,0)| + |\sigma(t,0)|) \leqslant C_{b,\sigma}$ 成立.

给定 $x_0 \in \mathbb{R}^d$, 考虑如下**漂移系数为** b **且扩散系数为** σ **的**随机微分方程:

$$X_t = x_0 + \int_0^t b(s, X_s)ds + \int_0^t \sigma(s, X_s)dW_s. \tag{4.3.1}$$

那么, 在 $\mathbb{H}_T^2$ 中存在唯一的适应解 X; 方程的解是连续过程并满足 $\mathbb{E}(\sup_{0 \leqslant t \leqslant T} |X_t|^2) < C(1 + |x_0|^2)$, 这里 C 是一个常数, 仅依赖于 T 和 $C_{b,\sigma}$.

类似于布朗运动与热方程, 这个随机过程称为扩散过程, 或者简称为扩散. 我们建议读者在参考文献中查看详细证明. 我们仅讨论能在后面为模拟服务的原理. 其主要思路是, 就像常微分方程一样, 证明 Picard 迭代是收敛的 (即构造出一个映射, 使其在某个选取了合适的范数的赋范 Hilbert 空间中为压缩映射). 也就是说, 我们取初始化过程 $X^{(0)} = x_0$, 然后考虑

$$X_t^{(n+1)} = x_0 + \int_0^t b(s, X_s^{(n)})ds + \int_0^t \sigma(s, X_s^{(n)})dW_s, \tag{4.3.2}$$

如此一来 $(X^{(n)})_n$ 将收敛到 X. 实际上, 这个算法在实际模拟中效果不好, 因为它要求我们关于任意 n 次迭代模拟随机积分 $\int_0^t \sigma(s, X_s^{(n)})dW_s$; 而实际中, 这个模拟仅在逼近意义下是可行的 (参见我们在第 4.2.2 节中的讨论), 而离散化误差会随着迭代而累加. 在第五章中我们将会研究一个更简单的算法 (Euler 算法).

① 熟悉随机分析技巧的读者可能会注意到, 为了简单起见, 我们这里给出充分性条件, 但不是最弱的条件.

4.3.2 流性质与马尔可夫性

若不从时刻 0 开始求解随机微分方程, 我们还可以从时刻 $t_0 \geqslant 0$ 类似地开始求解

$$X_t = x_0 + \int_{t_0}^{t} b(s, X_s)ds + \int_{t_0}^{t} \sigma(s, X_s)dW_s, \quad t \geqslant t_0, \tag{4.3.3}$$

然后我们得到关于平移后的布朗运动 $(W_s^{t_0} := W_s - W_{t_0})_{s \geqslant t_0}$ 所生成的信息流的一个适应解: 我们定义这个解为 X^{t_0,x_0} 来强调它的初始条件. 我们现在列出两个相当直观的结果 (但是并不是那么容易证明的).

命题 4.3.2 假设定理 4.3.1 中的条件都成立, 那么

- **(流性质)** 下式以概率 1 成立: 对于任意 $t_0 \leqslant t \leqslant s \leqslant T$ 及 $x_0 \in \mathbb{R}$, 我们有
$$X_s^{t_0,x_0} = X_s^{t, X_t^{t_0,x_0}};$$
- **(马尔可夫性)** 对于任意连续泛函 Φ, 我们有
$$\mathbb{E}(\Phi(X_s : t \leqslant s \leqslant T)|\mathcal{F}_t) = \mathbb{E}(\Phi(X_s : t \leqslant s \leqslant T)|X_t).$$

4.3.3 例子

▷ 算术布朗运动. 它由常数系数 $b(t,x) = b$ 与 $\sigma(t,x) = \sigma$ 来定义, 于是

$$X_t = x_0 + bt + \sigma W_t.$$

在随机微分方程版图中, 这是关于布朗运动的第一个变形, 可以容易利用布朗运动来模拟.

▷ 几何布朗运动. 在 1 维情形中, 它是指数算术布朗运动:

$$X_t = x_0 \exp\left(\left(b - \frac{1}{2}\sigma^2\right)t + \sigma W_t\right).$$

它是正值过程, 作为金融数学的基本模型, 可以用来对股票价格建模, 参见 [131]. 由 Itô 公式 (定理 4.2.5) 可以推出它满足线性系数方程

$$X_t = x_0 + \int_0^t bX_s ds + \int_0^t \sigma X_s dW_s,$$

即 $b(t,x) = bx$ 与 $\sigma(t,x) = \sigma x$. X_t 的分布是对数正态分布, 它的模拟可以通过首先模拟它的对数过程, 然后用指数变换来完成.

▷ *Ornstein-Uhlenbeck* 过程. 这是一个高斯过程, 并且关于某些参数表现出均值回归现象: 它经常用在物理 (也称为物理布朗运动), 随机动力学 (参见 [96]), 以及经济与金融中 (用来对通胀率或者短期利率建模 [141]). 1 维时, Ornstein-Uhlenbeck 过程是如下方程的解:

$$X_t = x_0 - a\int_0^t (X_s - \theta)ds + \sigma W_t, \tag{4.3.4}$$

即 $b(t,x) = -a(x-\theta)$ 与 $\sigma(t,x) = \sigma$. 对 $e^{at}X_t$ 应用 Itô 公式, 可以将方程显式解出, 得到

$$X_t = \theta + (x_0 - \theta)e^{-at} + \sigma\int_0^t e^{-a(t-s)}dW_s.$$

上面的随机积分是 Wiener 积分, 于是这个式子定义了一个高斯过程. 它的均值过程等于 $\theta + (x_0-\theta)e^{-at}$, 对于 $t > s$, 它的协方差函数为 $\mathbb{C}\mathrm{ov}\,(X_t, X_s) = e^{-a(t-s)}\frac{\sigma^2}{2a}(1-e^{-2as})$. 因此, X 在多个不同日期的模拟可以由生成高斯随机变量的样本得到.

我们观察到对于 $a > 0$, 当 $t \to +\infty$ 时, X_t 的高斯分布收敛到 $\mathcal{N}(\theta, \frac{\sigma^2}{2a})$, 很长时间之后初始条件会在记忆中消失. 这体现了均值回归效果.

最后, 除了向量和矩阵的定义所带来的困难, 我们注意到 Ornstein-Uhlenbeck 过程可以毫无困难地在高维中定义,

$$\mathcal{X}_t = x_0 + \int_0^t (\Theta - A\mathcal{X}_s)ds + \Sigma W_t, \tag{4.3.5}$$

这里 A, σ 为矩阵, $\mathcal{X}, \Theta, W$ 为向量. 下面的例子是个简单情形, 这里噪声关于一个分量是退化的. 在随机力学中 [96], 在 (4.3.4) 中的 X 表示一个系统的运动速度——例如, 一条小溪——它受到随机外力的影响, 由牛顿第二运动定理建模. 系统的位置是速度的不定积分: $P_t = p_0 + \int_0^t X_s ds$. 在这个情形中, 我们仍然记 $\mathcal{X} = \begin{pmatrix} X \\ P \end{pmatrix}$, 为形如 (4.3.5) 的 2 维 Ornstein-Uhlenbeck 方程的解, 在第二个分量中没有噪声, 即

$$A = \begin{pmatrix} a & 0 \\ -1 & 0 \end{pmatrix}, \Theta = \begin{pmatrix} \theta/a \\ 0 \end{pmatrix}, \Sigma = \begin{pmatrix} \sigma & 0 \\ 0 & 0 \end{pmatrix}.$$

▷ 1 维平方根过程. 这个过程表现出均值回归的效果, 它有保持过程非负的特征: 其定义为

$$X_t = x_0 - a\int_0^t X_s ds + \int_0^t \sigma\sqrt{X_s}dW_s,$$

即 $b(t,x)=-ax$ 以及 $\sigma(t,x)=\sigma\sqrt{x}$. 虽然 σ 不是 Lipschitz 函数, 仍然可以证明方程解的存在唯一性, 不过这要求更精细的分析. 这个模型经常被用在金融数学中来对随机波动率 (Heston 模型 [77]) 以及利率 (CIR 模型 [30]) 建模. 在人口动态模型中 [39], X 的方程称为 *Feller 方程*, 也表示生灭过程的极限模型. X_t 的分布已知, 记为一个特殊函数形式 (特别是 Bessel 函数), 而且它的模拟并不简单; 参见 [22].

在基因模型中, Fisher-Wright 过程描述了带有某个特定基因片段的人口渐近比例, 它是如下平方根过程类型的例子

$$X_t = x_0 + \int_0^t (rX_s(1-X_s) - \beta_1 X_s + (1-X_s)\beta_2)ds + \int_0^t \sqrt{X_s(1-X_s)}dW_s,$$

这里漂移项的系数体现了自然选择和罕见变异的现象的数量.

▷ 均衡态模型. π 为定义在 $\mathbb{R}^d$ 上的取正值的概率密度函数, 令

$$X_t = x_0 + \frac{1}{2}\int_0^t \partial_x[\log(\pi)](X_s)ds + W_t.$$

漂移系数的 Lipschitz 条件可以根据 π 的具体表达式的不同情形来逐一验证. 这个模型的优势在于它具有遍历性 (在 π 的某些条件下): 当 $t\to+\infty$ 时, X_t 的分布收敛到密度函数为 π 的分布. 在分子化学中, 这个过程表示了当分子的配置变化时的能量; 参见 [95]. 在 1 维情形中 $\pi(x)=C\exp(-ax^2)$, 当 $a>0$ 时, 方程转化为前面的 Ornstein-Uhlenbeck 方程 (4.3.4), 对应参数为 $\theta=0$ 和 $\sigma=1$.

▷ 一般情形. 除了这些孤立的情形, 一般来说 X_t 的分布 (既不会在时刻 t, 也不在大时刻) 没有显式表达式. 模拟必须由一个逼近算法来实现, 参见第五章.

4.4 偏微分方程的概率表示: Feynman-Kac 公式

为了将布朗运动与热方程关联起来, 我们已经用到关于 $x+W_t$ 的分布密度函数的知识, 而且我们已经得到这个分布密度关于时间或空间的偏微分之间的关系, 这个关系通过关于 f 的积分可以转换为 $\mathbb{E}(f(x+W_t))$ 的形式. 关于随机微分方程解的分布没有显式表达式, 于是需要找到另外的方法来近似: Itô 公式提供了合适的工具.

4.4.1 无穷小生成元

我们从随后要出现的偏微分方程的微分算子开始研究.

定义 4.4.1 (无穷小生成元) 令 X 为随机微分方程的解, 其系数 (b,σ) 满足定理 4.3.1 的条件. X 的无穷小生成元记为 $\mathcal{L}^X_{b,\sigma\sigma^{\mathrm{T}}}$, 其定义为

$$\mathcal{L}^X_{b,\sigma\sigma^{\mathrm{T}}}=\frac{1}{2}\sum_{i,j=1}^{d}[\sigma\sigma^{\mathrm{T}}]_{i,j}(t,x)\partial^2_{x_ix_j}+\sum_{i=1}^{d}b_i(t,x)\partial_{x_i}.$$

在不会引起混淆的情况下, 我们简单地记 $\mathcal{L}^X_{b,\sigma\sigma^{\mathrm{T}}}$ 为 $\mathcal{L}$.

命题 4.4.2 在与定理 4.3.1 相同的假设下, 对于任意具有紧支集的函数 $f\in\mathcal{C}^2$, 与任意初始条件 (t,x), 我们有

$$\frac{\mathbb{E}(f(X^{t,x}_{t+h}))-f(x)}{h}\underset{h\to 0^+}{\to}\mathcal{L}^X_{b,\sigma\sigma^{\mathrm{T}}}f(t,x).$$

证明. 为了简化, 记 $\mathcal{L}=\mathcal{L}^X_{b,\sigma\sigma^{\mathrm{T}}}$. 固定 (t,x); 对于 $s\geqslant t$, 令 $X_s=X^{t,x}_s$. 在时刻 $s=t+h$ 与 $s=t$ 之间, 对 $f(X_s)$ 应用 Itô 公式得到

$$\begin{aligned}
&f(X_{t+h})-f(x)\\
=&\int_t^{t+h}\nabla_x f(X_s)b(s,X_s)ds+\int_t^{t+h}\nabla_x f(X_s)\sigma(s,X_s)dW_s\\
&+\frac{1}{2}\sum_{k,l=1}^{d}\int_t^{t+h}f''_{x_k,x_l}(X_s)[\sigma\sigma^{\mathrm{T}}]_{k,l}(s,X_s)ds\\
=&\int_t^{t+h}\mathcal{L}f(s,X_s)ds+\int_t^{t+h}\nabla_x f(X_s)\sigma(s,X_s)dW_s. \qquad (4.4.1)
\end{aligned}$$

由于 σ 和 f 具有紧支集 (即在 $B(0,R)$ 中) 的假设, 我们知道关于 $\phi_s=\nabla_x f(X_s)\sigma(s,X_s)$ 的随机积分在空间 $\mathbb{H}^2_T$ 中: 实际上

$$\begin{aligned}
|\phi_s|&\leqslant\sup_{|x|\leqslant R}|\nabla_x f(x)\sigma(s,x)|\\
&\leqslant|\nabla_x f|_\infty(|\sigma(s,0)+C_{b,\sigma}R)\leqslant|\nabla_x f|_\infty C_{b,\sigma}(R+1).
\end{aligned}$$

因此, 在 (4.4.1) 式两边取期望, 随机积分项消失了, 只剩下

$$\frac{\mathbb{E}(f(X_{t+h}))-f(x)}{h}=\mathbb{E}\left(\frac{1}{h}\int_t^{t+h}\mathcal{L}f(s,X_s)ds\right).$$

我们容易验证由于 X 的轨道的连续性, 以及 $(s,y)\mapsto\mathcal{L}(s,y)$ 的连续性, 同时这些项都是有界的 (这里我们用到 f 具有紧支集), 我们得到 $\frac{1}{h}\int_t^{t+h}\mathcal{L}f(s,X_s)$ 几乎必然收敛到 $\mathcal{L}f(t,x)$. 然后, 控制收敛定理能帮我们完成证明. □

4.4.2 带 Cauchy 条件的线性抛物型偏微分方程

我们现在能够证明扩散过程的泛函的期望与偏微分方程之间的关系. 我们从解在时刻 T 已经事先确定的情形 (称为 Cauchy 问题) 开始. Dirichlet 问题对应于给出偏微分方程的解在某个区域边界上的取值条件的方程, 我们将在后面研究这个问题. 人们也可以在边界上给定偏微分方程的解的一阶和二阶导数值: 这分别对应所谓的 Neumann 和 Robin 问题, 相关的随机过程在边界处反射或者扩散; 这些情形远远超过了本书的框架, 有兴趣的读者可以参考 [43].

这些方程是线性的①, 因为如果我们将两个偏微分方程的条件 (f_1, g_1) 与 (f_2, g_2) 加起来, 其他所有项保持相同, 方程的解是两个方程各自的解的和, 即 $u_1 + u_2$.

定理 4.4.3 令 $T > 0$ 固定. 假设

i) 扩散过程 X 的系数 b 和 σ 满足定理 4.3.1 中的定义与假设;

ii) $f : \mathbb{R}^d \mapsto \mathbb{R}$ 与 $g, k : [0,T] \times \mathbb{R}^d \mapsto \mathbb{R}$ 为三个连续函数, 并满足

$$\sup_{x\in\mathbb{R}^d} \frac{|f(x)|}{1+|x|^2} + \sup_{0\leqslant t\leqslant T, x\in\mathbb{R}^d} \left(\frac{|g(t,x)|}{1+|x|^2} + |k(t,x)| \right) < +\infty;$$

iii) 存在 $\mathcal{C}^{1,2}$ 类中的一个函数 $u : [0,T] \times \mathbb{R}^d \mapsto \mathbb{R}$, 在 $[0,T] \times \mathbb{R}^d$ 的任何开集中, 使得

$$\begin{cases} \partial_t u(t,x) + \mathcal{L}u(t,x) - k(t,x)u(t,x) + g(t,x) = 0, \quad t < T, \quad x \in \mathbb{R}^{\mathrm{d}}; \\ u(T,x) = f(x), \quad x \in \mathbb{R}^{\mathrm{d}} \end{cases} \tag{4.4.2}$$

成立;

iv) u 在 $[0,T] \times \mathbb{R}^d$ 上是连续的, 且满足 $\sup_{0\leqslant t\leqslant T, x\in\mathbb{R}^d} \frac{|u(t,x)|}{1+|x|^2} < +\infty$.

那么, 我们用下面的概率表示式给出解 u 的值

$$u(t,x) = \mathbb{E}\left(f(X_T^{t,x}) e^{-\int_t^{\mathrm{T}} k(r, X_r^{t,x})dr} + \int_t^{\mathrm{T}} g(s, X_s^{t,x}) e^{-\int_t^s k(r, X_r^{t,x})dr} ds \right). \tag{4.4.3}$$

细心的读者会发现与热方程 (定理 4.1.9) 相比 ∂_t 之前的符号变了: 实际上, 这只是做了一个 $t \mapsto T - t$ 的时间变换, 并且将热方程的解在 $t = 0$②的条件换为这个偏微分方程的解在 $t = T$③的条件.

---

① 一些非线性情形将在第三部分研究.

② 偏微分方程惯例.

③ 概率表示式的惯例.

关于术语, 函数 f 称为 (在时刻 T 的) 终端条件, g 为源项, k 称为折扣因子 (或者衰减因子). 有关 $-k$ 的符号约定来自无穷时间区间 $T=+\infty$ 的问题, 这要求我们保证 k 是正的 (或者从下方被合适的界限所界住); 参见定理 4.4.4.

考虑到在数值算法中的应用, 它立刻使得应用蒙特卡罗方法来求解偏微分方程成为可能, 通过生成扩散过程 X 的 M 个独立样本, 然后关于样本的泛函

$$\left(f(X_T^{t,x,m})e^{-\int_t^T k(r,X_r^{t,x,m})dr}+\int_t^T g(s,X_s^{t,x,m})e^{-\int_t^s k(r,X_r^{t,x,m})dr}ds\right)_{1\leqslant m\leqslant M}$$

取期望而得到. 我们将会在之后的第五章中讨论如何将扩散过程 X 以及这个泛函离散化.

证明 固定 (t,x), 并且为了简化, 记 $X_s=X_s^{t,x}$.

▷ **一个定制的 Itô 公式.** 对于在时刻 s_0 与 s 之间的过程 X, 应用 Itô 公式到光滑函数 v, 经由与等式 (4.4.1) 类似的方法, 我们得到

$$\begin{aligned}v(s,X_s)=v(s_0,X_{s_0})&+\int_{s_0}^s[\partial_t+\mathcal{L}]v(r,X_r)dr\\&+\int_{s_0}^s\nabla_x v(r,X_r)\sigma(r,X_r)dW_r.\end{aligned}\tag{4.4.4}$$

对于通常的 2 维 Itô 过程

$$(Y_s,Z_s)=\left(y_0+\int_0^s b_r^Y dr+\int_0^s\sigma_r^Y dW_r, e^{\int_0^s c_r dr}\right),$$

其中 (b^Y,σ^Y,c) 为适应函数, 将 Itô 公式应用到乘积函数 $(x,y)\mapsto xy$, 由此得到

$$Y_s e^{\int_0^s c_r dr}=Y_0+\int_0^s e^{\int_0^r c_{s_1}ds_1}(c_rY_r+b_r^Y)dr+\int_0^s e^{\int_0^r c_{s_1}ds_1}\sigma_r^Y dW_r.\tag{4.4.5}$$

结合 (4.4.4) 与 (4.4.5), 以及 $Y_s=v(s,X_s)$ 和 $c_s=-k(s,X_s)\mathbf{1}_{s\geqslant t}$ 得出, 对于 $t\leqslant s_0\leqslant s$, 我们有

$$\begin{aligned}&v(s,X_s)e^{-\int_t^s k(s_1,X_{s_1})ds_1}\\=&v(s_0,X_{s_0})e^{-\int_t^{s_0}k(s_1,X_{s_1})ds_1}\\&+\int_{s_0}^s e^{-\int_t^r k(s_1,X_{s_1})ds_1}\left(-k(r,X_r)v(r,X_r)+[\partial_t+\mathcal{L}]v(r,X_r)\right)dr\\&+\int_{s_0}^s e^{-\int_t^r k(s_1,X_{s_1})ds_1}\nabla_x v(r,X_r)\sigma(r,X_r)dW_r.\end{aligned}\tag{4.4.6}$$

这个公式很重要并且足以满足我们所需要的应用.

▷ **应用与局部化步骤.** 我们将上面的公式应用到函数 $v(s,y)=u(s,y)$, 假设它限制在时间 $s<T$ 上是光滑的: 取 $s_0=t$, 并利用 u 是方程 (4.4.2) 的解这个事实, 对于任意 $s\in[t,T[$, 我们得到

$$\begin{aligned}&u(s,X_s)e^{-\int_t^s k(s_1,X_{s_1})ds_1}\\&=u(t,x)-\int_t^s e^{-\int_t^r k(s_1,X_{s_1})ds_1}g(r,X_r)dr\\&\quad+\int_t^s e^{-\int_t^r k(s_1,X_{s_1})ds_1}\nabla_x u(r,X_r)\sigma(r,X_r)dW_r.\end{aligned}\tag{4.4.7}$$

我们现在希望能够通过取期望使随机积分项消失, 不过由于 $\nabla_x u$ 缺少增长性条件, 我们不能直接实行这个步骤. 基于这个原因, 对于 $n\geqslant 1$, 我们引入

$$\tau_n=\inf\{s\geqslant t:|X_s-x|\geqslant n\}\wedge\left(T-\frac{T-t}{n}\right)\in[t,T[\,.$$

τ_n 是一个有限停时, 由定义知其关键性质为

$$\mathbf{1}_{r<\tau_n}|\nabla_x u(r,X_r)\sigma(r,X_r)|\leqslant C_n\tag{4.4.8}$$

关于不依赖于 n 的确定常数成立. 这样, 对于 $s=\tau_n$, 等式 (4.4.7) 化为

$$\begin{aligned}&u(\tau_n,X_{\tau_n})e^{-\int_t^{\tau_n} k(s_1,X_{s_1})ds_1}\\&=u(t,x)-\int_t^{\tau_n} e^{-\int_t^r k(s_1,X_{s_1})ds_1}g(r,X_r)dr\\&\quad+\int_t^{\mathrm{T}}\mathbf{1}_{r<\tau_n}e^{-\int_t^r k(s_1,X_{s_1})ds_1}\nabla_x u(r,X_r)\sigma(r,X_r)dW_r,\end{aligned}$$

这里由于 (4.4.8) 以及 k 的一致有界性, 所以 $\phi_{n,r}=\mathbf{1}_{r<\tau_n}e^{-\int_t^r k(s_1,X_{s_1})ds_1}\nabla_x u$ $(r,X_r)\sigma(r,X_r)$ 在空间 $\mathbb{H}_T^2$ 中, 那么, 对于任意 $n\geqslant 1$, 我们有

$$\begin{aligned}u(t,x)=\mathbb{E}\Big(&u(\tau_n,X_{\tau_n})e^{-\int_t^{\tau_n} k(s_1,X_{s_1})ds_1}\\&+\int_t^{\tau_n} e^{-\int_t^r k(s_1,X_{s_1})ds_1}g(r,X_r)dr\Big).\end{aligned}\tag{4.4.9}$$

▷ **完成证明.** 定义 U_{τ_n} 为上面期望符号中的所有项: 它被 $Ce^{(T-t)|k|_\infty}(1+\sup_{s\leqslant T}|X_s|^2)(1+T)$ 界住, 其中常数 C 依赖于 u 和 g 的增长性条件: 由定理 4.3.1, 这个上界是可积的. 进一步, 我们容易验证当 $n\to+\infty$ 时, τ_n 几乎必然收敛到 T, 于是 $U_{\tau_n}\overset{\text{a.s.}}{\to}U_T$ (这里用到 u 一直到 T 时刻都是连续的, 而不仅是在开集上满足连续性条件). 所有这些条件加在一起, 我们就能够应用控制收敛定理, 然后在 (4.4.9) 中取极限. 这样就完成了证明. □

▷ 有关假设的一些细节说明.

i) 前面的定理是方程解的唯一性结果. 为了使得方程存在至少一个解 u, 并且所要求的估计式成立, b, σ, f, g, k 所需要满足的更少的条件不止一组. 读者可以参考这些文献: [44, 100, 45, 46, 43]. 总结一下, 我们列出两组不同的假设.

  a) 系数 b, σ, f, g, k 关于时间和空间都相当光滑, 函数有界, 并且其导数有界. 那么方程存在一个非常光滑的解 u, 有界并且导数有界.

  b) 系数 b, σ, g, k 满足相同条件, 仅假设 f 是连续的, 一般情况下, 不存在光滑解 u. 如果 f 没有给出解的正则性, 那么我们可以假设非退化条件成立, 此时正则性可能由算子 $\mathcal{L}$[①]的光滑效应而得到. 举例来说, 一个经典的假设是一致椭圆性, 它意味着对称非负定矩阵 $\sigma\sigma^{\mathrm{T}}(t,x)$ 的最小特征值有严格大于 0 的下界:

$$\inf_{x\in\mathbb{R}^d,t\in[0,T],\xi\in\mathbb{R}^d,\text{且}|\xi|=1}\xi\cdot\sigma\sigma^{\mathrm{T}}(t,x)\xi>0.$$

  其中 $\cdot$ 表示向量的内积. 另外一个非退化假设是亚椭圆性 (hypoellipticity), 但是它远远超出了我们的研究框架.

ii) 在一些情形下 (特别是在一致椭圆假设下), Feynman-Kac 公式的成立不需要 f 的正则性, 这可以通过另外一些补充技巧来证明. 这是一个处理示性函数问题的有趣的推广 (对于计算 X_T 的累积密度函数很有用).

iii) 函数 u, f, g 关于变量的二次增长条件的提出首先是为了简化表示, 其次是因为我们只在 L_2 空间中引入随机微分方程. 若将 2 替换为实数 $p>0$, 则结果仍然成立.

4.4.3 线性椭圆型偏微分方程

现在让我们将时间轴延伸到无穷远: 那么时间的起始是没意义的, 这样我们假设系数不再依赖于时间变量. 于是我们得到一个线性椭圆型偏微分方程.

定理 4.4.4 假设

i) 扩散过程 X 的系数为 b 和 σ, 它们满足定理 4.3.1 的定义和假设, 并且不依赖于时间变量;

---

① 就像热方程中的 Laplace 算子.

ii) 函数 $g,k:\mathbb{R}^d\mapsto\mathbb{R}$ 是两个有界连续函数, 并满足

$$\alpha:=\inf_{x\in\mathbb{R}^d}k(x)>0;$$

iii) 存在函数 $u:\mathbb{R}^d\mapsto\mathbb{R}$ 连续, 有界, 属于 $\mathcal{C}^2$ 类, 并满足

$$\mathcal{L}u(x)-k(x)u(x)+g(x)=0,\quad x\in\mathbb{R}^d. \tag{4.4.10}$$

那么, u 可以有概率表示式

$$u(x)=\mathbb{E}\left[\int_0^{+\infty}g(X_s^x)e^{-\int_0^s k(X_r^x)dr}ds\right], \tag{4.4.11}$$

这里 X^x 是在时刻 0 从 x 出发的扩散过程.

证明 证明类似于定理 4.4.3 的证明, 由于 u 不依赖于时间变量, 故有一些简化. 我们首先定义一个停时

$$\tau_n=\inf\{s\geqslant 0:|X_s-x|\geqslant n\}\wedge n;$$

这样, (4.4.9) 变成

$$u(x)=\mathbb{E}\left(u(X_{\tau_n})e^{-\int_0^{\tau_n}k(X_{s_1})ds_1}+\int_0^{\tau_n}g(X_r)e^{-\int_0^r k(X_{s_1})ds_1}dr\right). \tag{4.4.12}$$

让 n 趋向于无穷大: 显然 $\tau_n\to+\infty$ 几乎必然成立, 这是由于解 X 在有限时间内不会爆炸. 此外, 期望中的第一项的界 $|u|_\infty e^{-\alpha\tau_n}\underset{n\to+\infty}{\overset{\text{a.s.}}{\to}}0$, 同时它被可积值 $|u|_\infty$ 一致界住; 因此, 第一项的期望趋向于 0. 第二项可以进行类似分析, 只要观察到 $\int_0^\infty e^{-\int_0^r k(X_{s_1})ds_1}|g(X_r)|dr\leqslant\int_0^\infty e^{-\alpha r}|g|_\infty dr<+\infty$ 即可. 结果得证. □

若 $k\equiv 0$ $(\alpha=0)$, 则类似结果也成立, 但是需要对 X 和 g 附加假设条件, 这与现在的框架不同. 特别地, X 应该是遍历的, 有平稳分布 μ, 而且 g 应该关于 μ 中心化: 在这个情形中, $\mathbb{E}(\int_0^{+\infty}g(X_s^x)ds)$ 是有意义的, 这是因为 $\mathbb{E}(g(X_s^x))\underset{s\to+\infty}{\longrightarrow}\int_{\mathbb{R}^d}g(y)\mu(dy)=0$. 有兴趣的读者可以参考 [43, 第 1 章].

4.4.4 带 Cauchy-Dirichlet 条件的线性抛物型偏微分方程

Dirichlet 条件翻译到概率语言就是当过程 X 从区域 $D\subset\mathbb{R}^d$ (一个非空的连通开集) 逃逸出时它就中止了, 参见图 4.6. D 的边界定义为 ∂D.

定理 4.4.5 令 $T>0$ 固定. 假设

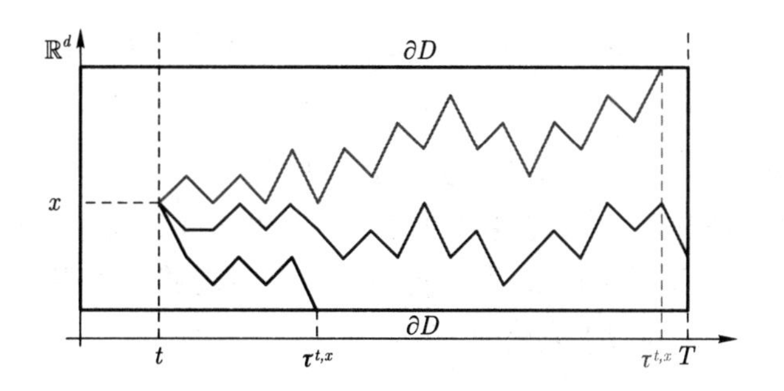

图 4.6 Cauchy-Dirichlet 条件和被停止过程的几条轨线

i) 扩散过程 X 的系数 b 和 σ 满足定理 4.3.1 的定义和假设;

ii) D 是 $\mathbb{R}^d$ 中的一个有界区域, 并且我们定义[①] $\tau^{t,x}=\inf\{s>t: X_s^{t,x}\notin D\}$, 即从 (t,x) 开始的 X 第一次从 D 中逃逸的时刻;

iii) 边界 ∂D 相对于 X 是光滑的, 也就是说

$$\forall t\in[0,T],\forall x\in\partial D,\quad \mathbb{P}(\tau^{t,x}=t)=1;$$

iv) 函数 $f,g,k:[0,T]\times\bar{D}\mapsto\mathbb{R}$ 是连续的;

v) 存在一个连续函数 $u:[0,T]\times\bar{D}\mapsto\mathbb{R}$, 属于定义在开集 $[0,T[\times D$ 上的 $\mathcal{C}^{1,2}$ 类, 并且满足

$$\begin{cases}\partial_t u(t,x)+\mathcal{L}u(t,x)-k(t,x)u(t,x)+g(t,x)=0, & t<T,x\in D,\\ u(T,x)=f(T,x), & x\in\overline{D},\\ u(t,x)=f(t,x), & (t,x)\in[0,T[\times\partial D.\end{cases}\tag{4.4.13}$$

那么, u 可以有概率表示式

$$\begin{aligned}u(t,x)=\mathbb{E}\Big(&f(\tau^{t,x}\wedge T,X^{t,x}_{\tau^{t,x}\wedge T})e^{-\int_t^{\tau^{t,x}\wedge T}k(r,X_r^{t,x})dr}\\&+\int_t^{\tau^{t,x}\wedge T}g(s,X_s^{t,x})e^{-\int_t^s k(r,X_r^{t,x})dr}ds\Big).\end{aligned}\tag{4.4.14}$$

证明 在边界上的那些点需要特别仔细分析.

- 若 $t=T$, 则 $\tau^{t,x}\wedge T=T$ 和公式 (4.4.14) 显然成立, 因为直接推导出 $u(T,x)=f(T,x)$.

① 一般约定 $\inf\emptyset=+\infty$.

- 若 $t < T$ 并且 $x \in \partial D$, 由假设 iii), 我们有 $\tau^{t,x} = t$: 我们已经有所需要的 $u(t,x) = f(t,x)$.

现在考虑一个内点 $(t,x) \in [0,T[\ \times D$, 简单记 $X_s = X_s^{t,x}$, 证明与定理 4.4.3 中的一样, 需要仔细利用 u 直到空间的边界 ∂D 和时间 T 之前是连续的这个事实, 不过它的导数不一定如此. 实际上, 适当的做法是进行恰当的局部化, 在过程到达边界之前, 距离边界有小的正距离时停止.

对于 $n \geqslant 1$, 令

$$\tau_n = \inf\left\{s > t : d(X_s, \partial D) \leqslant \frac{1}{n}\right\} \wedge \left(T - \frac{T-t}{n}\right) \in [t, T[\ :$$

这是一个停时, 满足对于 $r \leqslant \tau_n$, (r, X_r) 停留在 $[0,T[\ \times D$ 的紧集中, 而 u 的导数在这个紧集上一致有界 (其界仅依赖于一个关于 n 的常数). 从 $s_0 = t$ 到 $s = \tau_n$, 应用 (4.4.6), 并令 $v(s,y) = u(s,y)$, 我们得到, 对于任意 $n \geqslant 1$,

$$\begin{aligned}
& u(\tau_n, X_{\tau_n}) e^{-\int_t^{\tau_n} k(s_1, X_{s_1}) ds_1} \\
= {} & u(t,x) \\
& + \int_t^{\tau_n} e^{-\int_t^r k(s_1, X_{s_1}) ds_1} \left(-k(r, X_r) u(r, X_r) + [\partial_t + \mathcal{L}] u(r, X_r)\right) dr \\
& + \int_t^{\tau_n} e^{-\int_t^r k(s_1, X_{s_1}) ds_1} \nabla_x u(r, X_r) \sigma(r, X_r) dW_r.
\end{aligned}$$

因为 u 在 $[0,T[\ \times D$ 中满足偏微分方程以及对于 $r < \tau_n$, $(r, X_r) \in [0,T[\ \times D$, 所以项 $-k(r,X_r)u(r,X_r) + [\partial_t + \mathcal{L}]u(r,X_r)$ 等于 $-g(r,X_r)$. 最后一项等于 $\int_t^{\mathrm{T}} \mathbf{1}_{\tau_n < r} e^{-\int_t^r k(s_1, X_{s_1}) ds_1} \nabla_x u(r, X_r) \sigma(r, X_r) dW_r$: 考虑到过程已局部化, 那么被积项在 $\mathbb{H}_T^2$ 中. 因此, 我们可以在上式两边取期望, 并得到

$$\begin{aligned}
u(t,x) = {} & \mathbb{E}\left(u(\tau_n, X_{\tau_n}) e^{-\int_t^{\tau_n} k(s_1, X_{s_1}) ds_1}\right. \\
& \left. + \int_t^{\tau_n} e^{-\int_t^r k(s_1, X_{s_1}) ds_1} g(r, X_r) dr\right).
\end{aligned} \tag{4.4.15}$$

现在我们关于 n 取极限: 序列 $(\hat{\tau}_n = \inf\{s > t : d(X_s, \partial D) \leqslant \frac{1}{n}\})_n$ 是增的, 并被 $\inf\{s > t : d(X_s, \partial D) = 0\} = \tau^{t,x}$ 界住, 于是序列是几乎必然收敛的. 其极限定义为 $\hat{\tau}_\infty$, 由 X 的轨道的连续性, 可以证明

$$d(X_{\hat{\tau}_n}, \partial D) = \frac{1}{n} \to d(X_{\hat{\tau}_\infty}, \partial D) = 0.$$

结果有 $X_{\hat{\tau}_\infty} \notin D$ (因为 D 是开的), 即 $\hat{\tau}_\infty \geqslant \tau^{t,x}$: 总之, 我们证明了 $\hat{\tau}_\infty = \tau^{t,x}$, 因此 $\tau_n \underset{n \to +\infty}{\overset{\text{a.s.}}{\to}} \tau^{t,x} \wedge T$.

因为 (4.4.15) 中的随机变量是有界的并且关于 τ_n 连续, 通过取极限, 就可以得到要证明的公式. □

▷ 关于假设的说明. 下面内容基于技术性观点, 我们仅给出主要结果.

a) 定理假设中的 (iii) 意味着一旦到达边界, 以概率 1 的, 过程在一个小时间区间 $]t, t+h]$ $(h>0)$ 内会回到 D 中, 但是它还会在边界两边来回穿越无数次——就像布朗运动在点 0 处的样子. 如果在 X 的动态系统中存在足够多的噪声 (一致椭圆条件就足够了), 并且在每个边界点, 区域满足外锥条件①, 若边界是 Lipschitz 的, 则外锥条件自动满足, 那么假充条件能够成立.

b) 类似于带有 Cauchy 条件的偏微分方程, 为了得到光滑解 u, 我们需要在系数 b, σ, f, g, k 上加上足够的光滑性条件, 并且要求区域的边界光滑. 在当前的 Dirichlet 条件问题中, 关于 X 的附加的非退化条件是必需的——至少在边界上.

c) 假设区域是有界的; 事实上, 只要边界是紧的就足够了, 于是它可以用有限个坐标卡来覆盖, 但是这不总是必需的, 比如在半平面 D 的情形. 我们要考虑带角的区域——它们经常出现在实际应用中——需要细致和特殊分析.

4.4.5 带 Dirichlet 条件的线性椭圆型偏微分方程

令 $T \to +\infty$, 关于椭圆问题的推广能由类似的方法得到. 我们将证明留给读者. 这里系数不依赖于时间变量.

定理 4.4.6 假设

i) 扩散过程 X 的系数 b 和 σ 满足定理 4.3.1 中的定义和假设, 并且不依赖于时间变量;

ii) D 是 $\mathbb{R}^d$ 中的一个有界区域, 我们定义 $\tau^x = \inf\{s>0 : X_s^x \notin D\}$, 即从 x 出发的 X 第一次从 D 中逃逸的时刻;

iii) 函数 $f, g : \bar{D} \mapsto \mathbb{R}$ 和 $k : \bar{D} \mapsto \mathbb{R}^+$ 是连续的;

iv) 边界 ∂D 关于 X 是光滑的, 也就是说

$$\forall x \in \partial D, \quad \mathbb{P}(\tau^x = 0) = 1;$$

① 人们可以放置一个锥, 满足它主要位于 D 的外部且仅在边界点接触.

v) 对于任意 $x \in D$, $\mathbb{E}(\tau^x) < +\infty$; ①

vi) 存在一个连续函数 $u : \bar{D} \mapsto \mathbb{R}$, 属于任意开集 D 上的 $\mathcal{C}^{1,2}$ 类, 并且满足

$$\begin{cases} \mathcal{L}u(x) - k(x)u(x) + g(x) = 0, & x \in D, \\ u(x) = f(x), & x \in \partial D. \end{cases} \tag{4.4.16}$$

那么, u 可以由如下概率表示式给出

$$u(x) = \mathbb{E}\left(f(X^x_{\tau^x})e^{-\int_0^{\tau^x} k(X^x_r)dr} + \int_0^{\tau^x} g(X^x_s)e^{-\int_0^s k(X^x_r)dr}ds \right). \tag{4.4.17}$$

4.5 梯度的概率公式

我们将继续在第 2.2.4 节中讨论的敏感性计算, 特别是 $\mathbb{E}(f(X_T^{0,x}))$ 关于 x(X 在时刻 $t=0$ 的初始条件) 的敏感性的表示, 来对 $\partial_x \mathbb{E}(f(X_T^{0,x}))$ 进行估值. 与定理 4.4.3 中取 $g \equiv 0$ 和 $k \equiv 0$ 的情形比较, 我们寻求带 Cauchy 条件的偏微分方程的梯度 $\nabla_x u(0,x)$ 的概率表示式.

4.5.1 路径微分方法

作为第 2.2.4 节中讨论的方法的后续, 就像对一个常微分方程所做的, 我们需要定义 $x \mapsto X_t^{0,x}$ 的几乎必然导数. 在随机情形中, 为了同时定义出这些关于所有 t 与 x 的导数, 通常框架需要假设那些方程系数关于空间变量比在 $\mathcal{C}^1$ 中的正则性更好一点: 为了避免太多的技术性考虑, 我们直接假设在这一章及以后的内容中

b 和 σ 在 $\mathcal{C}^{0,2}$ 中, 并且梯度有界.

并且假设定理 4.3.1 中的那些定义和假设成立. 我们还列出可微性结果, 而不给出证明; 参见 [97] 以了解更多细节.

命题 4.5.1 (关于初始条件的几乎必然可微性) 在之前定理的假设下, 我们可以定义 $X_t^{0,x}$ 关于 x 的导数, 记为 $\nabla X_t^{0,x}$, 而其动态系统可以由对 (4.3.1) 关于 x 微分而得到: 这样 $(\nabla X_t^{0,x})_t$ 是一个矩阵值过程②, 它是大小为 $d \times d$ 的

① 当 $g \equiv 0$ 时, 这个条件可以减弱为 $\mathbb{P}(\tau^x < +\infty) = 1$.

② 也称为张量过程.

矩阵值方程

$$
\begin{aligned}
\nabla X_t^{0,x} := I_d &+ \int_0^t \nabla_x b(s, X_s^{0,x}) \nabla X_s^{0,x} ds \\
&+ \sum_{k=1}^d \int_0^t \nabla_x \sigma_k(s, X_s^{0,x}) \nabla X_s^{0,x} dW_{k,s}
\end{aligned}
\tag{4.5.1}
$$

的解, 这里 σ_k 是矩阵 σ 的第 k 列.

而且, 对于任意 $T > 0$, 我们有 $\mathbb{E}(\sup_{0 \leqslant t \leqslant T} |\nabla X_t^{0,x}|^2) < +\infty$.

考虑到模拟问题, 需要注意 $(X_t^{0,x}, \nabla X_t^{0,x})_t$ 是一个 ($d + d^2$ 维) 随机微分方程的解, 我们可以对其应用接下来的第五章中的模拟方法.

将这个结果与命题 2.2.7 结合, 我们推导出下面的结果.

推论 4.5.2 (路径微分方法) 假设 $f : \mathbb{R}^d \to \mathbb{R}$ 是 $\mathcal{C}^1$ 中的一个函数, 且其梯度有界. 那么

$$
\nabla_x \mathbb{E}(f(X_T^{0,x})) = \mathbb{E}(\nabla_x f(X_T^{0,x}) \nabla X_T^{0,x}).
$$

4.5.2 似然方法

这里不可能直接应用命题 2.2.9 中的似然方法, 因为一般来说 $X_T^{0,x}$ 的分布没有显式表达式. 取而代之, 我们可以用一种巧妙的随机计算方法找出导数的期望形式表示, 而不需要 f 的导数出现. 下面的公式非常漂亮, 由 Bismut, Elworthy 和 Li 给出; 它是用蒙特卡罗方法来对偏微分方程解的梯度进行估值为出发点. 有关推广和衍生结果, 我们建议参考 [61].

定理 4.5.3 (Bismut-Elworthy-Li 公式) 令 $T > 0$ 固定, 假设

i) b 和 σ 满足前面的正则性假设;

ii) 存在函数 $u : [0, T] \times \mathbb{R}^d \mapsto \mathbb{R}$ 属于 $\mathcal{C}^{1,2}$ 类, 其梯度有界, 满足方程

$$
\begin{cases}
\partial_t u(t, x) + Lu(t, x) = 0, & t < T, x \in \mathbb{R}^d, \\
u(T, x) = f(x), & x \in \mathbb{R}^d,
\end{cases}
$$

于是方程的解 $u(t, x) = \mathbb{E}(f(X_T^{t,x}))$;

iii) $\sigma(\cdot)$ 是可逆的, 且其逆是一致有界的.

那么

$$
\nabla_x u(0, x) = \mathbb{E}\left(\frac{f(X_T^{0,x})}{T} \left[\int_0^{\mathrm{T}} [\sigma^{-1}(s, X_s^{0,x}) \nabla X_s^{0,x}]^{\mathrm{T}} dW_s \right]^{\mathrm{T}} \right).
$$

注意到如果 $X = x + W$, 那么 $\sigma^{-1}(s, X_s^{0,x})\nabla X_s^{0,x} = I_d$, 上面的公式与在例 2.2.11 中应用基于显式高斯分布的计算而得到的结果重合.

证明 从分解式 (4.4.7) 出发: 由于 u 的导数是一致有界的, 就不需要初等局部化了, 我们直接得到, 对于任意 $s \in [0, T]$,

$$u(s, X_s^{0,x}) = u(0, x) + \int_0^s \nabla_x u(r, X_r^{0,x})\sigma(r, X_r^{0,x})dW_r. \tag{4.5.2}$$

随机积分中的积分项在空间 $\mathbb{H}_T^2$ 中; 于是通过取期望, 得到对于任意 $s \in [0, T]$, $u(0, x) = \mathbb{E}(u(s, X_s^{0,x}))$, 它可以看做是一个时不变恒等式. 将推论 4.5.2 应用到函数 $y \mapsto u(s, y)$, 我们可以推导出第二个时不变恒等式

$$\nabla_x u(0, x) = \mathbb{E}\left(\nabla_x u(s, X_s^{0,x})\nabla X_s^{t,x}\right), \quad \forall 0 \leqslant s \leqslant T.$$

实际上, 这些关系也可以由随机分析 (Itô 公式) 得到, 同时还证明 $(\nabla_x u(s, X_s^{0,x})\nabla X_s^{0,x})_{0\leqslant s\leqslant T}$ 是一个鞅. 那么, 通过调整定理 4.2.3 中的协方差等式——由于向量符号有点复杂——我们得到

$$\begin{aligned}\nabla_x u(0, x) &= \mathbb{E}\left(\frac{1}{T}\int_0^{\mathrm{T}} \nabla_x u(s, X_s^{0,x})\nabla X_s^{0,x} ds\right)\\ &= \mathbb{E}\left(\frac{1}{T}\left[\int_0^{\mathrm{T}} \nabla_x u(s, X_s^{0,x})\sigma(s, X_s^{0,x})dW_s\right]\right.\\ &\qquad \left.\times \left[\int_0^t [\sigma^{-1}(s, X_s^{0,x})\nabla X_s^{0,x}]^{\mathrm{T}} dW_s\right]^{\mathrm{T}}\right).\end{aligned}$$

将 (4.5.2) 应用到 $s = T$, 上面括号中的第一项等于 $u(T, X_T^{0,x}) - u(0, x) = f(X_T^{0,x}) - u(0, x)$. 由于随机积分是中心化的, 于是 $u(0, x)$ 的影响消失了, 并且我们得到所要证明的公式. □

上面的假设隐含了 f 是光滑的 (就像 $u(T, \cdot)$). 然而, 如果更细致地应用随机分析, 有可能将其推广到 f 没有正则性条件的情形, 这是因为即便 f 不是光滑的, u 关于 $t < T$ 也是光滑的.

4.6 习题

习题 4.1 (布朗运动的线性变换)

i) 设 W 为一个标准 d 维布朗运动, U 为一个正交矩阵 (即 $U^{\mathrm{T}} = U^{-1}$). 证明 UV 定义了一个标准 d 维随机布朗运动.

ii) 应用: 设 W_1 和 W_2 是两个相互独立的布朗运动. 对于任意 $\rho \in [-1,1]$, 证明 $\rho W_1 + \sqrt{1-\rho^2}W_2$ 与 $-\sqrt{1-\rho^2}W_1 + \rho W_2$ 是两个相互独立的布朗运动.

习题 4.2 (随机过程的积分的逼近) 对于一个标准布朗运动, 我们研究当 $n \to +\infty$ 时, 如下逼近的收敛速度

$$\Delta I_n := \int_0^1 W_s ds - \frac{1}{n}\sum_{i=0}^{n-1} W_{\frac{i}{n}}.$$

i) 我们从粗糙的估计开始. 证明

$$\mathbb{E}(|\Delta I_n|) \leqslant \sum_{i=0}^{n-1} \mathbb{E}\left(\int_{\frac{i}{n}}^{\frac{i+1}{n}} |W_s - W_{\frac{i}{n}}|ds\right) = O(n^{-1/2}).$$

ii) 应用引理 A.1.4, 证明 ΔI_n 服从高斯分布. 计算它的参数并得到结论

$$\mathbb{E}(|\Delta I_n|) = O(n^{-1}).$$

iii) 考虑上面的估计的更一般的一个证明, 记

$$\Delta I_n := \sum_{i=0}^{n-1} \int_{\frac{i}{n}}^{\frac{i+1}{n}} \Big(\frac{i+1}{n} - s\Big) dW_s,$$

这里我们对于 $s \mapsto (\frac{i+1}{n} - s)(W_s - W_{\frac{i}{n}})$ 在区间 $[\frac{i}{n}, \frac{i+1}{n}]$ 上应用 Itô 公式. 应用 Itô 等距性, 推导出 $\mathbb{E}(|\Delta I_n|^2) = O(n^{-2})$, 因此得到所声明的估计.

iv) 继续沿着 (iii) 前进, 将前面的估计推广到

$$\int_0^1 X_s ds - \frac{1}{n}\sum_{i=0}^{n-1} X_{\frac{i}{n}},$$

这里 X 是一个系数有界的 Itô 标量过程 (定义 4.2.4).

习题 4.3 (随机积分的逼近) 我们考察如下逼近的收敛速度

$$\Delta J_n := \int_0^1 Z_s dW_s - \sum_{i=0}^{n-1} Z_{\frac{i}{n}}(W_{\frac{i+1}{n}} - W_{\frac{i}{n}}),$$

这里 $Z_s := f(s, W_s)$, 其中 f 为某些函数使得 $\mathbb{E}\left(\int_0^1 |Z_s|^2 ds\right) + \sup_{i<n} \mathbb{E}|Z_{\frac{i}{n}}|^2 < +\infty$ 成立. 我们将说明在一些弱条件下, 收敛阶等于 1/2, 不过对于不规则的 f, 它可能更小.

i) 证明 $\mathbb{E}|\Delta J_n|^2 = \mathbb{E}\left(\sum_{i=0}^{n-1}\int_{\frac{i}{n}}^{\frac{i+1}{n}}|Z_s - Z_{\frac{i}{n}}|^2 ds\right)$.

ii) 当 $Z_s = W_s$ 时, 证明 $\mathbb{E}|\Delta J_n|^2 \sim C\, n^{-1}$ 对于某些正常数成立.

iii) 假设 f 是有界的、光滑的且梯度有界, 证明 $\mathbb{E}|\Delta J_n|^2 = O(n^{-1})$.

iv) 假设 Z 是一个平方可积鞅. 证明 $\mathbb{E}|Z_s - Z_{\frac{i}{n}}|^2 \leqslant \mathbb{E}|Z_{\frac{i+1}{n}}|^2 - \mathbb{E}|Z_{\frac{i}{n}}|^2$, 这样有 $\mathbb{E}|\Delta J_n|^2 \leqslant (\mathbb{E}|Z_1|^2 - \mathbb{E}|Z_0|^2)n^{-1}$.

v) 令 $Z_s := \mathcal{N}'(W_s/\sqrt{1-s})/\sqrt{1-s}$. 证明当 n 很大时, $n^{1/2}\mathbb{E}|\Delta J_n|^2$ 的下界严格大于零.

习题 4.4 (Ornstein-Uhlenbeck 过程的精确模拟)　两个过程 $(X_t)_{t\geqslant 0}$ 和 $(Y_t)_{t\geqslant 0}$ 服从相同的分布, 如果对于任意 $n \in \mathbb{N}$ 和任意分割点 $0 \leqslant t_1 < \cdots < t_n$, 向量 $(X_{t_1}, \cdots, X_{t_n})$ 与 $(Y_{t_1}, \cdots, Y_{t_n})$ 有相同的分布. 我们来考虑 Ornstein-Uhlenbeck 过程 $(X_t)_{t\geqslant 0}$, 它是方程

$$X_t = x_0 - a\int_0^t X_s ds + \sigma W_t$$

的解, 其中 $x_0 \in \mathbb{R}, \sigma > 0$ 且 $(W_t)_{t\geqslant 0}$ 为一个标准布朗运动.

i) 对 $e^{at}X_t$ 应用 Itô 公式, 利用随机积分给出 X_t 的显式表达式.

ii) 推导出 $(X_{t_1}, \cdots, X_{t_n})$ 的显式分布.

iii) 寻找两个函数 $\alpha(t)$ 和 $\beta(t)$, 使得 $(X_t)_{t\geqslant 0}$ 具有与 $(Y_t)_{t\geqslant 0}$ 相同的分布, 其中 $Y_t = \alpha(t)(x_0 + W_{\beta(t)})$. 设计一个确切模拟 Ornstein-Uhlenbeck 过程的算法.

习题 4.5 (随机微分方程和偏微分方程的变换)　对于任意 $t \in [0, T)$ 和 $x \in \mathbb{R}$, 我们定义 $(X_s^{t,x}, s \in [t, T])$ 是如下随机微分方程的解

$$X_s = x + \int_t^s b(X_r)dr + \int_t^s \sigma(X_r)dW_r, \quad t \leqslant s \leqslant T,$$

其中系数 $b, \sigma : \mathbb{R} \to \mathbb{R}$ 是光滑的且其梯度有界, 而且 $\sigma(x) \geqslant c > 0$. 对于任意给定的 Borel 集 $A \subset \mathbb{R}$, 我们定义 $u(t, x) := \mathbb{P}(X_T^{t,x} \in A)$. 我们下面假设对于任意 $(t, x) \in [0, T) \times \mathbb{R}$, $u(t, x) > 0$ 成立, 并且满足适当的光滑性条件 (也就是说, $u \in \mathcal{C}^{1,2}([0, T) \times \mathbb{R})$).

i) 设 $x_0 \in \mathbb{R}$ 且 f 是一个有界连续函数. 在 $[0, T) \times \mathbb{R}$ 上利用 u 满足偏微分方程, 证明

$$\mathbb{E}(f(X_t)|X_T \in A) = \frac{\mathbb{E}(f(X_t)u(t, X_t))}{u(0, x_0)}, \quad \forall t < T,$$

为了简化, 记 $X_t = X_t^{0,x_0}$.

ii) 我们假设对任意 $s \leqslant t < T$, 方程

$$\bar{X}_r = x + \int_s^r \left(b(\bar{X}_w) + \sigma^2(\bar{X}_w) \frac{\partial_x u}{u}(w, \bar{X}_w) \right) dw + \int_s^r \sigma(\bar{X}_w) dW_w, \quad s \leqslant r \leqslant t$$

只有唯一解, 定义为 $(\bar{X}_r^{s,x}, s \leqslant r \leqslant t)$. 我们设 $v_t(s,x) := \mathbb{E}(f(\bar{X}_t^{s,x}))$.

a) 在 $[0,t) \times \mathbb{R}$ 上, 什么样的偏微分方程以 $(s,x) \mapsto v_t(s,x)$ 为解?

b) 对于 $u(s,X_s)$, $v_t(s,X_s)$, $0 \leqslant s \leqslant t$, 以及 $u(s,X_s)v_t(s,X_s)$ 应用 Itô 公式, 证明

$$\mathbb{E}(f(X_t)u(t,X_t)) = v_t(0,x_0)u(0,x_0), \quad \forall t < T.$$

c) 证明结论: 对于任意 $t < T$, X_t 在 $\{X_T \in A\}$ 下的条件分布就是 $\bar{X}_t^{0,x_0}$ 的分布.

iii) 考虑情形 $b = 0$, $\sigma(x) = 1$ 以及 $A = (y-R, y+R)$, 对于任意 (t,x), 证明当 $R \to 0$ 时, $\frac{\partial_x u(t,x)}{u(t,x)} \to -\frac{x-y}{T-t}$. 解释如下布朗桥形式方程的解

$$\bar{X}_t = x_0 - \int_0^t \frac{\bar{X}_s - y}{T-s} ds + W_t.$$

习题 4.6 (从一个区域的逃逸时刻)　考虑在 $\mathbb{R}^d$ 中的随机微分方程的解 $(X_t^x)_t$, 它在时刻 0 从 x 出发, 带有不依赖时间变量的系数 (b,σ), 且满足定理 4.3.1 中的通常 Lipschitz 条件. 令 D 为 $\mathbb{R}^d$ 中的一个非空连通开集, 并令

$$\tau_D^x = \inf\{t \geqslant 0 : X_t^x \notin D\}$$

为第一次从 D 中逃逸的时刻.

i) 首先假设对于某些常数 $c > 0$, $\sup_{x \in D} \mathbb{E}(\tau_D^x) \leqslant c$ 成立.

a) 对于任意 $k \in \mathbb{N}$, 证明 $\mathbb{E}((\tau_D^x)^k) \leqslant k!c^k$ 成立.

提示:　应用等式 $\frac{1}{k}T^k = \int_0^{\mathrm{T}} (T-t)^{k-1} dt$ 以及 X^x 的马尔可夫性.

b) 推导出对于任意 $\lambda < c^{-1}$, $\sup_{x \in D} \mathbb{E}(e^{\lambda \tau_D^x}) < \infty$ 成立. 这个结果在模拟 X 的轨道一直到时刻 τ_D^x 的方面有什么作用?

c) 设 $\gamma(t) = \sup_{x \in D} \mathbb{P}(\tau_D^x > t)$. 对于任意 $t, s \geqslant 0$, 证明 $\gamma(t+s) \leqslant \gamma(t)\gamma(s)$ 成立.

d) 前面的问题说明函数 $t \mapsto \ln \gamma(t) \in [-\infty, 0]$ 是次可加的: 由 Fekete 引理, 极限

$$\lim_{t \to \infty} \frac{1}{t} \ln \gamma(t) = \inf_{t>0} \frac{1}{t} \ln \gamma(t) := -\alpha_D$$

在 $[-\infty, 0]$ 中存在. 证明 $\alpha_D \geqslant c^{-1}$.

ii) 现在假设 D 是有界的. X 的无穷小生成元定义为 $\mathcal{L}$.

a) 假设存在 $f \in \mathcal{C}^2(\mathbb{R}^d, \mathbb{R})$ 使得 $f(x) \geqslant 0$ 以及 $\mathcal{L}f(x) \leqslant -1$ 关于 $x \in D$ 成立. 证明 $\sup_{x \in D} \mathbb{E}(\tau_D^x) \leqslant c := \sup_{y \in D} f(y)$.

b) 在存在某些 i 使得 $\inf_{x \in D}[\sigma\sigma^{\mathrm{T}}]_{i,i}(x) > 0$ 成立的情形中, 写出使 a) 成立的函数 f.

习题 4.7 (Bismut-Elworthy-Li 公式) 令 X^x 为 Ornstein-Uhlenbeck 过程, 即

$$X_t = x - a\int_0^t X_s ds + \sigma W_t$$

的解, 其中 $x \in \mathbb{R}$ 且 $\sigma > 0$. 我们的目标是对于有界光滑函数 f 计算 $\partial_x \mathbb{E}(f(X_T^x))$.

i) 应用定理 4.5.3 中的敏感度公式, 证明

$$\partial_x \mathbb{E}(f(X_T^x)) = \mathbb{E}\left(f(X_T^x)\int_0^{\mathrm{T}} \frac{e^{-at}}{\sigma T} dW_t\right).$$

ii) 证明: 若将 $\int_0^{\mathrm{T}} \frac{e^{-at}}{\sigma T} dW_t$ 替换为它在给定 X_T^x 下的条件期望, 则敏感度公式仍然成立. 计算出这个条件期望的显式表达式.

iii) 证明: 新的公式与应用 X_T^x 的高斯分布而得到似然函数比率方法所计算出的结果相同 (命题 2.2.9).

iv) (i) 和 (iii) 中哪一个表达式具有更小的方差?

第五章　随机微分方程的Euler算法

随机微分方程 $(X_t : t \geqslant 0)$ 为在连续时间和空间中建立随机模型提供很大的灵活性 (参见第 4.3.3 节中的例子), 而且经由对特定过程的泛函求期望, 它也成为求偏微分方程的数值解的强有力的概率工具.

为了对 $\mathbb{E}(f(X_T))$ 或者其更复杂的泛函算式进行蒙特卡罗估值, 模拟出 X 是必不可少的, 或者考虑一个确定时刻, 或者考虑多个确定时刻, 或者考虑时间的连续区间以得到关于轨道的依赖性 (例如, 涉及逃逸时间的问题). 不幸的是, 仅有很少的扩散模型, 其模拟是显式的且简单的: 其中有我们已经提到的算术布朗运动和几何布朗运动, Ornstein-Uhlenbeck 过程. 在几乎所有其他情形中, 必须用近似方法, 而这一章的目标就是研究这些模拟近似.

我们将注意力集中在基于时间离散化的常用近似算法, 它称为 Euler 算法: 这个方法的优势在于它很简单, 并且相对有效, 还能适合任意维数的空间. 这是一个常微分方程算法的自然推广. 随机微分方程的版本最初由 Maruyama 提出 [110] , 有时称为 Euler-Maruyama 算法. 关于这个主题, 参见文献 [92] .

在本章中, 我们考虑如下形式的随机微分方程

$$X_t = x + \int_0^t b(s, X_s)ds + \int_0^t \sigma(s, X_s)dW_s, \quad t \geqslant 0, \tag{5.0.1}$$

这里 X 和 W 是 d 维的. 对于初始条件 x 的依赖并不重要, 于是将它在我们的符号中省略了. 对于漂移和扩散系数 (b, σ) 的假设将在结论的叙述中一起给出.

5.1 定义与模拟

随机微分方程的 Euler 算法是常微分方程的 Eular 算法的自然延伸: 它由在小时间区间上局部取常数值的系数的方程构成.

5.1.1 Itô 过程的定义, 二阶矩

定义 5.1.1 考虑系数为 (b,σ) 的随机微分方程, 其时间步长为 h 的 Euler 算法所给出的 $X^{(h)}$ 过程定义为

$$\begin{cases} X_0^{(h)} = x, \\ X_t^{(h)} = X_{ih}^{(h)} + b(ih, X_{ih}^{(h)})(t-ih) + \sigma(ih, X_{ih}^{(h)})(W_t - W_{ih}), \\ \qquad \text{其中 } i \geqslant 0, \quad t \in (ih, (i+1)h], \end{cases} \tag{5.1.1}$$

换句话说, $X^{(h)}$ 是分段算术布朗运动, 其系数在区间 $(ih,(i+1)h]$ 上的值由函数 (b,σ) 在 $(ih, X_{ih}^{(h)})$ 处的值计算出. 一般来说, 已知 X_t^h 的分布没有显式表达式: 我们至多可以给出一个在不同离散区间上的迭代形式表达式, 但是它不能推广.

为了将随机分析简单地应用到 Euler 算法, 将它表示为 Itô 过程是很有用的 (参见定义 4.2.4). 为了这一点, 我们选用一个适当的符号来表示时刻 t 之前的离散化:

$$\varphi_t^h := ih, \quad \text{如果} \quad ih < t \leqslant (i+1)h.$$

手上有了这些符号之后, 我们得到下面的表达式, 并推导出二阶矩估计关于时间步长一致有界.

命题 5.1.2 (Itô 过程) Euler 算法给出一个 Itô 过程, 即为下式

$$X_t^{(h)} = x + \int_0^t b(\varphi_s^h, X_{\varphi_s^h}^{(h)})ds + \int_0^t \sigma(\varphi_s^h, X_{\varphi_s^h}^{(h)})dW_s, \quad t \geqslant 0. \tag{5.1.2}$$

假设系数 (b,σ) 满足

i) $|b(t,x)-b(t,y)| + |\sigma(t,x)-\sigma(t,y)| \leqslant C_{b,\sigma}|x-y|$ 对于 $(t,x,y) \in [0,T] \times \mathbb{R}^d \times \mathbb{R}^d$ 成立;

ii) $\sup_{0\leqslant t\leqslant T}(|b(t,0)| + |\sigma(t,0)|) \leqslant C_{b,\sigma}$.

那么, 对于所有 $T>0$, 我们有

$$\mathbb{E}(\sup_{0\leqslant t\leqslant T} |X_t^{(h)}|^2) \leqslant C(1+|x|^2),$$

其中常数 C 依赖于 T 和 $C_{b,\sigma}$(独立于 h).

证明 下面的证明所要用到的论述在后面将会多次出现, 可以将这个证明看做一个热身.

▷ 等式 (5.1.2) 是显然成立的.

▷ 剩下的是要证明 $X^{(h)}$ 与 X 满足相同的矩估计. 令

$$M(s)=\sup_{0\leqslant t\leqslant s}|X_t^{(h)}|^2,\quad m(s)=\mathbb{E}(M(s)),$$

我们首先证明这个期望是有限的, 对于 i 运用数学归纳法来证明它关于 $m(ih)$ 也是成立的. 对于 $i=0$, 结论显然.

现在假设 $m(ih)$ 是有限的. 我们回顾一个经典凸性不等式, 其常用形式为

$$(a_1+\cdots+a_n)^2\leqslant n(a_1^2+\cdots+a_n^2),\quad \forall n\in\mathbb{N}^*,\forall(a_1,\cdots,a_n)\in\mathbb{R}^n,\tag{5.1.3}$$

$$\left(\int_s^t a_r dr\right)^2\leqslant (t-s)\int_s^t |a_r|^2 dr,\quad \forall s\leqslant t,\text{ 任意实平方可积过程 }(a_r)_r,\tag{5.1.4}$$

由此, 我们推导出, 对任意 s, 我们有

$$\begin{aligned}|b(\varphi_s^h,X_{\varphi_s^h}^{(h)})|^2&=|b(\varphi_s^h,0)+b(\varphi_s^h,X_{\varphi_s^h}^{(h)})-b(\varphi_s^h,0)|^2\\&\leqslant 2C_{b,\sigma}^2(1+|X_{\varphi_s^h}^{(h)}|^2),\\|\sigma(\varphi_s^h,X_{\varphi_s^h}^{(h)})|^2&\leqslant 2C_{b,\sigma}^2(1+|X_{\varphi_s^h}^{(h)}|^2).\end{aligned}\tag{5.1.5}$$

那么, 应用 (5.1.1) 和前面的估计, 我们推导出

$$\begin{aligned}&\mathbb{E}\left(\sup_{ih\leqslant s\leqslant(i+1)h}\left|X_s^{(h)}\right|^2\Big|X_{ih}^{(h)}\right)\\&\leqslant 3\left|X_{ih}^{(h)}\right|^2+3\left|b(ih,X_{ih}^{(h)})\right|^2h^2\\&\quad+3\left|\sigma(ih,X_{ih}^{(h)})\right|^2\underbrace{\mathbb{E}\left(\sup_{ih\leqslant s\leqslant(i+1)h}|W_s-W_{ih}|^2\,\Big|X_{ih}^{(h)}\right)}_{\leqslant c_2h\text{ (Doob 最大值不等式, 定理 4.2.3)}}\\&\leqslant 3\left(\left|X_{ih}^{(h)}\right|^2+2C_{b,\sigma}^2\left(1+\left|X_{ih}^{(h)}\right|^2\right)h^2+2C_{b,\sigma}^2\left(1+\left|X_{ih}^{(h)}\right|^2\right)c_2h\right);\end{aligned}$$

然后对上面的不等式两边取期望, 我们得到 $m((i+1)h)\leqslant m(ih)+\mathbb{E}(\sup_{ih\leqslant s\leqslant(i+1)h}\left|X_s^{(h)}\right|^2)\leqslant C_1(1+m(ih))<+\infty$, 其中 C_1 为某些常数: 结论已经在 “m 有限” 时被证明.

▷ 为了得到一个关于 h 的显式的一致上界, 还要稍微做一些工作, 不过思路是一样的, 即结合凸性不等式 (5.1.3—5.1.4) 与 Doob 最大值不等式一起应用到 $\int_0^t \sigma(\varphi_s^h, X_{\varphi_s^h}^{(h)})dW_s$ (由 (5.1.5) 已知被积过程在空间 $\mathbb{H}_T^2$ 中, 以及 m 是有限的这个事实), 这次我们少写了一些计算细节, 从 (5.1.2) 开始, 我们可以写出, 对于 $t \leqslant T$,

$$
\begin{aligned}
m(t) &= 3\left(|x|^2 + t\int_0^t \mathbb{E}\left(|b(\varphi_s^h, X_{\varphi_s^h}^{(h)})|^2\right)ds + c_2\int_0^t \mathbb{E}\left(|\sigma(\varphi_s^h, X_{\varphi_s^h}^{(h)})|^2\right)ds\right) \\
&\leqslant 3\left(|x|^2 + 2TC_{b,\sigma}^2\int_0^t (1+m(s))ds + 2c_2C_{b,\sigma}^2\int_0^t (1+m(s))ds\right) \\
&\leqslant 3|x|^2 + KT + K\int_0^t m(s)ds, \qquad (5.1.6)
\end{aligned}
$$

这里我们令 $K = 6C_{b,\sigma}^2(T + c_2)$. 应用 Gronwall 引理①, 最后得到 $m(T) \leqslant (3|x|^2 + KT)e^{KT}$. □

5.1.2 模拟

观察到对于 $X^{(h)}$ 模拟一条完整的轨线, 与布朗运动的完整轨线的模拟一样困难, 也就是不可能的.

▷ 最常用的, 我们需要在离散时间点 ih 对 $X^{(h)}$ 进行采样; 这可以通过迭代做到：

1. 初始化: $X_0^{(h)} = x$;
2. 然后, 从 $i = 0, \cdots$ 开始迭代:
   (a) $X_{ih}^{(h)}$ 已生成;
   (b) 模拟 d 维随机变量 $W_{k,(i+1)h} - W_{k,ih}$, 即方差为 h 的中心化的高斯随机变量;
   (c) 利用 (5.1.1) 计算 $X_{(i+1)h}^{(h)}$.

这个过程很简单, 且其计算成本等于 $C(d)n$, 这里 n 是时间区间的离散化数目, 而 $C(d)$ 由 d 维矩阵和向量的计算量确定.

▷ 如果我们需要在离散时间点的集合之外生成 $X^{(h)}$ 的采样样本, 也就是说考虑在 $t \in (ih, (i+1)h]$ 时刻模拟 $X_t^{(h)}$, 会出现两种不同的情形, 这取决于 $X_{(i+1)h}^{(h)}$ 是否已经被模拟出:

① 如果 $f : [0, T] \mapsto \mathbb{R}^+$ 以及 $f(t) \leqslant a + b\int_0^t f(s)ds < +\infty$, 那么 $f(t) \leqslant ae^{bt}$.

(a) 如果仅有随机变量 $(X_{jh}^{(h)})_{j\leqslant i}$ 模拟出, 那么只需要延长轨道, 即生成独立于其他的随机变量的另外一个布朗增量 $W_t - W_{ih}$ 并通过 (5.1.1) 来计算 $X_t^{(h)}$.

(b) 如果已经模拟出 $(X_{jh}^{(h)})_{0\leqslant j\leqslant n}$ (这里 $n \geqslant i+1$), 那么我们更多的是要解决轨道在 ih 与 $(i+1)h$ 之间加细的问题: 于是我们要用第 4.1.3 节中的布朗桥的技巧, 考虑模拟在 ih 与 $(i+1)h$ 之间的点上的值. 这由下面的结果来验证.

引理 5.1.3 令 $i \geqslant 0$.

- $(X_t^{(h)})_{t\in[ih,(i+1)h]}$ 在条件 $(X_t^{(h)} : t \leqslant ih, t \geqslant (i+1)/h)$ 下的分布与 $(X_t^{(h)})_{t\in[ih,(i+1)h]}$ 在条件 $(X_{ih}^{(h)}, X_{(i+1)h}^{(h)})$ 下的分布相重合.

- 如果 $\sigma(ih, X_{ih}^{(h)})$ 是可逆的, 那么

$$\left(\sigma^{-1}(ih, X_{ih}^{(h)})X_t^{(h)}\right)_{t\in[ih,(i+1)h]}$$

关于 $(X_{ih}^{(h)}, X_{(i+1)h}^{(h)})$ 的条件分布重合于连接两点

$$\left(ih, \sigma^{-1}(ih, X_{ih}^{(h)})X_{ih}^{(h)}\right) \text{ 与 } \left((i+1)h, \sigma^{-1}(ih, X_{ih}^{(h)})X_{(i+1)h}^{(h)}\right)$$

的布朗桥 (带有独立分量).

特别地, 它不依赖于 $b(ih, X_{ih}^{(h)})$.

证明 第一个结论就像在引理 4.1.7 的证明中一样, 由 $X^{(h)}$ 在时刻 $(ih)_i$ 的马尔可夫性得到. 第二个性质由引理 4.1.7 得到, 需要一个分量一个分量地分别应用这个引理. □

5.1.3 扩散过程期望计算的应用: 离散化误差与统计误差

为了计算扩散过程 X 的泛函的期望——直接地由概率的应用或者间接地由偏微分方程数值解而驱动——应用 $X^{(h)}$ 的离散轨道模拟可以容易地设计出相应的蒙特卡罗方法. 例如, 我们所讨论的在定理 4.4.3 中出现过的泛函情形

$$\mathcal{E}(f,g,k,X) := f(X_T)e^{-\int_0^T k(r,X_r)dr} + \int_0^T g(s,X_s)e^{-\int_0^s k(r,X_r)dr}ds.$$

为了简化, 我们将区间分成 N 个等长的均匀子区间, 应用步长为 $h = T/N$ 的 Euler 算法, 基于 Euler 算法, 我们所求泛函可以用下式近似

$$\begin{aligned}\mathcal{E}(f,g,k,X^{(h)}) &= f(X_T^{(h)})e^{-h\sum_{j=0}^{N-1}k(jh,X_{jh}^{(h)})} \\ &\quad + h\sum_{i=0}^{N-1}g(ih,X_{ih}^{(h)})e^{-h\sum_{j=0}^{i-1}k(jh,X_{jh}^{(h)})}.\end{aligned} \tag{5.1.7}$$

定义 $(X_{ih}^{(h,m)})_{0\leqslant i\leqslant N}$ 为利用离散网格模拟的第 m 个 Euler 算法的样本: 我们要生成 M 个独立样本.

算法 5.1 用蒙特卡罗方法计算 $\mathbb{E}(f(X_T)e^{-\int_0^T k(r,X_r)dr} + \int_0^T g(s,X_s) \cdot e^{-\int_0^s k(r,X_r)dr}ds)$, 计算出实证均值 moyMC 和 95% 置信区间的一半长度 IC

---

1 M, N, m, i: 整数 ; /* 模拟次数, 时间区间离散数, 变量指标 */
2 T, h: 双精度实数 ; /* 终端时刻和时间步长 */
3 $x0, x$: 向量 ; /* $X_0^{(h)}$ 的值和 $X_{ih}^{(h)}$ 的当前值 */
4 $disc$: 双精度实数 ; /* 表示衰减因子 $\exp(-h\sum_{j=0}^{i-1}k(jh,X_{jh}^{(h)}))$ */
5 $efgk$, sum, $sum2$: 双精度实数 ; /* 表示 $\mathcal{E}(f,g,k,X^{(h)})$, 它的和以及它的平方和 */
6 $sum \leftarrow 0$; $sum2 \leftarrow 0$; $h \leftarrow T/N$;
7 **for** $m = 1$ **to** M **do**
8 　$x \leftarrow x0$; $efgk \leftarrow 0$; $disc \leftarrow 1$;
9 　**for** $i = 0$ **to** $N-1$ **do**
10 　　$efgk \leftarrow efgk + h \times g(i\times h, x) \times disc$;
11 　　$disc \leftarrow disc \times \exp(-h \times k(i\times h, x))$;
12 　　$x \leftarrow x + b(i\times h, x)\times h + \sigma(i\times h, x)\times\sqrt{h}\times\mathcal{N}(0, I_d)$;
13 　$efgk \leftarrow efgk + f(x)\times disc$;
14 　$sum \leftarrow sum + efgk$;
15 　$sum2 \leftarrow sum2 + efgk \times efgk$;
16 $sum \leftarrow sum/M$; $sum2 \leftarrow sum2/M$; /* 得到均值 */
17 moyMC $\leftarrow sum$; /* 第一个结果: 实证均值 */
18 IC $\leftarrow \frac{1.96}{\sqrt{M}} \times \sqrt{\frac{M}{M-1}\times(sum2 - sum\times sum)}$; /* 第二个结果: 半置信区间长度 */

因此, $\mathbb{E}(\mathcal{E}(f,g,k,X))$ 的蒙特卡罗方法估值可以由下式给出

$$\mathbb{E}(\mathcal{E}(f,g,k,X)) \approx \frac{1}{M}\sum_{m=1}^{M}\mathcal{E}(f,g,k,X^{(h,m)}). \tag{5.1.8}$$

此外, 这个方法的误差可以被分解成两个本质不同的误差的叠加:

$$\begin{aligned}
&\frac{1}{M}\sum_{m=1}^{M}\mathcal{E}(f,g,k,X^{(h,m)}) - \mathbb{E}(\mathcal{E}(f,g,k,X)) \\
=&\underbrace{\frac{1}{M}\sum_{m=1}^{M}\mathcal{E}(f,g,k,X^{(h,m)}) - \mathbb{E}(\mathcal{E}(f,g,k,X^{(h,m)}))}_{\text{统计误差}} \\
&+\underbrace{\mathbb{E}(\mathcal{E}(f,g,k,X^{(h,m)})) - \mathbb{E}(\mathcal{E}(f,g,k,X))}_{\text{离散化误差}}.
\end{aligned} \tag{5.1.9}$$

- 统计误差是由于模拟样本数目有限, 由大数定律, 当 $M \to +\infty$ 时, 它收敛到零. 它同时也依赖于 h, 但是这个影响很小. 在下一章里我们将会更细致地分析这个统计误差, 就像在第二章中, 我们考虑用非渐近置信区间来度量误差, 并设计方差缩减方法来缩小它.

- 第二个误差仅由离散化时间逼近而引入: 我们期望当 h 越小时, 其精度也会越高. 我们接下来在这一章中研究的主题就是用 h 的函数表示的收敛速度的估计值.

在 $M \to +\infty$ 与 $h \to 0$ 之间的最优选择关系将在下一章给出.

5.2 强收敛性

我们将证明在 L_p 范数下从随机微分方程的 Euler 近似解到相应的精确解的收敛性: 这个结果可以看做两个过程的轨道满足某种紧性, 称为强收敛 . 系数 (b,σ) 关于 t 的正则性条件假设稍微加强了.

定理 5.2.1 ($\frac{1}{2}$ 阶的强收敛) *假设 X 的方程 (5.0.1) 中的系数 (b,σ) 满足: 存在一个有限常数 $C_{b,\sigma}$ 使得*

i) $|b(t,x)-b(s,y)|+|\sigma(t,x)-\sigma(s,y)| \leqslant C_{b,\sigma}(|x-y|+|t-s|^{\frac{1}{2}})$ *关于所有* $(t,s,x,y) \in [0,T]\times[0,T]\times\mathbb{R}^d\times\mathbb{R}^d$ *成立,*

ii) $|b(0,0)|+|\sigma(0,0)| \leqslant C_{b,\sigma}$.

对于任意 $p>0$, 存在一个常数 C, 依赖于 T, x, $C_{b,\sigma}$ 和 p, 满足

$$\mathbb{E}\left(\sup_{0\leqslant t\leqslant T}|X_t^{(h)}-X_t|^p\right)\leqslant Ch^{\frac{p}{2}}. \tag{5.2.1}$$

我们称 $\frac{1}{2}$ 阶的收敛是强收敛, 因为误差的 L_p 范数是 $h^{\frac{1}{2}}$ 数量级.

证明 我们仅对 $p=2$ 证明上界存在; $p\neq 2$ 的情形类似, 但是证明它需要一些本书中没有写出的随机分析的补充结果.

令 $\varepsilon_t=\sup_{0\leqslant s\leqslant t}|X_s^{(h)}-X_s|^2$ 并且将误差分解如下

$$\begin{aligned}&X_t^{(h)}-X_t\\&=\int_0^t(b(\varphi_s^h,X_{\varphi_s^h}^{(h)})-b(s,X_s^{(h)}))ds+\int_0^t(b(s,X_s^{(h)})-b(s,X_s))ds\\&\quad+\int_0^t(\sigma(\varphi_s^h,X_{\varphi_s^h}^{(h)})-\sigma(s,X_s^{(h)}))dW_s+\int_0^t(\sigma(s,X_s^{(h)})-\sigma(s,X_s))dW_s.\end{aligned} \tag{5.2.2}$$

就像不等式 (5.1.6) 的证明那样进行, 我们得到 (对于 $t\leqslant T$)

$$\begin{aligned}\mathbb{E}(\varepsilon_t)\leqslant&\ 4\left(t\int_0^t\mathbb{E}|b(\varphi_s^h,X_{\varphi_s^h}^{(h)})-b(s,X_s^{(h)})|^2ds\right.\\&+t\int_0^t\mathbb{E}|b(s,X_s^{(h)})-b(s,X_s)|^2ds\\&+c_2\int_0^t\mathbb{E}|\sigma(\varphi_s^h,X_{\varphi_s^h}^{(h)})-\sigma(s,X_s^{(h)})|^2ds\\&\left.+c_2\int_0^t\mathbb{E}|\sigma(s,X_s^{(h)})-\sigma(s,X_s)|^2ds\right)\\\leqslant&\ 4\left(2(T+c_2)C_{b,\sigma}^2\int_0^t(\mathbb{E}|X_s^{(h)}-X_{\varphi_s^h}^{(h)}|^2+(s-\varphi_s^h))ds\right.\\&\left.+(T+c_2)C_{b,\sigma}^2\int_0^t\mathbb{E}|X_s^{(h)}-X_s|^2ds\right).\end{aligned} \tag{5.2.3}$$

由 Euler 算法结果的增量的精确计算得出, 对于 $s\in[0,T]$,

$$\begin{aligned}&\mathbb{E}|X_s^{(h)}-X_{\varphi_s^h}^{(h)}|^2\\&=\mathbb{E}\left(\mathbb{E}\left(|X_s^{(h)}-X_{\varphi_s^h}^{(h)}|^2|X_{\varphi_s^h}^{(h)}\right)\right)\\&=(s-\varphi_s^h)^2\mathbb{E}\left|b(\varphi_s^h,X_{\varphi_s^h}^{(h)})\right|^2+(s-\varphi_s^h)\underbrace{\mathbb{E}\left(\mathrm{Tr}\left(\sigma\sigma^{\mathrm{T}}(\varphi_s^h,X_{\varphi_s^h}^{(h)})\right)\right)}_{\leqslant d\cdot\mathbb{E}\left|\sigma(\varphi_s^h,X_{\varphi_s^h}^{(h)})\right|^2}\end{aligned}$$

$$
\begin{aligned}
&\leqslant 2C_{b,\sigma}^2\left(1+m(\varphi_s^h)\right)\left((s-\varphi_s^h)^2+d(s-\varphi_s^h)\right)\\
&\leqslant 2C_{b,\sigma}^2\left(1+m(T)\right)(h+d)\,h. \qquad (5.2.4)
\end{aligned}
$$

应用 (5.1.5) 并且定义 $m(t)=\mathbb{E}(\sup_{0\leqslant s\leqslant t}|X_s^{(h)}|^2)$. 将这个上界带入 (5.2.3), 得出

$$
\begin{aligned}
\mathbb{E}(\varepsilon_t)\leqslant\ & 8(T+c_2)C_{b,\sigma}^2T\left(2C_{b,\sigma}^2(1+m(T))(h+d)h+h\right)\\
&+4(T+c_2)C_{b,\sigma}^2\int_0^t\mathbb{E}(\varepsilon_s)ds.
\end{aligned}
$$

应用 Gronwall 引理, 我们最终得到

$$
\mathbb{E}(\varepsilon_t)\leqslant 8(T+c_2)C_{b,\sigma}^2T\left(2C_{b,\sigma}^2(1+m(T))(h+d)+1\right)e^{4(T+c_2)C_{b,\sigma}^2T}h.
$$

□

注 定理 5.2.1 中的收敛速度的估计是最优的, 并且在一般情形中不可能进一步改进. 观察到系数的全局 Lipschitz 条件在得到误差估计证明中很重要: 一般来说, 放松这个条件而同时保持相同收敛阶是非常微妙的.

- 例如, 如果系数是 Hölder 连续的, 在这个推广的框架中只有非常少的结果, 参见 [68] .
- 最近, 在 [70, 81] 中, 作者们非常漂亮地证明了在不同的误差估计中, 线性增长条件是关键的: 也就是说, 对于任意给定 (任意慢的) 收敛速度, 他们提供了满足正则条件, 但是假设超线性增长的随机微分方程的例子, 这里 Euler 算法在强意义下的收敛比所给定的速度收敛得慢.

如果扩散系数 σ 不依赖于 x, 可以证明——灵活运用之前的计算并假设系数关于时间变量满足 Lipschitz 条件——收敛关于时间离散步长的阶变成 1 (就像常微分方程); 参见习题 5.1 . 这说明对离散误差来说, 贡献最大的部分来自随机积分的近似. 高阶收敛算法也存在——比如 Milshtein 算法——但是一般来说, 当 X 为高维的扩散过程时, 算法不容易实施, 这限制了它在实际中的应用.

▷ *按轨道近似.* 由定理 5.2.1, 我们推导出在轨道意义下的收敛速度. 实际上, 对于所有 $\eta\in\,]\,0,\frac{1}{2}[$, 令 $p=2/\eta$, 我们注意到 $e_N=N^{\frac{1}{2}-\eta}\sup_{0\leqslant t\leqslant T}|X_t^{T/N}-X_t|$ 满足 $\mathbb{E}(\sum_{N\geqslant 1}e_N^p)=\sum_{N\geqslant 1}\mathbb{E}(e_N^p)<+\infty$; 这样由一般项 $(e_N^p)_{N\geqslant 1}$ 构成的序列几乎必然收敛, 于是它是有界的.

推论 5.2.2 ($\frac{1}{2}$ 阶的轨道收敛) 在定理 5.2.1 的假设下, Euler 算法结果在轨道意义下以 $\frac{1}{2}-\eta$ 阶收敛 (其中 $\eta \in]0, \frac{1}{2}[$):

$$\sup_{0\leqslant t\leqslant T} |X_t^{T/N} - X_t| < CN^{-\frac{1}{2}+\eta} \quad \text{a.s.}, \tag{5.2.5}$$

其中 C 为一个 (依赖于 η 的) 有限随机变量.

5.3 弱收敛性

如果目标是应用 Euler 算法通过蒙特卡罗方法对 $\mathbb{E}(f(X_T))$ 进行估值, 那么最终结果的离散误差 $\mathbb{E}(f(X_T^{(h)}) - f(X_T))$ 称为*弱误差*, 因为这是那些 $X_T^{(h)}$ 的分布与 X_T 的分布之间的误差, 而不是在它们的轨道之间的 (强误差).

不过, 当 f 是正则函数的时候, 强误差能为弱误差提供收敛速度. 例如, 如果 f 是 Lipschitz 的, 我们利用前面的关于强收敛的上界, 立刻得到离散误差的一个上界

$$\left|\mathbb{E}(f(X_T^{(h)}) - \mathbb{E}(f(X_T))\right| \leqslant C_f \mathbb{E}\left|X_T^{(h)} - X_T\right| = O(\sqrt{h}).$$

对于这样的函数 f, 弱误差 $\mathbb{E}(f(X_T^{(h)}) - f(X_T))$ 以 h 的 $\frac{1}{2}$ 阶函数收敛. 实际上, 这个估计是很粗糙的, 因为它忽略了期望中可能出现的平均和相互抵消的效应: 我们将证明如果 f 有正则性, 那么收敛速度是 h 阶的.

5.3.1 1 阶收敛性

定理 5.3.1 (1 阶弱收敛) 令 $T > 0$, 并假设

i) 函数 b, σ, f, g, k 是有界连续的, 属于函数类 $\mathcal{C}^{1,4}([0,T] \times \mathbb{R}^d)$ 且其梯度有限;

ii) 函数 $u : [0,T] \times \mathbb{R}^d \mapsto \mathbb{R}$ 定义为

$$u(t,x) = \mathbb{E}\Bigg(f(X_T^{t,x}) e^{-\int_t^T k(r, X_r^{t,x}) dr} + \int_t^T g(s, X_s^{t,x}) e^{-\int_t^s k(r, X_r^{t,x}) dr} ds \Bigg)$$

是[①] 有界连续的, 属于函数类 $\mathcal{C}^{1,4}$, 并且满足

$$\begin{cases} \partial_t u(t,x) + \mathcal{L}u(t,x) - k(t,x)u(t,x) + g(t,x) = 0, & t < T, x \in \mathbb{R}^d; \\ u(T,x) = f(x), & x \in \mathbb{R}^d, \end{cases}$$

① 实际上, u 所要满足的性质由假设 i) 而得到, 但是我们不去证明它.

其中 $\mathcal{L}$ 是 X 的无穷小生成元.

那么, 如果 $X^{(h)}$ 是关于 X 的步长为 $h = T/N$ 的 Euler 算法结果 (其中 $N \in \mathbb{N}^*$), 我们有

$$\mathbb{E}\left(f(X_T^{(h)})e^{-h\sum_{j=0}^{N-1}k(jh,X_{jh}^{(h)})} + h\sum_{i=0}^{N-1}g(ih, X_{ih}^{(h)})e^{-h\sum_{j=0}^{N-1}k(jh,X_{jh}^{(h)})}\right)$$
$$-\mathbb{E}\left(f(X_T)e^{-\int_0^T k(r,X_r)dr} + \int_0^T g(s,X_s)e^{-\int_0^s k(r,X_r)dr}ds\right) = O(h).$$

证明 将上面的离散误差定义为 $\mathrm{Error}_{\mathrm{disc.}}(h)$. 对于下面要研究的随机分析问题, 用 Itô 公式来表示会更加方便:

$$\begin{aligned}&\mathrm{Error}_{\mathrm{disc.}}(h)\\ =&\mathbb{E}\left(f(X_T^{(h)})e^{-\int_0^T k(\varphi_r^h,X_{\varphi_r^h}^{(h)})dr} + \int_0^T g(\varphi_s^h, X_{\varphi_s^h}^{(h)})e^{-\int_0^{\varphi_s^h} k(\varphi_r^h,X_{\varphi_r^h}^{(h)})dr}ds\right)\\ &-\mathbb{E}\left(f(X_T)e^{-\int_0^T k(r,X_r)dr} + \int_0^T g(s,X_s)e^{-\int_0^s k(r,X_r)dr}ds\right).\end{aligned}$$

证明技巧来自一个一般性准则: 利用解的极限 (即函数 u) 来表示误差. 观察到第二个期望是 $u(0,x) = u(0,X_0^{(h)})$, 且终端函数是 $f(\cdot) = u(T,\cdot)$, 于是离散误差可以写为

$$\mathbb{E}\left(u(T,X_T^{(h)})e^{-\int_0^T k(\varphi_r^h,X_{\varphi_r^h}^{(h)})dr}+\int_0^T g(\varphi_s^h, X_{\varphi_s^h}^{(h)})e^{-\int_0^{\varphi_s^h} k(\varphi_r^h,X_{\varphi_r^h}^{(h)})dr}ds\right)-u(0,X_0^{(h)}). \tag{5.3.1}$$

我们用随机分析可以将这个差分解, 特别地, 对 $u(t,X_t^{(h)})e^{-\int_0^t k(\varphi_r^h,X_{\varphi_r^h}^{(h)})dr}$ 应用 Itô 公式 (就像对于公式 (4.4.1) 和 (4.4.6) 一样): 这样得到

$$\begin{aligned}&u(t,X_t^{(h)})e^{-\int_0^t k(\varphi_r^h,X_{\varphi_r^h}^{(h)})dr} - u(0,X_0^{(h)})\\ =&\int_0^t e^{-\int_0^s k(\varphi_r^h,X_{\varphi_r^h}^{(h)})dr}\Bigg(\partial_t u(s,X_s^{(h)}) - k(\varphi_s^h, X_{\varphi_s^h}^{(h)})u(s,X_s^{(h)})\\ &+\sum_{l_1=1}^d u'_{x_{l_1}}(s,X_s^{(h)})b_{l_1}(\varphi_s^h, X_{\varphi_s^h}^{(h)})\\ &+\frac{1}{2}\sum_{l_1,l_2=1}^d u''_{x_{l_1},x_{l_2}}(s,X_s^{(h)})[\sigma\sigma^{\mathrm{T}}]_{l_1,l_2}(\varphi_s^h, X_{\varphi_s^h}^{(h)})\Bigg)ds\\ &+\int_0^t e^{-\int_0^s k(\varphi_r^h,X_{\varphi_r^h}^{(h)})dr}\nabla_x u(s,X_s^{(h)})\sigma(\varphi_s^h, X_{\varphi_s^h}^{(h)})dW_s.\end{aligned} \tag{5.3.2}$$

上面的随机积分项在定理的假设下为零均值. 在这个等式两边取期望, 令 $t = T$, 利用 $\partial_t u$ 的表达式 (由于在 $(s, X_s^{(h)})$ 点, u 满足偏微分方程), 我们得到一个新的误差的表达式:

$$\begin{aligned}
&\text{Error}_{\text{disc.}}(h) \\
&= \mathbb{E}\left(\int_0^T \left(e^{-\int_0^{\varphi_s^h} k(\varphi_r^h, X_{\varphi_r^h}^{(h)})dr} - e^{-\int_0^s k(\varphi_r^h, X_{\varphi_r^h}^{(h)})dr}\right) g(\varphi_s^h, X_{\varphi_s^h}^{(h)})ds\right) \\
&\quad + \mathbb{E}\left(\int_0^T e^{-\int_0^s k(\varphi_r^h, X_{\varphi_r^h}^{(h)})dr} \left([k(s, X_s^{(h)}) - k(\varphi_s^h, X_{\varphi_s^h}^{(h)})]u(s, X_s^{(h)})\right.\right. \\
&\quad + [g(\varphi_s^h, X_{\varphi_s^h}^{(h)}) - g(s, X_s^{(h)})] + \sum_{l_1=1}^d u'_{x_{l_1}}(s, X_s^{(h)})[b_{l_1}(\varphi_s^h, X_{\varphi_s^h}^{(h)}) - b_{l_1}(s, X_s^{(h)})] \\
&\quad \left.\left. + \frac{1}{2}\sum_{l_1,l_2=1}^d u''_{x_{l_1},x_{l_2}}(s, X_s^{(h)}) \times \left[[\sigma\sigma^{\mathrm{T}}]_{l_1,l_2}(\varphi_s^h, X_{\varphi_s^h}^{(h)}) - [\sigma\sigma^{\mathrm{T}}]_{l_1,l_2}(s, X_s^{(h)})\right]\right) ds\right).
\end{aligned}$$

这证明了全局误差是在每个小时间区间上系数 k, g, b, σ 设定为常数值这个结果所导致的所有局部误差的平均.

第一个期望很容易证明被 $T|g|_\infty |k|_\infty e^{|k|_\infty T} \sup_s(s - \varphi_s^h) = O(h)$ 所界住. 考虑 $e^{-\int_0^s k(\varphi_r^h, X_{\varphi_r^h}^{(h)})dr}[k(s, X_s^{(h)}) - k(\varphi_s^h, X_{\varphi_s^h}^{(h)})]u(s, X_s^{(h)})$ 这一项, 我们再次在 φ_s^h 与 s 之间应用 Itô 公式, 得到这一项等于

$$\begin{aligned}
\int_{\varphi_s^h}^s \Bigg[& u(r, X_r^{h,x})a_{k,0}(r) + \sum_{l_1=1}^d u'_{x_{l_1}}(r, X_r^{h,x})a_{k,1,l_1}(r) \\
& + \sum_{l_1,l_2=1}^d u''_{x_{l_1},x_{l_2}}(r, X_r^{h,x})a_{k,2,l_1,l_2}(r)\Bigg] dr
\end{aligned}$$

再加上一个随机积分项, 可以证明随机积分的期望等于零. 过程 $a_{k,0}$, $a_{k,1,l_1}$, $a_{k,2,l_1,l_2}$ 可以表示为 k 及函数的多阶导数的指数函数: 写出它们的具体的表达式并不重要, 只需要注意到这些过程都被 r 所界住就够了. 考虑到 u 和它的导数为一致有界, 我们已经证明了存在一致的常数 C 满足

$$\begin{aligned}
&\left|\mathbb{E}\left(e^{-\int_0^s k(\varphi_r^h, X_{\varphi_r^h}^{(h)})dr}[k(s, X_s^{(h)}) - k(\varphi_s^h, X_{\varphi_s^h}^{(h)})]u(s, X_s^{(h)})\right)\right| \\
&\leqslant C(s - \varphi_s^h) \leqslant Ch.
\end{aligned}$$

同样的分析还可以应用到 g, b_{l_1}, 以及 $[\sigma\sigma^{\mathrm{T}}]_{l_1,l_2}$. 综上所述, 我们验证了 $|\text{Error}_{\text{disc.}}(h)| \leqslant O(h) + \int_0^T Chds = O(h)$ 成立, 正是所提到的结果. □

若加强正则性条件, 则我们可以继续展开, 并证明误差以 h 的任意幂次写出渐近展开式是存在的, 参见 [139] .

5.3.2 延伸内容

有时前面的定理中的正则性假设对于一些应用来说太强了. 我们可以假设在非退化条件下 (比如一致椭圆条件), X 的分布具有光滑密度函数, 以补偿 f 与 g 所缺少的正则性. 这里需要涉及更多的分析理论, 因为需要同时考虑偏微分方程理论和随机分析理论 [9] . 基于一个纯随机分析进展, 我们甚至可以假设非退化性仅在初始点 $(0, x)$ 满足; 参见 [61] . 我们给出一个这种类型的结果, 但在这里不给出证明.

定理 5.3.2 (关于可测函数 f 的弱收敛) 假设系数 b, σ 在 $\mathcal{C}^\infty$ 类中且梯度有界, 同时假设 $\sigma\sigma^{\mathrm{T}}(0, x)$ 是可逆的, 我们有

$$\mathbb{E}(f(X_T^{(h)})) - \mathbb{E}(f(X_T)) = O(h)$$

关于任意有界可测函数 f 成立.

类似的误差估计也适用于 $X_T^{(h)}$ 和 X_T 的密度函数, 并且有一些确定性的结果.

另一方面, 如果我们想要将加在 b 和 σ 上的正则性和有界性条件减到最简条件, 那么我们还没有完善的结果; 实际上这是一个很活跃的研究领域. 参见 [89, 命题 2.3] 中 h^α 型的误差估计的那些例子, 这里 $\alpha \in [\frac{1}{2}, 1[$.

▷ 进一步展开. 收敛速度 h 有时可以推广到更加复杂的泛函中, 比如那些关于初始条件的敏感性计算中出现的例子, 即 $\nabla_x \mathbb{E}(f(X_T^{0,x}))$. 沿用第 4.5 节中的结果与记号, 需要模拟的可加过程是 $(\nabla X_t^{0,x})_t$, 它为如下方程的解

$$\begin{aligned}\nabla X_t^{0,x} = I_d &+ \int_0^t \nabla_x b(s, X_s^{0,x}) \nabla X_s^{0,x} ds \\ &+ \sum_{k=1}^d \int_0^t \nabla_x \sigma_k(s, X_s^{0,x}) \nabla X_s^{0,x} dW_{k,s}.\end{aligned}$$

用 Euler 算法来寻找近似解是一个自然的想法[①] , 它给出在离散时刻 ih 的递推公式

① 这也是前后一致的, 因为 $\nabla X^{0,x,(h)}$ 是作为 $X^{0,x,(h)}$ 关于 x 的导数而定义的.

$$\begin{cases} \nabla X_0^{0,x,(h)} = I_d, \\ \nabla X_{(i+1)h}^{0,x,(h)} = \nabla X_{ih}^{0,x,(h)} + \nabla_x b(ih, X_{ih}^{0,x,(h)}) \nabla X_{ih}^{0,x,(h)} h \\ \qquad\qquad + \sum_{k=1}^{d} \nabla_x \sigma_k(ih, X_{ih}^{0,x,(h)}) \nabla X_{ih}^{0,x,(h)} (W_{k,(i+1)h} - W_{k,ih}), \end{cases} \tag{5.3.3}$$

或者等价的, 将它写成 Itô 过程的形式

$$\nabla X_t^{0,x,(h)} = I_d + \int_0^t \nabla_x b(\varphi_s^h, X_{\varphi_s^h}^{0,x,(h)}) \nabla X_{\varphi_s^h}^{0,x,(h)} ds + \sum_{k=1}^{d} \int_0^t \nabla_x \sigma_k(\varphi_s^h, X_{\varphi_s^h}^{0,x,(h)}) \nabla X_{\varphi_s^h}^{0,x,(h)} dW_{k,s}.$$

这样 $\nabla X^{0,x,(h)}$ 在离散时刻的模拟与 $X^{0,x,(h)}$ 的模拟一样简单.

我们能够以速度 h 逼近推论 4.5.2 和定理 4.5.3 中给出的敏感性公式的结果 (在 b, σ, f 的适当的假设条件下, 参见 [61]):

$$\mathbb{E}(\nabla_x f(X_T^{0,x,(h)}) \nabla X_T^{0,x,(h)}) - \mathbb{E}(\nabla_x f(X_T^{0,x}) \nabla X_T^{0,x}) = O(h),$$

$$\mathbb{E}\left(\frac{f(X_T^{0,x,(h)})}{T} \left[\sum_{i=0}^{N-1} [\sigma^{-1}(ih, X_{ih}^{0,x,(h)}) \nabla X_{ih}^{0,x,(h)}]^{\mathrm{T}} (W_{(i+1)h} - W_{ih}) \right]^{\mathrm{T}} \right) - \mathbb{E}\left(\frac{f(X_T^{0,x})}{T} \left[\int_0^T [\sigma^{-1}(s, X_s^{0,x}) \nabla X_s^{0,x}]^{\mathrm{T}} dW_s \right]^{\mathrm{T}} \right) = O(h).$$

这些结果的证明需要更深刻的随机分析工具, 它们超出了本书的框架; 实际上, 基于偏微分方程的论述不能应用, 因为这些泛函式与 Feynman-Kac 表示公式没有联系.

5.4 停止过程的模拟

在这一节中, 我们的注意力集中在用 Euler 算法近似计算

$$\mathbb{E}(f(\tau \wedge T, X_{\tau \wedge T})), \text{ 其中} \tau = \inf\{s > 0 : X_s \notin D\},$$

τ 是从 $(0,x)$ 出发的 X 首次离开 D 的时刻 . 我们回顾一下这个 "时刻/逃逸位置" 随机变量对的分布的计算与 Cauchy-Dirichlet 问题的概率表示解的关联 (参见定理 4.4.5).

与之前计算 $\mathbb{E}(f(X_T))$ 的情形不同, 之前只需要了解扩散过程在时刻 T 的值, 而现在的情形需要我们了解许多关于轨道的信息, 以此精确地确定逃逸时刻: 这个需求来自 X 的轨道所具有的显著不光滑性质 (就像在布朗运动情形中). 现有一些数值算法: 它们的收敛性分析已详细写出, 但是证明它们需要用到微分几何、随机分析和概率极限定理相结合的细致的数学工具. 为了方便读者阅读而不忘记主要思路, 我们将讨论局限于收敛速度的结论方面, 而不详细写出假设或给出证明细节. 感兴趣的读者可以参考所列出的文献.

5.4.1 逃逸时间的离散化

最简单的方法当然是当 Euler 算法给出的过程在某个离散时刻的值到达区域 D 之外的时候中断模拟: 这也就是说, 令

$$\tau_{\mathrm{disc}}^h = \inf\{ih > 0 : X_{ih}^{(h)} \notin D\}.$$

而不需要其他更多的模拟来计算 τ_{disc}^h. 另一方面, 这个近似是相当粗糙的.

▷ *启发.* 为了容易地理解现象的本质, 考虑布朗运动的情形, $X = W = X^{(h)}$: 它在点 ih 的过程值不是由离散化方法生成的, 但是逃逸时间是错的, 带有系统偏差, $\tau_{\mathrm{disc}}^h \geqslant \tau$. 为了得到关于计算误差的阶的基本想法, 考虑 $D =]-1,1[$ 的情形, 这里布朗运动 X 是 1 维的, 让我们来对 $\mathbb{E}(\tau_{\mathrm{disc}}^h - \tau)$[①] 进行估值. 因为 $(W_t^2 - t)_t$ 是一个鞅[②], 可选定理[③] 给出

$$\begin{aligned}\mathbb{E}(\tau_{\mathrm{disc}}^h - \tau) &= \lim_{T\to\infty} \mathbb{E}(T \wedge \tau_{\mathrm{disc}}^h - T \wedge \tau) \ (\text{单调收敛}) \\ &= \lim_{T\to\infty} \mathbb{E}(W_{T\wedge\tau_{\mathrm{disc}}^h}^2 - W_{T\wedge\tau}^2) \ (\text{可选定理}) \\ &\geqslant \mathbb{E}(W_{\tau_{\mathrm{disc}}^h}^2 - W_\tau^2) = \mathbb{E}(W_{\tau_{\mathrm{disc}}^h}^2) - 1,\end{aligned}$$

对最后一个不等式右边的第一项应用 Fatou 引理, 对其中第二项应用控制收敛定理. 现在我们有如下启发性结果: 在 τ_{disc}^h 之前的离散时刻, 由定义我们知道 $|W_{\tau_{\mathrm{disc}}^h - h}| < 1$, 而在 τ_{disc}^h, 我们有 $|W_{\tau_{\mathrm{disc}}^h}| \geqslant 1$; 由于布朗运动的增量平均是 $\sqrt{h}$

---

① 我们将 τ_{disc}^h 与 τ 几乎必然有限且其期望为有限的 (非平凡) 证明留给读者.

② 译者注: 一个实值 $\mathcal{F}_t$ 适应过程 $(M_t)_{t\geqslant 0}$ 成为鞅, 如果 M_t 都是可积的, 并且对于任意 $x < t$, 有 $\mathbb{E}(M_t|\mathcal{F}_s) = X_s$. 由布朗运动的定义, 若 $s \leqslant t$, 易知 $\mathbb{E}(W_t^2 - W_s^2|\mathcal{F}_s) = t - s$, 则 $W_t^2 - t$ 为鞅.

③ 译者注: 可选定理证明了若过程 M_t 为鞅, 则鞅性对于两个停时也成立, 即若 τ_1 与 τ_2 为两个有界停时, 则 M_{τ_2} 可积, 并且

$$\mathbb{E}(M_{\tau_2}|\mathcal{F}_{\tau_1}) = M_{\tau_1\wedge\tau_2}.$$

阶的, 我们可以有理由猜想存在常数 $c>0$, 使得

$$\begin{aligned}\mathbb{E}(\tau_{\text{disc}}^h-\tau) &\geqslant \mathbb{E}\left((|W_{\tau_{\text{disc}}^h}|-1)(|W_{\tau_{\text{disc}}^h}|+1)\right)\\ &\geqslant \mathbb{E}\left(|W_{\tau_{\text{disc}}^h}|-|W_{\tau_{\text{disc}}^h-h}|\right)\\ &\geqslant c\sqrt{h}\end{aligned}$$

成立, 于是收敛的阶不可能比 $\frac{1}{2}$ 阶高.

算法 5.2 用 Euler 算法和离散逃逸时间模拟逼近 $f(\tau\wedge T, X_{\tau\wedge T})$

```
1  N, i: 整数 ;                                    /* 时间区间离散数, 时间指标 */
2  T, h: 双精度实数 ;                              /* 终端时刻和时间步长 */
3  x0, x: 向量 ;                                   /* X_0^(h) 的值和 X_ih^(h) 的当前值 */
4  ExitTime: 双精度实数 ;                          /* 表示逃逸时间 */
5  h ← T/N;
6  x ← x0; ExitTime ← T ;
7  for i = 0 to N − 1 do
8      x ← x + b(i × h, x) × h + σ(i × h, x) × √h × N(0, I_d);
9      if x ∉ D then
10         ExitTime ← (i + 1) × h ;                /* 找到逃逸时刻 */
11         exit ;                                  /* 我们退出循环 */
12 Return f(ExitTime, x).
```

▷ 收敛阶的精确值. 收敛的精确阶是 $\frac{1}{2}$, 因为在关于区域 D, 扩散过程 X 以及函数 f① 的完全一般的假设下, 存在误差的用 $\sqrt{h}$ 写出的展开式 (参见 [60]), 在某些正则性和非退化假设下: 存在某个常数 C_1, 使得

$$\mathbb{E}\left(f(\tau_{\text{disc}}^h\wedge T, X^{(h)}_{\tau_{\text{disc}}^h\wedge T})\right)-\mathbb{E}\left(f(\tau\wedge T, X_{\tau\wedge T})\right)=C_1\sqrt{h}+o(\sqrt{h}).$$

速度 $\sqrt{h}$ 不是由 $X^{(h)}-X$ 在离散时刻的近似误差而来的, 而是来自逃逸时刻的离散近似 (参见关于布朗运动最初的讨论).

▷ 结论. 这个方法非常容易应用, 不过它带来了关于逃逸时刻的显著高估, 且其误差关于时间步长为 $\sqrt{h}$ 阶, 而这显著大于在 $\mathbb{E}(f(X_T))$ 的情形中的结果.

① 可以加上折扣因子和源项, 而不需要更改结果的形式.

5.4.2 布朗桥方法

为了估算在两个相继的离散时刻之间, $X^{(h)}$ 从一个区域中可能逃逸, 人们可以经由轨道的连续观测来改进关于逃逸时间的近似

$$\tau_{\text{cont.}}^h := \inf\{s > 0 : X_s^{(h)} \notin D\},$$

这里 $(X_{ih}^{(h)})_{i \geqslant 0}$ 的值为已知的, 而且已经模拟出来了.

▷ 布朗桥. 我们的目标是改进 $\frac{1}{2}$ 阶收敛的速度, 而得到就像没有空间边界的情形中的 1 阶收敛速度. 这里并不需要确切模拟出 $\tau_{\text{cont.}}^h$: 只要找到逃逸时间 τ_{cont}^h 是在哪一个区间 $[ih, (i+1)h]$ 中就足够了, 然后取近似值为

$$\tau_{\text{cont.}}^h \approx (i+1)h.$$

最后一个近似步骤会引入 h 的一个 1 阶附加误差. 为了得到对逃逸时间的估计, 令

$$\begin{aligned}
&\mathbb{P}\left(\exists t \in [ih, (i+1)h] : X_t^{(h)} \notin D \,\middle|\, X_{jh}^{(h)} : j \leqslant N\right) \\
=\ &\mathbb{P}\left(\exists t \in [ih, (i+1)h] : X_t^{(h)} \notin D \,\middle|\, X_{ih}^{(h)}, X_{(i+1)h}^{(h)}\right) \\
:=\ &p\left(D; ih, (i+1)h; X_{ih}^{(h)}, X_{(i+1)h}^{(h)}\right).
\end{aligned}$$

第一个等式由布朗桥的引理 5.1.3 得到. 函数 p 是某个布朗桥 的逃逸概率. 然后模拟一列服从 $[0,1]$ 上的均匀分布的独立随机变量 $(U_i)_{i \geqslant 0}$, 其中满足

$$U_i \leqslant p(D; ih, (i+1)h; X_{ih}^{(h)}, X_{(i+1)h}^{(h)})$$

的第一个指标 i 即为 $\tau_{\text{cont.}}^h$ 所在的区间的指标.

▷ 关于布朗桥的逃逸概率的计算. 这个方法的最大困难在于显式计算出函数 $p(D; s, t; x, y)$.

a) **(外部点)** 如果 $x \notin D$ 或者 $y \notin D$, 那么显然 $p(D; s, t; x, y) = 1$.

b) **(远离边界的内点)** 如果

$$\min(d(x, D), d(y, D)) \gg (t-s)^{\frac{1}{2}},$$

那么 $p(D; s, t; x, y)$ 与 $t - s$ 相比非常小, 并且我们可以用 0 来近似它, 目的是在之后的模拟中不会引起显著的误差.

c) **(半空间)** 当区域为半平面, 即 $D = \{w \in \mathbb{R}^d : (w - z) \cdot \vec{v} \geqslant 0\}$ 的情形中, 其边界经过 z 点并且与单位向量 $\vec{v}$ 正交时, p 是显式的:

$$p(D; s, t; x, y) = \exp\left(-2\frac{[(x-z)\cdot\vec{v}][(y-z)\cdot\vec{v}]}{[\vec{v}\cdot\sigma\sigma^{\mathrm{T}}(s,x)\vec{v}](t-s)}\right), \quad \forall (x,y) \in D^2.$$

这个公式可由引理 5.1.3 和等式 (4.1.2) 得到; 参见 (4.1.5).

在其他大多数情形中, p 的显式表达式一般不存在. 当区域 D 是光滑的, 我们可以在 p 的计算中将 D 替换为其半平面形式的局部化近似: 我们将 x 投影到边界 ∂D 上, 即 $\pi(x)$; 然后定义 $\vec{n}(x)$ 为在 $\pi(x) \in \partial D$ 点的单位内法向量. 最后我们用 $\{w \in \mathbb{R}^d : (w - \pi(x)) \cdot \vec{n}(x) \geqslant 0\}$ 来近似 D; 参见图 5.1.

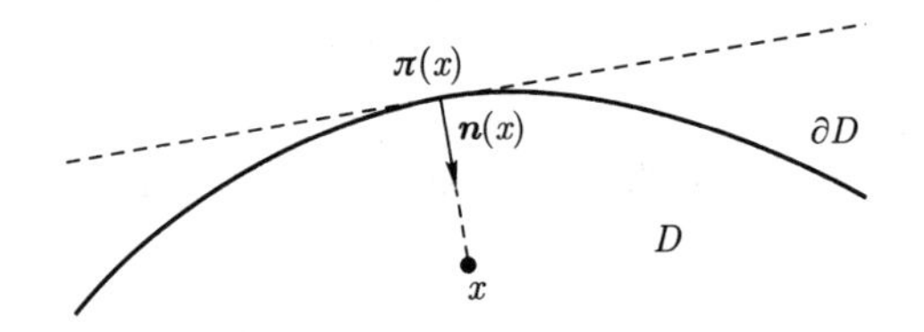

图 5.1 用半平面的局部化近似

算法 5.3 用 Euler 算法和布朗桥近似模拟 $f(\tau \wedge T, X_{\tau\wedge T})$

```
1  N, i: 整数 ;                                   /* 时间区间离散数, 时间指标 */
2  T, h: 双精度实数 ;                              /* 终端时刻和时间步长 */
3  x0, xl, xr: 向量 ;        /* X_0^(h) 的值, X_{ih}^(h) 和 X_{(i+1)h}^(h) 的当前值 */
4  ExitTime: 双精度实数 ;                          /* 表示逃逸时间 */
5  h ← T/N;
6  x ← x0; ExitTime ← T ;
7  for i = 0 to N − 1 do
8  |   xr ← xl + b(i × h, xl) × h + σ(i × h, xl) × √h × N(0, I_d);
9  |   if rand ⩽ p(D, i × h, (i + 1) × h, xr, xl) then
10 |   |   ExitTime ← (i + 1) × h ;              /* 找到布朗桥的逃逸时刻 */
11 |   |_  exit ;                                 /* 退出循环 */
12 |_  xl ← xr;
13 Return f(ExitTime, xr).
```

然后, 用

$$\tilde{p}(D;s,t;x,y)=\exp\left(-2\frac{[(x-\pi(x))\cdot\vec{n}(x)][(y-\pi(x))\cdot\vec{n}(x)]}{[\vec{n}(x)\cdot\sigma\sigma^{\mathrm{T}}(s,x)\vec{n}(x)](t-s)}\right)$$

来代替 p, 全局算法有明显的改进, 并且达到关于时间步长 h 的 1 阶收敛速度 [58] .

5.4.3 边界平移方法

离散逃逸时间在平均上与连续逃逸时间相比被过高估计了: 偏差是 $\sqrt{h}$ 阶的. 为了精确补偿这个偏差, 一个自然的想法是适当地缩小区域以产生更频繁的逃逸机会 (参见图 5.2): 直觉上, 向内侧平移的尺度应该是 $\sqrt{h}$ 阶的; 实际上, 存在一个精确的通用的调整尺度.

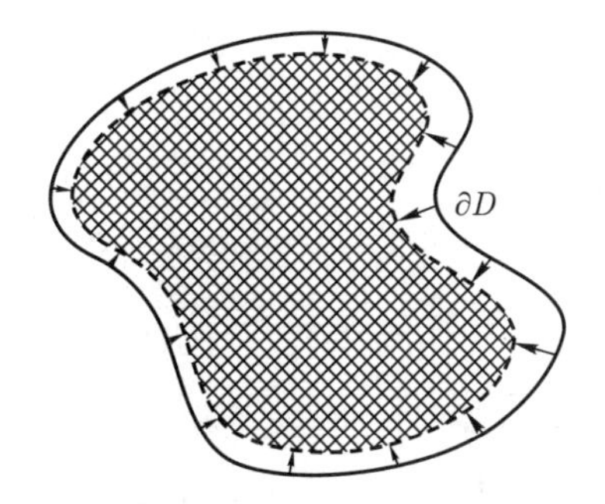

图 5.2 修改后的区域 (格点) 经由将初始边界向内沿单位法向量局部平移距离 $c_0\sqrt{h}\,|\sigma^{\mathrm{T}}(t,x)\vec{n}(x)|$ 而得到

这个步骤最初是为 1 维布朗运动在 [21] 中提出的, 然后推广到一般多维扩散过程 [60] . 令人惊讶的, 边界平移调整为如下常数① 的函数, 方法相当简单且通用, 这个常数可以借助 Riemann ζ 函数来表示

$$c_0=-\frac{\zeta(\frac{1}{2})}{\sqrt{2\pi}}=0.5826\cdots.$$

定义 $\vec{n}(x)$ 为在边界 ∂D 上靠近 x 的某点的单位内法向量, 并且如下定义一个新的边界平移过的区域的逃逸时间:

$$\tau^h_{\text{disc.shift.}}:=\inf\{ih>0:X^{(h)}_{ih}\notin D \quad \text{或者}\ d(X^{(h)}_{ih},\partial D)\leqslant c_0\sqrt{h}|\sigma^{\mathrm{T}}\vec{n}|(ih,X^{(h)}_{ih})\}.$$

① 这个常数出现在关于高斯随机游走的渐近定理中.

算法 5.4 用 Euler 算法和平移过的边界的离散逃逸时间近似模拟 $f(\tau \wedge T, X_{\tau\wedge T})$

```
1  N, i: 整数 ;                                  /* 时间区间离散数, 时间指标 */
2  T, h: 双精度实数 ;                            /* 终端时刻和时间步长 */
3  c0 = 0.5826: 双精度实数 ;                     /* 表示通用常数 */
4  x0, x: 向量 ;                                 /* X_0^{(h)} 的值, X_{ih}^{(h)} 的当前值 */
5  ExitTime: 双精度实数 ;                        /* 表示逃逸时间 */
6  h ← T/N;
7  x ← x0; ExitTime ← T ;
8  for i = 0 to N − 1 do
9      x ← x + b(i × h, x) × h + σ(i × h, x) × √h × N(0, I_d);
10     if x ∉ D then
11         ExitTime ← (i + 1) × h;
12         exit ;                                /* 我们退出循环 */
13     if d(x, ∂D) ⩽ c_0 × √h × |σ^T h|(i × h, x) then
14         ExitTime ← (i + 1) × h;
15         exit ;                                /* 我们退出循环 */
16 Return f(ExitTime, x).
```

于是, 在适当的正则性假设下, 我们有

$$\mathbb{E}(f(\tau^h_{\text{disc.shift.}} \wedge T, X^{(h)}_{\tau^h_{\text{disc.shift.}} \wedge T})) - \mathbb{E}(f(\tau \wedge T, X_{\tau\wedge T})) = o(\sqrt{h}).$$

其收敛速度的阶严格比 $\frac{1}{2}$ 理想, 由数值测试, 可以猜想它等于 1, 但是数学证明仍然是一个未解决的问题.

注意到这个算法并不需要额外计算模拟, 而且它的计算量与离散逃逸时刻的算法一样, 不过它有更好的精确性.

在表 5.1 中, 我们给出 [59, 表 4.3] 中的数值结果, 我们比较了关于不同的 N 在 2 维例子中应用前面提到的三种方法的结果; 基准值是 $\mathbb{E}(f(\tau \wedge T, X_{\tau\wedge T})) \approx 1.727$, 样本数目足够大可以使得蒙特卡罗方法的统计误差以概率 95% 小于 0.002. 布朗桥方法与边界平移方法看上去同样精确; 另一方面离散逃逸时刻显示出更好的精确性, 这与理论估计吻合.

表 5.1　$\mathbb{E}(f(\tau\wedge T, X_{\tau\wedge T}))$ 的数值估值的比较

方法	$N=13$	$N=26$	$N=52$	$N=126$
离散时间	2.244	2.110	2.008	1.913
布朗桥	1.730	1.728	1.727	1.727
边界平移	1.752	1.728	1.725	1.727

5.5　习题

习题 5.1 (强收敛)　证明: 如果 σ 是常数并且 b 属于关于空间变量的 $\mathcal{C}^2$ 类, 关于时间变量的 $\mathcal{C}^1$ 类, 那么定理 5.2.1 中的收敛速度为 1 阶.

习题 5.2 (Milshtein 算法)　定义 $(X_t)_{t\geqslant 0}$ 为如下随机微分方程的解

$$X_t = x + \int_0^t \sigma(X_s)dW_s + \int_0^t b(X_s)ds,$$

其中 $\sigma, b:\mathbb{R}\to\mathbb{R}$ 为有界的 $\mathcal{C}^2$ 函数并且导数有界.

1. 证明在短时间中 L_2 意义下有近似

$$\mathbb{E}\left((X_t - [x+b(x)t+\sigma(x)W_t])^2\right) = \frac{(\sigma\sigma'(x))^2}{2}t^2 + o(t^2).$$

   上面的估计式对证明 Euler 算法 (5.1.1) 以 1/2 阶强收敛有帮助: 本质上, 全局二次误差 (N^{-1} 数量级) 是如上 N 个**局部估计** (N^{-2} 数量级, 且 $t=h$) 的和, 最后得到在 $p=2$ 的情形下形如 (5.2.1) 的界.

2. 类似地, 证明

$$\mathbb{E}\left(\left(X_t - [x+b(x)t+\sigma(x)W_t+\frac{1}{2}\sigma\sigma'(x)(W_t^2-t)]\right)^2\right) = O(t^3). \tag{5.5.1}$$

   这个估计可以导出高阶算法, 称为 Milshtein 算法, 写为

$$\begin{cases} X_0^{(h,M)} = x, \\ X_{(i+1)h}^{(h,M)} = X_{ih}^{(h,M)} + b(X_{ih}^{(h,M)})h + \sigma(X_{ih}^{(h,M)})(W_{(i+1)h}-W_{ih}) \\ \qquad\qquad + \frac{1}{2}\sigma\sigma'(X_{ih}^{(h,M)})[(W_{(i+1)h}-W_{ih})^2 - h]. \end{cases}$$

3. 利用上面的估计 (5.5.1), 证明

$$\sup_{0\leqslant i\leqslant N}\mathbb{E}(|X_{ih}^{(h,M)}-X_{ih}|^2)=O(h^2), \tag{5.5.2}$$

即以 1 阶速度强收敛.

这个 Milshtein 算法主要关于 1 维情形有效, 因为在高维情形中, 需要用到迭代随机积分 $\int_0^t W_s^i dW_s^j$, 其中 $1\leqslant i\neq j\leqslant d$, 而这个积分不容易模拟 (在 1 维情形, 我们有简单的公式 $\int_0^t W_s dW_s=\frac{1}{2}(W_t^2-t)$).

习题 5.3 (弱收敛的收敛速度) 我们考虑几何布朗运动模型: 对于 $x>0$,

$$X_t=x+\int_0^t\sigma X_s dW_s+\int_0^t\mu X_s ds.$$

1. 计算 $\mathbb{E}(X_T^2)$.
2. 令 $X^{(h)}$ 为对应时间步长 h 的 Euler 算法. 设 $y_i=\mathbb{E}((X_{ih}^{(h)})^2)$. 找出 y_{i+1} 与 y_i 之间的关系.
3. 推导 $\mathbb{E}((X_T^{(h)})^2)=\mathbb{E}(X_T^2)+O(h)$. 并与定理 5.3.1 比较.

习题 5.4 (应用变量代换求解随机微分方程) 考虑如下形式的随机微分方程

$$X_t=x_0+\int_0^t b(X_s)ds+\int_0^t\sigma(X_s)dW_s. \tag{5.5.3}$$

我们研究可以导出更简单的方程, 从而帮助求解原来的随机微分方程的两个变换.

i) **(Lamperti 变换)** 我们假设方程 (5.5.3) 定义在 $\mathbb{R}$ 上, 然后我们假设系数 $b:\mathbb{R}\to\mathbb{R}$ 和 $\sigma:\mathbb{R}\to(0,\infty)$ 属于 $\mathcal{C}^1$ 类且导数有界, 函数 $\frac{1}{\sigma(x)}$ 在 $\pm\infty$ 是不可积的, 以及函数 $b/\sigma-\sigma'/2$ 是 Lipschitz 的.

   (a) 验证函数 $f(x)=\int_{x_0}^x\frac{dy}{\sigma(y)}$ 是从 $\mathbb{R}$ 到 $\mathbb{R}$ 的双射.

   (b) 证明方程 (5.5.3) 的解可以写成 $X_t=f^{-1}(Y_t)$ 的形式, 其中过程 Y_t 满足方程

$$Y_t=\int_0^t\tilde{b}(Y_s)ds+W_t,$$

   对于某些函数 $\tilde{b}$, 解 Y 可以显式求出.

   补充说明 Lamperti 变换引起人们兴趣的地方是可以将随机微分方

程转化为单位扩散系数的随机微分方程; 这个随机微分方程的 Euler 算法近似变得更精确 (习题 5.1).

ii) **(Doss-Sussmann 变换)** 我们现在考虑当系数 b, $\sigma:\mathbb{R}^d\to\mathbb{R}^d$ 为 Lipschitz 时的情形, 假设 σ 属于 $\mathcal{C}_b^2$ 类 (有界并且导数有界), 而 W_t 仍然是标量布朗运动. 定义 $F(\theta,x)$ 为微分方程 $x'_\theta=\sigma(x_\theta)$ 在 $\mathbb{R}^d$ 中的微分流, 即

$$\partial_\theta F(\theta,x)=\sigma(F(\theta,x)),\quad F(0,x)=x,\quad \forall(\theta,x)\in\mathbb{R}\times\mathbb{R}^d,$$

而 $\partial_x F(\theta,x)$ 为 F 的 Jacobi 矩阵. 由于 F 属于 $\mathbb{R}\times\mathbb{R}^d$ 上 $\mathcal{C}^2$ 类, 并且 $\partial_x F(\theta,x)$ 关于任意 (θ,x) 都是可逆的, 证明 (5.5.3) 的解可以写成如下形式: 对于任意 t,

$$X_t(\omega)=F(W_t(\omega),Z_t(\omega)),$$

其中可微过程 Z_t 满足——固定 ω ——常微分方程 (ODE)

$$Z_t=x_0+\int_0^t(\partial_x F(W_s,Z_s))^{-1}\left(b-\frac{1}{2}(\partial_x\sigma)\sigma\right)(F(W_s,Z_s))ds,$$

这里矩阵 $(\partial_x F(W_s,Z_s))^{-1}$ 是 $\partial_x F(W_s,Z_s)$ 的逆.

习题 5.5 (逃逸时间的模拟) 写出计算 $\mathbb{E}(\mathbf{1}_{\sup_{0\leqslant t\leqslant T}S_t\leqslant U}(K-S_T)_+)$ 的模拟算法的程序, 其中 S 是一个几何布朗运动. 我们比较三个算法 (离散时间近似, 布朗桥方法, 边界平移方法).

习题 5.6 (逃逸时间, 非收敛性) 在第 5.4 节的理论结果中, 非退化假设 (即 $\sigma(x)$ 是可逆的) 在收敛结果的有效性方面起了非常重要的作用. 否则, 我们可能会遇到一些很反常的情形, 就像下面给出的.

i) 在 1 维情形中, 考虑模型 $b(y)=y$, $\sigma(y)=0$, $x_0=1$, $D=(-\infty,\exp(1))$, $T=1$. 证明 $\tau^h_{\text{disc.}}>1$, 且 $\tau=1$, 于是当 $h\to 0$ 时, 有

$$\mathbb{P}(\tau^h_{\text{disc.}}>T)-\mathbb{P}(\tau>T)=1$$

并不收敛到 0.

ii) 在 1 维情形中, 考虑模型 $b(x)=\cos x$, $\sigma(x)=\sin x$, $x_0=\pi/2$ 以及 $D=(-\pi,2\pi)$. 证明 $\tau=+\infty$ a.s. 且 $\tau^h_{\text{disc.}}<+\infty$ a.s..

第六章 随机微分方程的模拟中的统计误差

在这一章里我们讨论在随机微分方程模拟中出现的关联到近似过程时所选取的时间离散步长的统计误差. 这一章的主要目标是为适当选择轨道的模拟数目和时间离散步长而提供指导.

6.1 渐近分析: 随机模拟的次数与时间离散步长

在前一章的第 5.1.3 节中, 当计算下式的期望时

$$\mathcal{E}(f,g,k,X)=f(X_T)e^{-\int_0^T k(r,X_r)dr}+\int_0^T g(s,X_s)e^{-\int_0^s k(r,X_r)dr}ds,$$

我们将蒙特卡罗方法的误差分解为

$$\mathrm{Error}_{h,M}:=\frac{1}{M}\sum_{m=1}^{M}\mathcal{E}(f,g,k,X^{(h,m)})-\mathbb{E}(\mathcal{E}(f,g,k,X)),$$

即两个误差的叠加 (参见 (5.1.9)):

1. 离散误差 $\mathbb{E}(\mathcal{E}(f,g,k,X^{(h)})-\mathbb{E}(\mathcal{E}(f,g,k,X)))$ 仅依赖于 h, 已经在第五章中分析过了;

2. 统计误差 $\frac{1}{M}\sum_{m=1}^{M}\mathcal{E}(f,g,k,X^{(h,m)})-\mathbb{E}(\mathcal{E}(f,g,k,X^{(h)}))$ 依赖于 h 和 M.

这个算法的计算成本 $\mathcal{C}_{\text{cost}}$ 一般来说等于 $M\times[C(d)N]=C(d)MTh^{-1}$, 这里 $C(d)$ 代表基本向量/矩阵算子在某个时间区间上的计算成本. 所有其他条件相同时, 全局成本随着维数和模拟时间长度而增加, 但是仅以一个独立于 M 与 h 的因子的形式出现. 这样它们只有很小的影响, 即一个与 M 和 h^{-1} 相比小很多的影响, 因此我们在下面讨论中没有把它们考虑进去, 我们简单地记

$$\mathcal{C}_{\text{cost}}\sim_c Mh^{-1}.$$[1]

因为只要存储样本的统计数据 (实证平均和标准差) 就可以了, 不需要保留所有的历史模拟, 所以需用的存储空间是很小的: 参见算法 5.1. 对于第三部分将出现的非线性过程, 算法会显著不同, 并且所需要的存储空间也是显著增加的, 甚至可能成为一个限制因素.

▷ **问题:** 固定计算成本 $\mathcal{C}_{\text{cost}}$, 在时间离散化 (即 $h\to 0$) 和模拟独立样本数量 (即 $M\to+\infty$) 之间进行配置的最佳的策略是什么样的?

我们将要通过研究渐近收敛速度来回答这个问题. 误差平方的期望很容易算出来:

$$\begin{aligned}\mathbb{E}\left(\text{Error}_{h,M}^2\right)&=\frac{\mathbb{V}\text{ar}\ (\mathcal{E}(f,g,k,X^{(h)}))}{M}\\&\quad+\left[\mathbb{E}(\mathcal{E}(f,g,k,X^{(h)}))-\mathbb{E}(\mathcal{E}(f,g,k,X))\right]^2\\&\approx\frac{\mathbb{V}\text{ar}\ (\mathcal{E}(f,g,k,X))}{M}+(Ch)^2.\end{aligned}$$

这个近似一方面来源于从 $X^{(h)}$ 到 X 的 (期望) 收敛, 另一方面来源于定理 5.3.1 中关于弱收敛的分析[2]. 如果弱收敛的阶等于 $\frac{1}{2}$ 或者其他值, 那么下面的讨论容易进行. 于是对于 M^{-1} 和 h^2 的数值关系出现三个渐近规律.

1. $\boxed{\text{如果}M\gg h^{-2}}$, 那么统计误差变为可忽略的, 并且 $\text{Error}_{h,M}\approx Ch$. 计算成本是 $\mathcal{C}_{\text{cost}}\gg h^{-3}$, 且误差的二阶矩满足

$$\sqrt{\mathbb{E}(\text{Error}_{h,M}^2)}\gg C_{\text{cost}}^{-1/3}.$$

置信区间的计算如同在第二章中一样, 它没有给出关于所要求的 $\mathbb{E}(\mathcal{E}(f,g,k,X))$ 值的更多的信息, 因为这时离散误差占主导控制的地位.

---

① 译者注: 这里 $A_n\sim_c B_n$ 表示存在不依赖于 n 的正常数 $c>0$, 对于 $\forall n$, 我们有 $\frac{1}{c}B_n\leqslant A_n\leqslant cB_n$ 成立. 或者说 $A_n\leqslant_c B_n$ 和 $B_n\leqslant_c A_n$ 同时成立, 其中 $A_n\leqslant_c B_n$ 表示存在不依赖于 n 的正常数 c 满足 $A_n\leqslant cB_n$, $\forall n$. 这里常数 c 在不同的行可以不同.

② 假设我们已证明的估计 $O(h)$ 相当于有 Ch 的等价形式.

2. $\boxed{\text{如果}M \ll h^{-2}}$ ，那么离散误差成为可忽略的，并且就像在第二章中，我们可以证明一个中心极限定理: $\sqrt{M}(\frac{1}{M}\sum_{m=1}^{M}\mathcal{E}(f,g,k,X^{(h,m)})-\mathbb{E}(\mathcal{E}(f,g,k,X)))$ 的分布收敛到一个中心化且方差为 $\mathbb{V}\mathrm{ar}\ (\mathcal{E}(f,g,k,X))$ 的高斯分布 (这可以通过 M 个模拟样本渐近计算出). 于是，我们可以得出所要求值的置信区间: 由 $\sigma_{h,M}^2$ 定义出，即 $\mathcal{E}(f,g,k,X^{(h)})$ 的实证方差，于是，以近似 95% 的概率，我们有

$$\overline{\mathcal{E}(f,g,k,X^{(h)})}_M - 1.96\frac{\sigma_{h,M}}{\sqrt{M}} \leqslant \mathcal{E}(f,g,k,X) \leqslant \overline{\mathcal{E}(f,g,k,X^{(h)})}_M + 1.96\frac{\sigma_{h,M}}{\sqrt{M}}, \tag{6.1.1}$$

其中 $\overline{\mathcal{E}(f,g,k,X^{(h)})}_M := \frac{1}{M}\sum_{m=1}^{M}\mathcal{E}(f,g,k,X^{(h,m)})$. 关于计算成本，我们有 $\mathcal{C}_{\mathrm{cost}} \gg M^{3/2}$，这样

$$\sqrt{\mathbb{E}(\mathrm{Error}_{h,M}^2)} \gg \mathcal{C}_{\mathrm{cost}}^{-1/3}.$$

3. $\boxed{\text{如果}M \sim h^{-2}}$ ，那么统计误差和离散误差有相同的量级，我们可以写出估计的置信区间，但是它不再是在 $\mathcal{E}(f,g,k,X)$ 处渐近中心化 (就像 $M \ll h^{-2}$ 的情形)，更不幸的是，(时间离散化带来的) 偏差不能很快被估计出来①. 因为偏差与置信区间具有相同的数量级，我们不能确定所求值以高概率位于置信区间中，所以我们对后者不太感兴趣. 这样有 $\sqrt{\mathbb{E}(\mathrm{Error}_{h,M}^2)} = O(\mathcal{C}_{\mathrm{cost}}^{-1/3})$.

总之，考虑到后验误差估计的有效性，以及最终误差依据计算成本的优化，我们发现第二个情形 $M = h^{-2+\varepsilon}$ (对于充分小的 ε) 看上去是最引人瞩目的，因为

- 关于给定的计算成本，它 (几乎) 达到最好的精度;
- 它渐近地给出了中心化的置信区间，于是它对于后验误差估计是有意义的.

6.2 Euler 算法中的统计误差的非渐近分析

在这一节中，我们要说明关于高斯随机变量的集中不等式是如何 (参见第 2.4.4 节) 应用到 Euler 算法中，并由此给出统计扰动 $\frac{1}{M}\sum_{m=1}^{M}\mathcal{E}(f,g,k,X^{(h,m)})-$

① 即用相同的模拟采样同时进行估计.

$\mathbb{E}(\mathcal{E}(f,g,k,X^{(h)}))$ 的一个非渐近控制. 为了使得分析更加清晰, 我们考虑一个简单情形, 即 $\mathcal{E}(f,g,k,X^{(h)}) = f(X_T^{(h)})$, 相应的 $g = k \equiv 0$. 这是由 [47] 启发而来的.

定理 6.2.1 (Euler 算法的集中不等式) 令 $T > 0$, 并且假设

i) $|b(t,x) - b(t,y)| + |\sigma(t,x) - \sigma(t,y)| \leqslant C_{b,\sigma}|x - y|$ 对于所有 $(t,x,y) \in [0,T] \times \mathbb{R}^d \times \mathbb{R}^d$ 成立;

ii) $\sup_{0\leqslant t\leqslant T}(|b(t,0)| + |\sigma(t,0)|) \leqslant C_{b,\sigma}$ 成立, 且 $\sigma(\cdot)$ 是一致有界的;

iii) f 满足 Lipschitz 条件:$|f(x) - f(y)| \leqslant |f|_{\mathrm{Lip.}}|x - y|$ 关于任意 $(x,y) \in \mathbb{R}^d \times \mathbb{R}^d$ 成立.

那么, 若 $(X_T^{(h,m)})_{1\leqslant m\leqslant M}$ 是一列独立同分布的随机变量, 它们由步长为 $h = T/N$ $(N \in \mathbb{N}^*)$ 的 Euler 算法给出, 则我们有

$$\mathbb{P}\left(\left|\frac{1}{M}\sum_{m=1}^{M} f(X_T^{(h,m)}) - \mathbb{E}(f(X_T^{(h)}))\right| > \varepsilon\right) \leqslant 2\exp\left(-\frac{M\varepsilon^2}{2C_{b,\sigma,T}|f|_{\mathrm{Lip.}}^2}\right), \quad \forall \varepsilon \geqslant 0,$$

其中显式常数 $C_{b,\sigma,T}$ 仅依赖于 b, σ, d 和 T.

由于常数 $C_{b,\sigma,T}$ 不依赖于 h, 可以在上面的不等式中令 $h \to 0$[①] , 由此得到关于随机微分方程的解本身的偏差的界, 但是实际中, 它没有基本蒙特卡罗方法的结果那么有用.

有了这个结果, 我们能够得到非渐近置信区间, 应用命题 2.4.1 , 并设 $\lambda = 5\%$; 以至少 95% 的概率, 我们有

$$-2.72\frac{\sqrt{C_{b,\sigma,T}}|f|_{\mathrm{Lip.}}}{\sqrt{M}} \leqslant \frac{1}{M}\sum_{m=1}^{M} f(X_T^{(h,m)}) - \mathbb{E}(f(X_T^{(h)})) \leqslant 2.72\frac{\sqrt{C_{b,\sigma,T}}|f|_{\mathrm{Lip.}}}{\sqrt{M}}.$$

证明 ▷ **基本对数不等式.** 令 Φ 为紧支撑函数, 其 Lipschitz 常数 $|\Phi|_{\mathrm{Lip.}} > 0$: 将定理 2.4.12 应用到函数 $f = \Phi/|\Phi|_{\mathrm{Lip.}}$ 与 d 维中心化且协方差矩阵为 I_d 的

① 就像在推论 2.4.13 的证明中一样.

高斯分布中 (由推论 2.4.16 知其满足带有常数 $C_{\gamma d}=2$ 的对数 Sobolev 不等式), 得到

$$\mathbb{E}\left(e^{\lambda[\Phi(Y)-\mathbb{E}(\Phi(Y))]}\right) \leqslant e^{\frac{1}{2}\lambda^2|\Phi|^2_{\text{Lip.}}}, \quad \forall \lambda \in \mathbb{R},$$

其中 $Y \stackrel{\mathrm{d}}{=} \mathcal{N}(0,I_d)$. 若 Φ 不是紧支撑的, 则这个不等式仍然成立: 实际上, 就像在推论 2.4.13 的证明中一样, 存在一列具有紧支撑的函数序列 $(\Phi_n)_n$, 是具有相同的 Lipschitz 常数 $|\Phi|_{\text{Lip.}}$ 的 Lipschitz 函数, 并且满足 $\Phi_n(Y) \stackrel{L_1,\text{a.s.}}{\to} \Phi(Y)$. 那么, 由 Fatou 引理, 我们推导出

$$\begin{aligned}\mathbb{E}\left(e^{\lambda\Phi(Y)}\right) &= \mathbb{E}\left(\liminf_{n\to+\infty} e^{\lambda\Phi_n(Y)}\right) \leqslant \liminf_{n\to+\infty}\mathbb{E}\left(e^{\lambda\Phi_n(Y)}\right) \\ &\leqslant \liminf_{n\to+\infty} e^{\lambda\mathbb{E}(\Phi_n(Y))+\frac{1}{2}\lambda^2|\Phi|^2_{\text{Lip.}}} = e^{\lambda\mathbb{E}(\Phi(Y))+\frac{1}{2}\lambda^2|\Phi|^2_{\text{Lip.}}}.\end{aligned}$$

▷ **应用到偏差值 $f(X_T^{(h)})-\mathbb{E}(f(X_T^{(h)}))$ 中.** 令

$$F_i := \mathbb{E}(f(X_T^{(h)})|X_{ih}^{(h)}) := f_i(X_{ih}^{(h)})$$

我们暂时假设每个函数 f_i 都是 Lipschitz 的, 且其 Lipschitz 常数为 $|f|_{\text{Lip.}}$. 观察到

$$f(X_T^{(h)})-\mathbb{E}(f(X_T^{(h)})) = \sum_{i=0}^{N-1}(F_{i+1}-F_i) = \sum_{i=0}^{N-1}(F_{i+1}-\mathbb{E}(F_{i+1}|X_{ih}^{(h)})).$$

关于 $X_{(N-1)h}^{(h)}$ 取条件期望, 有

$$X_{Nh}^{(h)} \stackrel{\mathrm{d}}{=} X_{(N-1)h}^{(h)} + b((N-1)h, X_{(N-1)h}^{(h)})h + \sqrt{h}\sigma((N-1)h, X_{(N-1)h}^{(h)})Y,$$

这里 $Y \stackrel{\mathrm{d}}{=} \mathcal{N}(0,I_d)$; 于是

$$\begin{aligned}&\mathbb{E}\left(e^{\lambda[f(X_T^{(h)})-\mathbb{E}(f(X_T^{(h)}))]}\right) \\ =&\ \mathbb{E}\left(e^{\lambda\sum_{i=0}^{N-1}(F_{i+1}-\mathbb{E}(F_{i+1}|X_{ih}^{(h)}))}\right) \\ =&\ \mathbb{E}\left(\mathbb{E}(e^{\lambda\sum_{i=0}^{N-1}(F_{i+1}-\mathbb{E}(F_{i+1}|X_{ih}^{(h)}))}|X_{jh}^{(h)}: j\leqslant N-1)\right) \\ =&\ \mathbb{E}\left(e^{\lambda\sum_{i=0}^{N-2}(F_{i+1}-\mathbb{E}(F_{i+1}|X_{ih}^{(h)}))}\mathbb{E}(e^{\lambda[F_N-\mathbb{E}(F_N|X_{(N-1)h}^{(h)})]}|X_{(N-1)h}^{(h)})\right) \\ \leqslant&\ \mathbb{E}\left(e^{\lambda\sum_{i=0}^{N-2}(F_{i+1}-\mathbb{E}(F_{i+1}|X_{ih}^{(h)}))}\right)e^{\frac{1}{2}\lambda^2|f_N|^2_{\text{Lip.}}\||\sigma\|_2|^2_\infty h}.\end{aligned}$$

这里用到 $y \mapsto f_N(X_{(N-1)h}^{(h)}+b((N-1)h,X_{(N-1)h}^{(h)})h+\sqrt{h}\sigma((N-1)h,X_{(N-1)h}^{(h)})y)$ 是 Lipschitz 函数, 其 Lipschitz 常数为 $\sqrt{h}\|f_N\|_{\text{Lip.}}\|\sigma((N-1)h,X_{(N-1)h}^{(h)})\|_2$.

将这个推导重复迭代 $N-2$ 次, 我们得到, 对于任意 $\lambda \in \mathbb{R}$,

$$\mathbb{E}\left(e^{\lambda[f(X_T^{(h)})-\mathbb{E}(f(X_T^{(h)}))]}\right) \leqslant e^{\frac{1}{2}\lambda^2 \sum_{i=1}^N h|f_i|_{\text{Lip.}}^2 |||\sigma\|_2|_\infty^2}.$$

考虑 M 个模拟样本的实证平均, 由它们相互独立, 我们推导出

$$\mathbb{E}\left(e^{\lambda[\frac{1}{M}\sum_{m=1}^M f(X_T^{(h,m)})-\mathbb{E}(f(X_T^{(h)}))]}\right) \leqslant e^{\frac{1}{2}\frac{\lambda^2}{M} \sum_{i=1}^N h|f_i|_{\text{Lip.}}^2 |||\sigma\|_2|_\infty^2}.$$

然后就像在 (2.4.12) 中, 应用 Chebyshev 指数不等式, 我们容易证明

$$\mathbb{P}\left(\left|\frac{1}{M}\sum_{m=1}^M f(X_T^{(h,m)}) - \mathbb{E}(f(X_T^{(h)}))\right| > \varepsilon\right) \leqslant 2\exp\left(-\frac{M\varepsilon^2}{2\sum_{i=1}^N h|f_i|_{\text{Lip.}}^2 |||\sigma\|_2|_\infty^2}\right).$$

▷ **Lipschitz 常数 $|f_i|_{\text{Lip.}}$ 的上界**. 我们想要证明

$$|f_i|_{\text{Lip.}} \leqslant |f|_{\text{Lip.}}(1+C_{b,\sigma}^2 h^2 + 2C_{b,\sigma}h + dC_{b,\sigma}^2 h)^{\frac{N-i}{2}}. \tag{6.2.1}$$

我们考虑 $i=0$ 的情形的证明细节, 其他情形类似可知. 对于 $\mathbb{R}^d$ 中的任意 x 和 y, 以及 $i \geqslant 0$, 令 $\delta_i = \mathbb{E}|X_{ih}^{x,(h)} - X_{ih}^{y,(h)}|^2$. 基于高斯分布的计算, 我们直接找到

$$\begin{aligned}
&\mathbb{E}\left(\left|X_{(i+1)h}^{x,(h)} - X_{(i+1)h}^{y,(h)}\right|^2 \middle| W_{jh} : j \leqslant i\right) \\
&= \left|X_{ih}^{x,(h)} + b(ih, X_{ih}^{x,(h)})h - X_{ih}^{y,(h)} - b(ih, X_{ih}^{y,(h)})h\right|^2 \\
&\quad + \operatorname{Tr}\left(\left[\sigma(ih, X_{ih}^{x,(h)}) - \sigma(ih, X_{ih}^{y,(h)})\right]\left[\sigma(ih, X_{ih}^{x,(h)}) - \sigma(ih, X_{ih}^{y,(h)})\right]^{\mathrm{T}}\right)h \\
&\leqslant \left|X_{ih}^{x,(h)} - X_{ih}^{y,(h)}\right|^2 + |b(ih,\cdot)|_{\text{Lip.}}^2 |X_{ih}^{x,(h)} - X_{ih}^{y,(h)}|^2 h^2 \\
&\quad + 2|b(ih,\cdot)|_{\text{Lip.}} |X_{ih}^{x,(h)} - X_{ih}^{y,(h)}|^2 h + d|\sigma(ih,\cdot)|_{\text{Lip.}}^2 |X_{ih}^{x,(h)} - X_{ih}^{y,(h)}|^2 h.
\end{aligned}$$

通过取期望, 并用到 $\delta_0 = |x-y|^2$, 我们得到

$$\begin{aligned}
\delta_i &= \delta_{i-1}(1+C_{b,\sigma}^2 h^2 + 2C_{b,\sigma}h + dC_{b,\sigma}^2 h) \\
&\leqslant |x-y|^2(1+C_{b,\sigma}^2 h^2 + 2C_{b,\sigma}h + dC_{b,\sigma}^2 h)^i.
\end{aligned}$$

最后, $|f_0(x)-f_0(y)| \leqslant \mathbb{E}|f(X_{Nh}^{x,(h)}) - f(X_{Nh}^{y,(h)})| \leqslant |f|_{\text{Lip.}}\sqrt{\delta_N}$, 这样就能推导出 (6.2.1).

▷ **完成证明.** 由 (6.2.1) 和 $1+x \leqslant \exp(x)$, 我们得到

$$\begin{aligned}
\sum_{i=1}^N h|f_i|_{\text{Lip.}}^2 &\leqslant |f|_{\text{Lip.}}^2 \sum_{i=1}^N h\exp(N(C_{b,\sigma}^2 h^2 + 2C_{b,\sigma}h + dC_{b,\sigma}^2 h)) \\
&\leqslant |f|_{\text{Lip.}}^2 T\exp(C_{b,\sigma}^2 T^2 + 2C_{b,\sigma}T + dC_{b,\sigma}^2 T).
\end{aligned}$$

令

$$C_{b,\sigma,T} := T\exp(C_{b,\sigma}^2 T^2 + 2C_{b,\sigma}T + dC_{b,\sigma}^2 T)|\|\sigma\|_2|_\infty^2, \tag{6.2.2}$$

我们就完成了证明. □

6.3 多层方法

这里我们将给出另外一个计算扩散过程的泛函的期望的方法. 取代了在小时间步长的 Euler 算法计算 (为了得到更小的离散误差) 和大样本模拟 (为了同时得到更小的统计误差) (参见第 6.1 节中的渐近分析) 之间配置的成效, 在离散步长以几何速度衰减的 Euler 算法中, 多层方法的成效会相当显著地传播开来. 例如, 取后一层的离散步长只有前一层的一半. 主要的想法是利用在粗分的层面误差大但计算成本小, 而随着误差逐渐减小, 相应计算成本也会增加的这一事实.

这个准则在非随机系统数值计算中是相当标准的 (参见 [145]); 在随机情形中的一般性结果由 Heinrich [75] 得到. 下面我们依循 [54] 中的方法来做, 其中分析基于将分层的想法应用到过程离散化中.

▷ *方法描述*. 为了说明想法, 考虑估值问题 $\mathbb{E}(f(X_T))$ 并取一个离散步长序列 $h_0, \cdots, h_l, \cdots, h_L$, 它以几何级数递减. 指标 l 表示层数, 与时间离散步长关联

$$h_l = h_0 2^{-l}.$$

基于这个选择, 从 l 层到 $l+1$ 层时我们将步长除以 2. 粗糙层对应于 $l=0$, 随着分层加细, 直到得到需要的精度, 即 $l=L$.

不用直接生成 M 个离散步长为 h_L 的 Euler 算法模拟样本, 我们用中间差值方法模拟 Euler 算法, 并写出某些项可以相互抵消的和式

$$\mathbb{E}(f(X_T^{(h_L)})) = \mathbb{E}(f(X_T^{(h_0)})) + \sum_{l=1}^{L} \mathbb{E}(f(X_T^{(h_l)}) - f(X_T^{(h_{l-1})})).$$

a) 在 0 层的项由 M_0 个 $X_T^{(h_0)}$ 的独立模拟而得到: 这是标准算法. 与第 6.1节中的讨论类似, 相应的计算成本是

$$\mathcal{C}_{\text{cost}}^{(0)} \sim_c M_0 h_0^{-1}.$$

我们有

$$\mathbb{E}(f(X_T^{(h_0)})) \approx \frac{1}{M_0}\sum_{m=1}^{M_0} f(X_T^{(h_0,0,m)}).$$

b) 从 $l-1$ 层到 l 层所增加的项 $\mathbb{E}(f(X_T^{(h_l)})-f(X_T^{(h_{l-1})}))$ 是由差值 $f(X_T^{(h_l)})-f(X_T^{(h_{l-1})})$ 的 M_l 个独立模拟生成: 在这一步, 关键点是用相同的布朗增量来构造步长为 h_{l-1} 和 h_l 的两个 *Euler* 算法 . 在实际中, 它容易展开, 因为只要

- 模拟关于时间离散步长为 h_l 的更细的网格的增量, 然后将它们重新加起来以得到关于步长 h_{l-1} 的增量, 或者
- 模拟时间离散步长 h_{l-1} 的网格增量, 然后利用布朗桥技巧以得到更细的时间步长的加细结果 (引理 4.1.7).

我们得到

$$\mathbb{E}(f(X_T^{(h_l)}) - f(X_T^{(h_{l-1})})) \approx \frac{1}{M_l}\sum_{m=1}^{M_l}(f(X_T^{(h_l,l,m)}) - f(X_T^{(h_{l-1},l,m)})).$$

除了对于 $X_T^{(h_l,l,m)}$ 和 $X_T^{(h_{l-1},l,m)}$ 应用相同的布朗运动之外, 不论是在相同的层中, 还是在不同的层中, 这些模拟都是独立的, 在第 l 层的计算成本为

$$\mathcal{C}_{\text{cost}}^{(l)} \sim_c M_l(h_l^{-1} + h_{l-1}^{-1}) \sim_c M_l h_l^{-1},$$

因为 $h_{l-1} = 2h_l$.

那么, 多层蒙特卡罗估计值定义为

$$\begin{aligned}\overline{f(X_T)}_{M_0,\cdots,M_L}^{h_0,\cdots,h_L} := &\frac{1}{M_0}\sum_{m=1}^{M_0} f(X_T^{(h_0,0,m)}) \\ &+\sum_{l=1}^{L}\frac{1}{M_l}\sum_{m=1}^{M_l}(f(X_T^{(h_l,l,m)}) - f(X_T^{(h_{l-1},l,m)})).\end{aligned}$$

▷ 数学分析. 为了详细分析差值 $f(X_T^{(h_l,l,m)}) - f(X_T^{(h_{l-1},l,m)})$ 的统计扰动, 假设

$$\boxed{f \text{ 满足 Lipschitz 条件.}}$$

多层蒙特卡罗估计值的期望等于

$$\begin{aligned}\mathbb{E}\left(\overline{f(X_T)}_{M_0,\cdots,M_L}^{h_0,\cdots,h_L}\right) &= \mathbb{E}(f(X_T^{(h_0)})) + \sum_{l=1}^{L}\mathbb{E}(f(X_T^{(h_l)}) - f(X_T^{(h_{l-1})})) \\ &= \mathbb{E}(f(X_T^{(h_L)})) = \mathbb{E}(f(X_T)) + O(h_L).\end{aligned}\qquad(6.3.1)$$

假设弱误差关于 h 的阶为 1. 由于在一层之内和多个分层之间的模拟都是独立的, 其方差可以写为

$$\mathbb{V}\text{ar}\left(\overline{f(X_T)}_{M_0,\cdots,M_L}^{h_0,\cdots,h_L}\right)=\frac{\mathbb{V}\text{ar}\left(f(X_T^{(h_0)})\right)}{M_0}+\sum_{l=1}^{L}\frac{\mathbb{V}\text{ar}\left(f(X_T^{(h_l)})-f(X_T^{(h_{l-1})})\right)}{M_l}. \tag{6.3.2}$$

因为 $X_T^{(h_l)}$ 与 $X_T^{(h_{l-1})}$ 由相同的布朗运动 W 生成, 所以我们可以方便地在方差项中插入 $\pm f(X_T)$, 其中 X_T 是由 W 驱动的随机微分方程的解在时刻 T 的值: 然后应用 Euler 算法的解的 $\frac{1}{2}$ 阶的强收敛性 (第 5.2 节), 以及 f 满足 Lipschitz 条件, 我们得到

$$\begin{aligned}
&\mathbb{V}\text{ar}\left(f(X_T^{(h_l)})-f(X_T^{(h_{l-1})})\right)\\
\leqslant&\ \mathbb{E}\left|f(X_T^{(h_l)})-f(X_T^{(h_{l-1})})\right|^2\\
\leqslant&\ 2\mathbb{E}\left|f(X_T^{(h_l)})-f(X_T)\right|^2+2\mathbb{E}\left|f(X_T^{(h_{l-1})})-f(X_T)\right|^2\\
=&\ O(h_l)+O(h_{l-1})\\
=&\ O(h_l)\ (\text{因为 } h_{l-1}=2h_l).
\end{aligned}$$

将这两个关于期望和方差的估计结合起来, 我们得到一个误差的平方值的上界 (相差常数系数)①

$$\begin{aligned}
\mathbb{E}\left(\text{Error}_{h,M}^2\right):=&\ \mathbb{E}\left(\left|\overline{f(X_T)}_{M_0,\cdots,M_L}^{h_0,\cdots,h_L}-\mathbb{E}(f(X_T))\right|^2\right)\\
\leqslant_c&\ h_L^2+\frac{\mathbb{V}\text{ar}\left(f(X_T^{(h_0)})\right)}{M_0}+\sum_{l=1}^{L}\frac{h_l}{M_l}.
\end{aligned} \tag{6.3.3}$$

另一方面, 算法的全局成本为

$$\mathcal{C}_{\text{cost}}=\sum_{l=0}^{L}\mathcal{C}_{\text{cost}}^{(l)}\sim_c\sum_{l=0}^{L}\frac{M_l}{h_l}. \tag{6.3.4}$$

▷ 渐近最优选择.　让我们来确定为了达到要求的精度 $\varepsilon\to 0$ ——这意味着 $\sqrt{\mathbb{E}\left(\text{Error}_{h,M}^2\right)}\leqslant\varepsilon$ ——当模拟数目趋向于无穷大, 此时分层数目 L 也趋向于无穷大时, 所需要的计算成本. 需要一直记着我们已经选择 $h_l=h_0 2^{-l}$, 而

① 译者注: $A_n\leqslant_c B_n$ 表示存在不依赖于 n 的正常数 c, 使得 $A_n\leqslant cB_n$ 关于所有 n 成立. 这里常数 c 在不同的行可以不同.

且 h_0 在下面的分析中为固定数. 比较 (6.3.3) 和 (6.3.4), 我们可以看到最好的策略对应于在每个分层中分配相同的计算成本 $\frac{M_l}{h_l}$: 观察到这条准则类似于最优分层 (参见第 3.2.2 节). 于是这一点引出下面的调整

$$M_l = M_0 2^{-l}.$$

我们忽略了不能整除的影响, 即 M_l 可能是一个非整数. 总之, 这个分层方法的全局计算成本为 $\mathcal{C}_{\text{cost}} \sim_c (L+1)M_0$, 由此达到精度 $\sqrt{\mathbb{E}\left(\text{Error}_{h,M}^2\right)} \leqslant_c 2^{-L} + \sqrt{\frac{L+1}{M_0}}$. 为了确保最后一个表达式以最优成本实现 $\varepsilon \to 0$ 阶, 其充分必要条件是取 $L = \frac{|\log(\varepsilon)|}{\log(2)}$ 以及 $M \sim_c \varepsilon^{-2}|\log(\varepsilon)|$, 这里所需的计算成本为 $\mathcal{C}_{\text{cost}} \sim_c \varepsilon^{-2}|\log(\varepsilon)|^2$.

至此我们已经证明了下面的主要结果.

定理 6.3.1 (多层方法) *考虑用多层方法对 $\mathbb{E}(f(X_T))$ 进行估值. 假设 f 满足 Lipschitz 条件, 并且 Euler 算法具有 $\frac{1}{2}$ 阶的强收敛和 1 阶的弱收敛: 为了实现精度 (在均方意义下) 等于 $\varepsilon \to 0$, 我们只需要取分层数目为 $L = \frac{|\log(\varepsilon)|}{\log(2)}$, 每个分层时间离散步长等于 $h_l \sim_c 2^{-l}$, 以及模拟次数为 $M_l \sim_c \varepsilon^{-2}|\log(\varepsilon)|2^{-l}$ 就可以了. 那么, 全部计算成本为*

$$\mathcal{C}_{\text{cost}} \sim_c \varepsilon^{-2}|\log(\varepsilon)|^2.$$

让我们回到第 6.1 节的讨论中, 并将这个方法与只用一个分层的方法比较: 后一个方法实现精度 $\varepsilon \to 0$ 所需要的成本为 $\mathcal{C}_{\text{cost}} \sim_c \varepsilon^{-3}$, 相对应的时间离散步长 $\sim_c \varepsilon$ 以及模拟数目 $\sim_c \varepsilon^{-2}$. 多层方法的相应成本几乎等于 ε^{-2}, 显然它更加有效.

事实上, 这个效果可以实现, 在已知的条件下, 我们知道当前泛函 (即 $f(X_T)$) 的弱收敛和强收敛的阶. 当泛函不连续时, 强收敛分析会更加精妙, 不过可以在某些情形下达成目的 [7] . 当强收敛不是 $\frac{1}{2}$ 阶的时候, 就像这里, 前面的分析显然仍然适用: 我们可以验证如果收敛阶大于 $\frac{1}{2}$, 那么在粗糙的分层面计算效果更好, 而如果阶小于 $\frac{1}{2}$, 那么我们有相反的结果.

从这个分层到下一个分层时选择将时间步长除以 2 是相当随意的: 我们可以优化这个因子 2 (参见 [54]), 例如因子 4 或 7 能够给出更好的结果.

进一步, 除了仔细调整分层参数, 给出置信区间也是很重要的, 这可以应用第二章中的工具来完成.

最后, 我们要指出应用并行计算可以使这个算法的有效性得到显著提高 (每个数据处理器负责计算一个分层). 在定理 6.3.1 的框架下, 每个数据处理

器的计算效果都有相同的阶, 也就是说, 在不同的处理器之间有很好的计算同步性.

6.4 由随机多层方法得到的无偏模拟

我们介绍另外一个构造关于随机微分方程解的轨道泛函的期望的估计值, 简化起见记为 $\mathbb{E}(f(X_T))$. 其想法很接近前面讲的多层方法, 主要的不同之处在于这里层数 L 可以是随机数. 这个方法是在 [128] 及相关工作中开发出的.

- 一方面, 它是一个能给出我们感兴趣的期望 $\mathbb{E}(f(X_T))$ 的无偏估计的算法.
- 另一方面, 就像将在下面看到的, 估计值的方差可以是无穷大, 于是可能使得由通常的中心极限定理来得到置信区间不再适用. 如果估计值的方差是有限的, 我们重新得到整个步骤的收敛速度为模拟数目的平方根的倒数.

为了得出无偏估计值, 我们假设 X_T 可以用不同的 Euler 算法 $(X^{(h_0)}, \cdots, X^{(h_l)}, \cdots)$ 来近似, 不同算法对应的时间离散步长为

$$h_l = h_0 2^{-l}$$

并且由同一个布朗运动驱动. 我们还假设在强意义下 Euler 算法以 $r > 0$ 阶收敛: 对于任意 $p \geqslant 1$, 存在常数 C_p, 使得我们有

$$\left[\mathbb{E}(|X_T^{(h_l)} - X_T|^p)\right]^{1/p} \leqslant C_p h_l^r = C_p h_0^r 2^{-lr}, \quad \forall l \geqslant 0. \tag{6.4.1}$$

这个估计值在 $r = \frac{1}{2}$ 时与 (5.2.1) 的形式相同, 但是这里我们可以取 r 为更大的数; 这在下面的讨论中将是非常重要的.

设分层数 L 为一个取值于正整数集的随机变量, 且满足

$$\mathbb{P}(L \geqslant l) > 0, \quad \forall l \geqslant 1. \tag{6.4.2}$$

我们进一步假设 L 独立于用来给出 X 和相应的 Euler 算法的布朗运动. $\mathbb{E}(f(X_T))$ 的无偏估计方法设计如下.

定理 6.4.1 *假设 f 满足 Lipschitz 条件, 并令*

$$\Delta f_l := f(X_T^{(h_l)}) - f(X_T^{(h_{l-1})}), \quad \forall l \geqslant 1.$$

那么

$$Z := f(X_T^{(h_0)}) + \sum_{l=1}^{L} \frac{\Delta f_l}{\mathbb{P}(L \geqslant l)} \tag{6.4.3}$$

是可积的, 并且是 $\mathbb{E}(f(X_T))$ 的一个无偏估计, 即 $\mathbb{E}(Z) = \mathbb{E}(f(X_T))$.

证明 我们首先验证序列

$$\sum_{l=1}^{L} \frac{|\Delta f_l|}{\mathbb{P}(L \geqslant l)} = \sum_{l \geqslant 1} \mathbf{1}_{L \geqslant l} \frac{|\Delta f_l|}{\mathbb{P}(L \geqslant l)}$$

在 L_1 中收敛. 首先应用 L 与随机过程之间的独立性, 然后由 f 的 Lipschitz 性以及误差估计 (6.4.1), 我们得到

$$\mathbb{E}\left(\sum_{l \geqslant 1} \mathbf{1}_{L \geqslant l} \frac{|\Delta f_l|}{\mathbb{P}(L \geqslant l)}\right) = \sum_{l \geqslant 1} \mathbb{E}(|\Delta f_l|) \leqslant |f|_{\text{Lip.}} C_1 h_0^r \sum_{l \geqslant 1} 2^{-lr} < +\infty.$$

由此, 我们导出

$$\begin{aligned}\mathbb{E}(Z) &= \mathbb{E}(f(X_T^{(h_0)})) + \sum_{l \geqslant 1} \mathbb{E}\left(\mathbf{1}_{L \geqslant l} \frac{\Delta f_l}{\mathbb{P}(L \geqslant l)}\right) \\ &= \mathbb{E}(f(X_T^{(h_0)})) + \sum_{l \geqslant 1} \mathbb{E}(\Delta f_l) = \mathbb{E}(f(X_T)).\end{aligned}$$

这是由于第三项的和是可以合并抵消的. □

推论 6.4.2 (随机化分层方法的收敛性) 在与定理 6.4.1 相同的定义和假设下, 令 $(Z_1, \cdots, Z_M)$ 为 Z 的独立同分布的采样, 并令

$$\overline{Z}_M = \frac{1}{M} \sum_{m=1}^{M} Z_m. \tag{6.4.4}$$

那么, $\overline{Z}_M$ 是 $\mathbb{E}(f(X_T))$ 的一个无偏估计, 并且当 $M \to +\infty$ 时, 它几乎必然收敛到 $\mathbb{E}(f(X_T))$.

证明 偏差性质来自 Z 项. 因为 Z 是可积的, 所以 $\overline{Z}_M$ 的几乎必然收敛性由强大数定律导出. □

到目前为止, L 的分布可以任意取定 (与条件 (6.4.2) 没有关系). 为了分析模拟 Z 的计算成本, 我们对 L 附加特定的条件. 为了简化分析, 我们限定它为几何分布:

$$L \overset{\text{d}}{=} \mathcal{G}(2^{-\gamma}), \quad \gamma > 1. \tag{6.4.5}$$

对于更一般的情形, 相关讨论可以参考 [128] . 在 Z 的模拟中, 在分层 l 中的分布 Δf_l 需要 $C(d)T/h_l + C(d)T/h_{l-1}$ 次基本计算: 于是计算成本的期望是

$$\mathbb{E}(\mathcal{C}_{\text{cost}}) \leqslant C\mathbb{E}\left(\sum_{l=1}^{L} 2^l\right).$$

因为 $\gamma > 1$, 我们容易验证 $\mathbb{E}(\mathcal{C}_{\text{cost}})$ 是有限的. 因此, 选择 (6.4.5) 之后, 无偏估计 $\overline{Z}_M$ 的计算成本与采样次数 M 成比例.

为了推导出关于 $\overline{Z}_M$ 的置信区间, 我们研究 Z 的可积性, 也就是说, p 阶矩的存在性, 其中 $p \in (1,2]$. L_p 范数的三角不等式给出

$$\begin{aligned}
(\mathbb{E}|Z|^p)^{1/p} &= \left(\mathbb{E}|f(X_T^{(h_0)})|^p\right)^{1/p} + \sum_{l\geqslant 1} \frac{(\mathbb{E}(\mathbf{1}_{L\geqslant l}|\Delta f_l|^p))^{1/p}}{\mathbb{P}(L\geqslant l)} \\
&= \left(\mathbb{E}|f(X_T^{(h_0)})|^p\right)^{1/p} + \sum_{l\geqslant 1} \frac{(\mathbb{E}(|\Delta f_l|^p))^{1/p}}{(\mathbb{P}(L\geqslant l))^{1-1/p}} \\
&\qquad \text{(应用 } L \text{ 与这些过程之间的独立性)} \\
&\leqslant C\left(1 + \sum_{l\geqslant 1} 2^{-l[r-\gamma(1-1/p)]}\right).
\end{aligned}$$

最后一步用到 L 为几何分布以及 (6.4.1) 式. 这样, 若

$$r - \gamma(1-1/p) > 0, \tag{6.4.6}$$

即, 若强收敛的阶足够大, 则 p 阶距是有限的. 特别地, 为了得到关于 $\overline{Z}_M$ 的标准中心极限定理, 我们需要取 $p = 2$, 这样就要 $r > \gamma/2$, 而因为 $\gamma > 1$ (为了确保模拟期望成本是有限的), 所以需要 $r > 1/2$, 这比标准估计 (5.2.1) 更强. 换句话说, 有两个体系.

- 当 Euler 算法的强收敛阶为 $r = 1/2$ 时, $\overline{Z}_M$ 的无偏估计不一定是平方可积的, 它仅在 L_p 中, 这里 $p < 2$, 于是我们要选择 $\gamma \in (1, \frac{1}{2(1-1/p)})$.

- 当 Euler 算法的强收敛为更高阶的时候, 即 $r > 1/2$ (参见习题 5.1, 令 $r = 1$, 或者习题 5.2 中的 Milshtein 算法), 我们可以选择 $\gamma > 1$, 且满足 $p = 2$ 时的 (6.4.6). 那么, 经由与 M 成比例的期望计算成本, 我们得到 $\mathbb{E}(f(X_T))$ 的一个无偏估计, 以及数量级为 $1/\sqrt{M}$ 的高斯分布型的置信区间.

我们简要地将这些性质总结为一个定理.

定理 6.4.3 (随机化分层方法的无偏估计) 考虑应用随机化分层方法来求解 $\mathbb{E}(f(X_T))$ 的估计值, 其中分层数 L 服从几何分布 $\mathcal{G}(2^{-\gamma})$, 这里 $\gamma > 1$.

假设 f 满足 Lipschitz 条件, 并且 Euler 算法具有强收敛误差阶 $r > 0$.

那么, Z 和 $\overline{Z}_M$ 是 $\mathbb{E}(f(X_T))$ 的无偏估计, 它们的模拟成本的期望是有限值. 当 $M \to +\infty$ 时, 蒙特卡罗估计值 $\overline{Z}_M$ 几乎必然收敛到 $\mathbb{E}(f(X_T))$. 若有

$$r - \gamma(1 - 1/p) > 0,$$

则其 p 阶矩是有限的. 特别地, 如果 $r > 1/2$, 那么我们可以通过恰当地选择 L 的几何分布得到一个平方可积估计值, 以及关于 $\sqrt{M}(\overline{Z}_M - \mathbb{E}(f(X_T)))$ 的通常高斯置信区间.

关于非随机化的多层方法的更多讨论和比较可以在 [128] 及相关参考文献中找到.

6.5 方差缩减方法

这些通过减小方差来减少置信区间的大小的技巧在第三章中已经讨论过, 原则上, 这些技巧可以直接应用到目前关于扩散过程的期望的计算中, 但需要一些附加规范. 基于控制变量和重要采样方法, 我们列出几个技巧.

6.5.1 控制变量

我们回顾一下控制变量的定义 3.3.1 : 它是一个中心化平方可积的随机变量 Z, 充分关联到我们要估计其期望的随机变量

$$\mathcal{E}(f, g, k, X) = f(X_T)e^{-\int_0^T k(r, X_r)dr} + \int_0^T g(s, X_s)e^{-\int_0^s k(r, X_r)dr}ds,$$

或者要估计的离散化版本

$$f(X_T^{(h)})e^{-h\sum_{j=0}^{N-1} k(jh, X_{jh}^{(h)})} + h\sum_{i=0}^{N-1} g(ih, X_{ih}^{(h)})e^{-h\sum_{j=0}^{i-1} k(jh, X_{jh}^{(h)})}.$$

随机计算自然地提供了中心化平方可积的随机变量: 即随机积分 $Z_\phi = \int_0^T \phi_r dW_r$. 在众多 $(\phi_s)_{0\leqslant s\leqslant T}$ 的选择中, 我们要确定出最优控制变量. 回到 Feynman-Kac 公式 (4.4.3)

$$u(t, x) = \mathbb{E}\left(f(X_T^{t,x})e^{-\int_t^T k(r, X_r^{t,x})dr} + \int_t^T g(s, X_s^{t,x})e^{-\int_t^s k(r, X_r^{t,x})dr}ds\right)$$

的证明中, 考察 Itô 公式, 我们得到 (参考在 $t=0$ 和 $s=T$ 之间应用 Itô 公式写出的 (4.4.7))

$$f(X_T^{t,x})e^{-\int_0^T k(r,X_r^{t,x})dr}+\int_0^T g(s,X_s^{t,x})e^{-\int_0^s k(r,X_r^{t,x})dr}ds-Z=u(0,x),$$

其中

$$Z:=\int_0^T e^{-\int_0^r k(s_1,X_{r_1})ds_1}\nabla_x u(r,X_r)\sigma(r,X_r)dW_r. \tag{6.5.1}$$

于是, 选择 $\phi_r^*:=e^{-\int_0^r k(s_1,X_{r_1})ds_1}\nabla_x u(r,X_r)\sigma(r,X_r)$ 来导出常数值 $\mathcal{E}(f,g,k,X)-Z$: 仅用一次模拟就足以估计

$$u(0,x)=\mathcal{E}(f,g,k,X)-Z_{\phi^*}=\mathbb{E}(\mathcal{E}(f,g,k,X)).$$

在实际中, 就像第三章中的重要采样方法, Z_{ϕ^*} 的模拟是无法做到的:

- 第一个原因是 Z_{ϕ^*} 的模拟需要对 $\nabla_x u$ 有所了解, 即未知函数 u 的梯度.
- 第二个原因是随机积分的模拟仅能通过时间离散化得到, 而这意味着损失了控制变量的最优性.

在实际中, 我们要寻找 u 的一个显式近似[1] ——我们将这个近似定义为 v ——而不是 Z_{ϕ^*}, 我们取控制变量为

$$Z_{\phi^{(h)}}=\sum_{i=0}^{N-1}e^{-h\sum_{j=0}^{i-1}k(jh,X_{jh}^{(h)})}\nabla_x v(ih,X_{ih}^{(h)})\sigma(ih,X_{ih}^{(h)})(W_{(i+1)h}-W_{ih}).$$

如果 $\nabla_x v$ 和 $\nabla_x u$ 足够接近, 并且 h 足够小, 那么

$$f(X_T^{(h)})e^{-h\sum_{j=0}^{N-1}k(jh,X_{jh}^{(h)})}+h\sum_{i=0}^{N-1}g(ih,X_{ih}^{(h)})e^{-h\sum_{j=0}^{i-1}k(jh,X_{jh}^{(h)})}-Z_{\phi^{(h)}}$$

的方差会显著减小.

6.5.2 重要采样

第三章中的工具是为实值或者向量值随机变量开发出来的: 它们先验地不容易应用到连续时间过程中 (无穷维情形).

---

① 事实上, 这个问题严重依赖于需要解决的问题: 或者我们应用自然和直接的近似, 或者我们用渐近展开来推导出函数 u 的一阶项.

- 当我们将 Euler 算法用于计算

$$\mathbb{E}[f(X_T^{t,x})e^{-\int_0^T k(s_1,X_{s_1}^{t,x})ds}+\int_0^T e^{-\int_0^r k(s_1,X_{s_1}^{t,x})ds_1}g(r,X_r^{t,x})dr]$$

时，随机泛函的模拟仅依赖于布朗运动增量，这构成了 $N\times d$ 的独立高斯随机向量：这样，问题被划归到一个有限维情形. 从这一点来看，第 3.4.4 节中所给出的适应方法可以被优化.

- 在完全一般的情形中，关于随机微分方程的概率测度变换称为 Girsanov 变换，它是第三章中的结果的无穷维版本. 这个可以作为选择一个合适的概率测度变换的指引，不过这里没有奇迹发生，因为就像前面提到的，在模拟阶段我们将不得不把问题转化为离散布朗运动情形. 我们将不会更多地讨论这些技巧，读者可以参考比如 [121] .

6.6　习题

习题 6.1 (h 与 M 变化时的中心极限定理)　我们通过同时改变模拟数量 M 和时间离散步长 h 来研究

$$\mathrm{Error}_{h,M}=\frac{1}{M}\sum_{m=1}^{M}\mathcal{E}(f,g,k,X^{(h,m)})-\mathbb{E}(\mathcal{E}(f,g,k,X))$$

的中心极限定理类型的收敛性. 在 Mh^2 所处的不同区域中，我们考虑当 $M\to+\infty$ 和 $h\to 0$ 时的渐近值.

i) 假设 $Mh^2\to 0$, f, g 和 k 是有界连续函数，并且关于 h 为 1 阶弱收敛. 证明关于 $\sqrt{M}\mathrm{Error}_{h,M}$ 的中心极限定理，其极限等于一个中心化的高斯随机变量，方差为 $\mathbb{V}\mathrm{ar}\ (\mathcal{E}(f,g,k,X))$.
推导 (6.1.1) 的 95% 水平的渐近置信区间.

ii) 假设 $Mh^2=C\neq 0$, 证明中心极限定理成立，而其极限为一个非中心化的高斯随机变量. 为了证明这一点，我们假设误差可以关于 h 进行 1 阶展开.

习题 6.2 (多层方法的不同强收敛阶)　假设 Euler 算法的强收敛关于 h 是 1 阶的 (就像在习题 5.1 中 σ 是常数的情形)，并且弱收敛关于 h 仍是 1 阶的.

i) 通过类似于定理 6.3.1 的证明, 确定在不同分层中计算效果的最优配置 (作为模拟数目的函数).

ii) 全局复杂性 $\mathcal{C}_{\text{cost}}$ 作为容许误差 ε 的函数是什么样的?

iii) 更一般地, 假设 Euler 算法以 $\alpha \in (0,1]$ 阶强收敛, 并且以 $\beta \in (0,1]$ 阶弱收敛 (观察到 $\alpha \leqslant \beta$). 推导出关于多层方法的复杂性/精确性分析. 怎样配置 (α, β) (在各个分层之间结果已经优化), 以得到

$$\mathcal{C}_{\text{cost}} \sim_c \varepsilon^{-2},$$

即我们能得到标准蒙特卡罗收敛速度吗?

习题 6.3 (对于算术平均和几何平均的变量控制) 下面的例子受金融工程中的亚式期权的估价启发而来 [90] . 令 S 为一个几何布朗运动, 其形式为 $S_t = e^{\sigma W_t + (\mu - \frac{\sigma^2}{2})t}$, 其中 $\mu \in \mathbb{R}$, $\sigma > 0$. 我们的目标是用蒙特卡罗方法计算期望

$$\mathbb{E}(A^{\text{arith.}}),\ 其中\ A^{\text{arith.}} := \left(\int_0^1 S_t dt - K\right)_+,$$

这里 $K > 0$ 是给定的常数.

i) 证明为什么 $A^{\text{geom.}} := (\exp(\int_0^1 \log(S_t)dt) - K)_+$ 是计算 $\mathbb{E}(A^{\text{arith.}})$ 的可选择的控制变量. 我们回忆一下, 如果 $Z \stackrel{\text{d}}{=} \mathcal{N}(m - \frac{V}{2}, V)$, 其中 $V > 0$, 那么

$$\begin{aligned}\mathbb{E}(e^Z - K)_+ = e^m \mathcal{N}\left[\frac{1}{\sqrt{V}} \ln(e^m/K) + \frac{\sqrt{V}}{2}\right] \\ -K\mathcal{N}\left[\frac{1}{\sqrt{V}} \ln(e^m/K) - \frac{\sqrt{V}}{2}\right].\end{aligned}$$

ii) 参数 (μ, σ, T) 在什么范围取值可以使这个控制变量最有效?

iii) 现在用下式逼近 $A^{\text{arith.}}$:

$$A_n^{\text{arith.}} := \left(\frac{1}{n}\sum_{i=0}^{n-1} S_{\frac{i}{n}} - K\right)_+.$$

应用习题 4.2 中的论述, 证明

$$\mathbb{E}(A_n^{\text{arith.}}) - \mathbb{E}(A^{\text{arith.}}) = O(n^{-1}).$$

iv) 关于 $A_n^{\text{arith.}}$ 自然的控制变量 $A_n^{\text{geom.}}$ 是什么样的?

v) 写出实现前面的方差缩减方法的模拟程序.

第三部分：非线性过程的模拟

第七章　倒向随机微分方程

在第 4.4.2 节中, 我们看到如何通过对随机微分方程解的轨道的泛函求期望来关联到线性偏微分方程. 这些成对的问题 (偏微分方程/随机过程) 是更一般的非线性模型的特例, 我们将在这一章研究非线性问题. 一个现象称为非线性的, 如果它不满足叠加原理: 两个解的和不等于将参数求和后所得方程的解. 非线性性具有的本质完全不同, 而且通常由所研究的现象的交互作用推导出. 在第三部分, 我们讲述了三种不同类型的典型交互作用:

1. 推导出倒向随机微分方程 (第七章, 第八章);

2. 对应于分支扩散过程 (第 7.5 节) 的问题;

3. 关联到带有交互作用的随机微分方程 (McKean 意义下的非线性扩散, 第九章).

定义 7.0.1 (正倒向随机微分方程的非正式定义)

▷ 正向随机微分方程在第四章中研究过: 它是形如 $X_t = x_0 + \int_0^t \cdots ds + \int_0^t \cdots dW_s$ 的动态系统, 带有一个特定的初始条件 x_0 和作用在动态系统上的特定系数 $(\cdots)$.

▷ 相反地, 一个倒向随机微分方程 $(Y_t)_t$ 要在时刻 T 满足特定终端条件 (就像需要达到的目标), 并且在时刻 t 的值 Y_t 必须与 t 处的信息流相适应, 而不需要预知未来才能确定.

关于我们讲到的倒向随机微分方程和与之相关联的偏微分方程, 后者指的是半线性偏微分方程, 这意味着在定理 4.4.3 中的函数 g 依赖 (可能是非线性的) 方程解 u 和它的一阶偏微分 ∇u.

在本章的以下内容中, 我们从不同领域的几个例子开始, 以激发读者的兴趣. 也会给出建立偏微分方程和随机微分方程的关系的 Feynman-Kac 型公式. 事实上, 新的随机微分方程不是常规方程, 而必须从终端时刻开始, 这就是所用的术语“倒向”的来历: 这是优化问题中的动态规划方程的标准形式, 这里必须随着时间向前推移重复做决定下命令. 我们证明了这类方程解的存在唯一性定理, 然后我们在 Euler 算法的启发下提出了一个倒向时间离散算法并且分析了它的收敛阶数. 不过, 它的有效模拟是通过求解离散时间动态方程而实现的, 这要求大量地计算条件数学期望. 这个通用且细致的问题将在第八章处理.

7.1 一些例子

我们将讲述一些例子, 它们或者源自确定方程或者源自随机方程: 然后我们将会看出通过 Feynman-Kac 公式容易由一个角度转换到另一个角度来看问题. 根据模型的本质来决定在表述模型时选取随机性的角度还是确定性的角度.

7.1.1 源自反应扩散方程的例子

这一章中所研究的一大类问题关联到反应扩散系统, 其解 $u=(u_1,\cdots,u_K):(t,x)\in[0,T]\times\mathbb{R}^d\mapsto\mathbb{R}^K$ 满足如下形式的方程

$$\begin{cases}\partial_t u_k(t,x)+\mathcal{L}^k u_k(t,x)+g_k(t,x,u(t,x))=0,\\ \qquad\qquad t<T,x\in\mathbb{R}^d,k=1,\cdots,K,\\ u_k(T,\cdot)\text{ 给定}, \quad k=1,\cdots,K,\end{cases}\tag{7.1.1}$$

其中给定的函数 $g_k:(t,x,v)\in[0,T]\times\mathbb{R}^d\times\mathbb{R}^K\mapsto\mathbb{R}$ 体现了问题的非线性. 这里 $\mathcal{L}^k$ 代表一个系数为 (b^k,σ^k) 的随机微分方程 X^k 的无穷小生成元, 由定义 4.4.1 知

$$\mathcal{L}^k=\mathcal{L}^{X^k}_{b^k,[\sigma^k,\sigma^k]^{\mathrm{T}}}=\frac{1}{2}\sum_{i,j=1}^{d}[[\sigma^k\sigma^k]^{\mathrm{T}}]_{i,j}(t,x)\partial^2_{x_ix_j}+\sum_{i=1}^{d}b_i^k(t,x)\partial_{x_i}.$$

与定理 4.4.3 相比较, 结果的本质差别在两方面:

- u 可能是向量值的 (K 维偏微分方程组): 事实上, 在数学上这是一个并不

复杂的延拓, 但是它在应用中很有意义.

- 主要来说, 在 u 的分量之间可以存在耦合 (通过 $g=(g_1,\cdots,g_K)$). 即使在 $K=1$ 的情形中, 非线性作用仍仅体现在 g 中. 最后一个效果与第二部分相比较来说是全新的.

当然, 就像在第四章中, 我们可以加上一个边界条件 (Dirichlet 型条件) 或者将问题设定在无穷区间 (椭圆方程, 不带有关于时间的偏导数); 我们将这些问题的思路与叙述的修正留给读者自己思考. 关于这些反应扩散方程的完整参考文献, 参见 Henry [76] 和 Smoller [136] 等书.

例 7.1.1 (生态学) 在平面的一个区域中 ($d=2$), 假设在相同的环境中存在 K 个相互影响的物种, 定义 $u_k(t,x)$ 为第 k 个物种在空间中的一点 x 与给定时刻 t 的个体数量密度. 这类模型最初于 20 世纪 30 年代末在 Fisher [41] 以及 Kolmogorov, Petrovsky 和 Piskunov [94] 的工作中引入; 更多相关的文献可以参见近期的图书 [133].

让我们快速讨论两个物种的情形, 即 $K=2$:

$$\begin{cases}\partial_t u_1(t,x)=\alpha^1\Delta u_1(t,x)+g_1(t,x,u_1,u_2),\\ \partial_t u_2(t,x)=\alpha^2\Delta u_2(t,x)+g_2(t,x,u_1,u_2), \quad t>0, x\in\mathbb{R}^2,\\ u_i(0,\cdot)\ \text{给定},\end{cases} \tag{7.1.2}$$

其中两个 Laplace 算子分别为两个物种建立扩散模型 (就像是布朗运动). 关于方程 (7.1.1), $\partial_t u$ 的符号变了, 这仅是在第四章中看到的简单的时间翻转 $t\leftrightarrow T-t$.

函数 $g=(g_1,g_2)$ 在模型中描述了种群的个体数量的增长率: 它刻画了当地的可用资源及各种物种之间的相互作用. 详细来说:

1. $\partial_{u_2}g_1<0$ 且 $\partial_{u_1}g_2>0$ 的情形对应于捕食者–猎物模型, 其中某个物种, 物种 1 (猎物) 的个体数量增长速度在物种 2 (捕食者) 具有高密度分布时会减少, 即与捕食者个体的增长速度相反.
2. $\partial_{u_2}g_1>0$ 且 $\partial_{u_1}g_2>0$ 的情形对应共生模型, 其中每个物种都可以从其他物种处获取收益.
3. 取 $\partial_{u_2}g_1<0$ 且 $\partial_{u_1}g_2<0$ 描述了物种之间的竞争模型.

例 7.1.2 (神经科学) 著名的 Hodgkin 和 Huxley (1963 年获得诺贝尔

生理学或医学奖)[①]模型是一组描述在神经纤维轴突中信号传递的生理现象的方程，描绘了电激发性与不同化学离子浓度之间的依赖性. 这个系统为 $K=4$ 维模型，第一个未知量 u 表示电势能而其他三个未知量 (v_1,v_2,v_3) 为化学浓度[②]: 对于 $(t,x)\in\mathbb{R}^+\times\mathbb{R}\mapsto\mathbb{R}$ (线性神经元)，系统可以写为

$$\begin{cases} c_0\partial_t u=\dfrac{1}{R}\partial_{xx}^2 u+\kappa_1 v_1^3 v_2(c_1-u)+\kappa_2 v_3^4(c_2-u)+\kappa_3(c_3-u), \\ \partial_t v_1=\varepsilon_1\partial_{xx}^2 v_1+g_1(u)(h_1(u)-v_1), \\ \partial_t v_2=\varepsilon_2\partial_{xx}^2 v_2+g_2(u)(h_2(u)-v_2), \\ \partial_t v_3=\varepsilon_3\partial_{xx}^2 v_3+g_3(u)(h_3(u)-v_3), \\ u(0,\cdot)\ \text{和}\ v_i(0,\cdot)\ \text{给定}, \end{cases} \tag{7.1.3}$$

这里 c_i, R, κ_i, ε_i 是不同的正常数，g_i 和 h_i 是不同的函数. 这个模型还有一个简化的版本，称为 FitzHugh-Nagumo 模型.

例 7.1.3 (化学) 假设一个容器里存有 N 种化合物，能够发生 R 个独立的反应. 定义 c_i 为第 i 种化合物的浓度，θ 为温度. 那么，它们的发展遵从 $K=N+1$ 维方程组 (在 $\mathbb{R}^+\times\mathbb{R}^3$ 中)

$$\begin{cases} \varepsilon_p\partial_t c_i=D_i\Delta c_i+\displaystyle\sum_{j=1}^{R}\nu_{ij}g_j(c_1,\cdots,c_N,\theta), \quad i=1,\cdots,N, \\ \rho c_p\partial_t\theta=k\Delta\theta-\displaystyle\sum_{j=1}^{R}\sum_{i=1}^{N}\nu_{ij}H_i g_j(c_1,\cdots,c_N,\theta), \\ c_i(0,\cdot)\ \text{和}\ \theta(0,\cdot)\ \text{给定}, \end{cases} \tag{7.1.4}$$

这里 g_j 为第 j 个反应的速度，H_i 为第 i 种化合物的局部摩尔焓. 为了解更多内容可以参考 [50].

例 7.1.4 (材料物理学) Allen-Cahn 方程 [25] 是扩散界面相变的原始模型，用来对例如固体/液体相变建模 [142]. 系统是 1 维的，$K=1$，并有如下形式 (在 $\mathbb{R}^+\times\mathbb{R}^3$ 中)

$$\begin{cases} \partial_t u=\varepsilon\Delta u+u(1-u^2), \\ u(0,\cdot)\ \text{给定}. \end{cases} \tag{7.1.5}$$

这样解 u 代表定义了原子在晶格中排列的顺序的参数.

---

① 译者注: Alan Lloyd Hodgkin (1914—1998) 和 Andrew Fielding Huxley (1917—2012)，都是英国生理学家和细胞生物学家，他们因发现了关于激发和抑制神经细胞膜外周和中央部分所涉及的离子机制而获得 1963 年诺贝尔生理学或医学奖.

② 关于巨型鱿鱼的历史实验 [78] 中，电流主要是由于钾离子、钠离子和其他离子流而产生.

在 [76, 第 2 章] 和 [136, 第 14 章] 中还给出了其他一些例子.

7.1.2 随机模型中的例子

例 7.1.5 (金融) 考虑一个如下简化的金融市场:

- 一只股票, 其价格过程 $(X_t)_{t\geqslant 0}$ 服从几何布朗运动模型 (参见第 4.3.3 节):

$$X_t = x_0 \exp\left(\left(b - \frac{1}{2}\sigma^2\right)t + \sigma W_t\right);$$

- 无风险资产, 其借款利率和贷款利率都是 r.

定义 $(\pi_t)_t$ 为在时间区间中投资在股票中的资产. 在自融资限制条件下 (既没有外部投资, 也没有撤出资金), 投资组合的价值服从保守方程 (参见 [119])

$$\begin{aligned}Y_t &= Y_0 + \int_0^t \pi_s \frac{dX_s}{X_s} + \int_0^t (Y_s - \pi_s) r ds \\ &= Y_0 + \int_0^t [b\pi_s + r(Y_s - \pi_s)]ds + \int_0^t \sigma\pi_s dW_s, \quad \forall t \geqslant 0.\end{aligned}$$

指定一个在将来时刻 $T > 0$ 想实现的形如 $Y_T = f(X_T)$ 的有随机性的投资目标 (也可以解释为一个管理目的①) 之后, 我们得到一个从终端向前写的方程, 其中未知过程是 π 和 Y:

$$Y_t = f(X_T) - \int_t^T [b\pi_s + r(Y_s - \pi_s)]ds - \int_t^T \sigma\pi_s dW_s, \quad \forall t \in [0, T].$$

我们现在将存款利率 r 与借款利率 $R > r$ 不同的情况考虑进来, 将它们分别应用到 $Y_s - \pi_s \geqslant 0$ (存款) 或者 $\leqslant 0$ (贷款); 那么上面的方程变成 ②

$$Y_t = f(X_T) - \int_t^T [b\pi_s + r(Y_s - \pi_s)_+ - R(Y_s - \pi_s)_-]ds - \int_t^T \sigma\pi_s dW_s, \quad \forall t \in [0, T].$$

令 $Z_s = \sigma\pi_s$, 我们得到一个如下形式的**倒向**随机微分方程, 这里**倒向**是指目标在时刻 $t = T$ 而不是在时刻 $t = 0$ 给出,

$$Y_t = f(X_T) + \int_t^T g(s, X_s, Y_s, Z_s)ds - \int_t^T Z_s dW_s, \tag{7.1.6}$$

这里我们强调未知过程是 Y 和 Z (它们关于布朗运动信息流是适应的, 而且忽略了可积性条件). 另外, 这个方程耦合了一个在第二部分讨论的**正向**③随机微

① 例如, 对冲期权.

② 定义 $x_+ = \max(x, 0)$, 以及 $x_- = \max(-x, 0)$.

③ “正向”就是说我们这里在时刻 $t = 0$ 指定条件.

分方程 $(X_t)_{t\geqslant 0}$: 这样 (X,Y,Z) 构成了一个**正倒向随机微分方程**的例子, 这类方程在随机控制中出现, 这里的问题是寻找 π 驱动 Y 使得在时刻 T 时达到值 $f(X_T)$. 关于金融中的其他例子, 参见文献 [38] 和 [37].

下面的例子是从随机控制的角度出发得到的, 参见 [108]. 这次过程 X 的动态变化也依赖于 (Y,Z), 这样就产生一个比前一个例子更复杂的正倒向耦合.

例 7.1.6 (随机控制) 考虑一个线性二次控制问题: 一个控制者, 通过他的行动 $(c_t)_{t\geqslant 0}$, 控制一个随机系统, 在时刻 t 其状态被描述为

$$X_t^{(c)} = x_0 + \int_0^t (-aX_s^{(c)} + c_s)ds + W_t \tag{7.1.7}$$

(a 是一个常数): 这个过程可以看做由控制 c 线性驱动的 Ornstein-Uhlenbeck 过程. 最优控制必须在由所有适应且平方可积的控制组成的集合中最小化**二次**成本泛函

$$J(c) := \frac{1}{2}\mathbb{E}\left(\int_0^T ([X_t^{(c)}]^2 + c_t^2)dt + [X_T^{(c)}]^2\right).$$

让我们应用 Pontryagin 原理来确定最优控制 c^* 要满足的必要形式①: 对于任意控制 c 和任意 $\varepsilon\in\mathbb{R}$, $c^*+\varepsilon c$ 仍是一个可允许控制, 由最优控制的定义, 我们知道 $J(c^*+\varepsilon c)\geqslant J(c^*)$. 进一步, 我们容易证明常微分方程 (带有随机系数)

$$\dot{X}_t^* = \int_0^t (-a\dot{X}_s^* + c_s)ds \tag{7.1.8}$$

的解过程 $\dot{X}^*$ 对应导数过程 $\dot{X}_t^* = \lim_{\varepsilon\to 0}(X_t^{(c^*+\varepsilon c)} - X_t^{(c^*)})/\varepsilon$. 于是, 由最优性可知 $[J(c^*+\varepsilon c) - J(c^*)]/\varepsilon\geqslant 0$, 并令 $\varepsilon\to 0$, 我们得到

$$0\leqslant \mathbb{E}\left(\int_0^T (X_t^{(c^*)}\dot{X}_t^* + c_t c_t^*)dt + X_T^{(c^*)}\dot{X}_T^*\right). \tag{7.1.9}$$

$X^{(c^*)}$ 满足方程 (7.1.7), 我们考虑如下伴随倒向随机微分方程的适应解 $(Y^{(c^*)}, Z^{(c^*)})$(假设存在性和唯一性成立)

$$\begin{cases} dY_t^{(c^*)} = (aY_t^{(c^*)} - X_t^{(c^*)})dt + Z_t^{(c^*)}dW_t, \\ Y_T^{(c^*)} = X_T^{(c^*)}. \end{cases} \tag{7.1.10}$$

---

① 在这个例子中, 由映射 $c\mapsto J(c)$ 的凸性, 问题存在唯一解.

对于 $Y_t^{(c^*)}\dot{X}_t^*$ 应用 Itô 公式, 利用 (7.1.9) 和 (7.1.8)—(7.1.10), 我们推导出

$$\begin{aligned}0 &\leqslant \mathbb{E}\left(\int_0^T (X_t^{(c^*)}\dot{X}_t^* + c_t c_t^*)dt + Y_T^{(c^*)}\dot{X}_T^*\right)\\ &= \mathbb{E}\left(\int_0^T \Big[(X_t^{(c^*)}\dot{X}_t^* + c_t c_t^*) + (aY_t^{(c^*)} - X_t^{(c^*)})\dot{X}_t^*\right.\\ &\qquad \left. + Y_t^{(c^*)}(-a\dot{X}_t^* + c_t)\Big]\, dt\right)\\ &= \mathbb{E}\left(\int_0^T c_t[c_t^* + Y_t^{(c^*)}]dt\right)\end{aligned}$$

由于 c 可以是任意的, 这个等式意味着 $c_t^* = -Y_t^{(c^*)}$. 将它带入 (7.1.10), 于是得到 (X, Y, Z) 为如下**正倒向随机微分方程**的解:

$$\begin{cases} dX_t = (-aX_t - Y_t)dt + dW_t, \\ X_0 = x_0, \end{cases} \text{(带初始条件的随机微分方程)}$$

$$\begin{cases} dY_t = (aY_t - X_t)dt + Z_t dW_t, \\ Y_T = X_T, \end{cases} \text{(带终端条件的随机微分方程)}$$

以及随机控制问题的最优解:

$$c_t^* = -Y_t, \quad X_t^{(c^*)} = X_t.$$

读者应该注意到在这个例子中, 即使系数是线性的, (X, Y, Z) 的数值求解也会复杂得多. 实际上在例 7.1.5 中, 我们可以在 (Y, Z) 未知的情况下正向模拟 X (参见第五章), 然后在倒向意义下模拟 (Y, Z). 在最后一个例子中, X 依赖于 Y, 而 Y 也依赖于 X, 两个阶段性模拟 (正向的和倒向的) 完全相互依赖.

7.2 Feynman-Kac 公式

7.2.1 一般性结果

下面我们将要讲述的一般形式的结果, 给出了随机微分方程与偏微分方程之间的一般性关系, 而且能够将其与之前的那些例子统一起来. 这个联系显然对于提高数值求解的可行性 (由偏微分方程离散化方法, 或者随机微分方程模拟, 或者两者结合) 和有效理论工具的多样化很重要. 为了避免用到复杂的定义, 我们假设 (7.1.1) 中的算子 $\mathcal{L}^{[k]}$ 是完全一样的 (即只有一个过程).

定理 7.2.1 假设

- $d \in \mathbb{N}^*$ 为给定 Euclid 空间的维数,
- $K \in \mathbb{N}^*$ 为耦合系统中倒向方程的个数,
- $T > 0$ 为一个固定的终端时刻.

考虑如下问题:

- 扩散过程 X 由满足定理 4.3.1中假设的系数 $b : \mathbb{R}^d \mapsto \mathbb{R}^d$ 和 $\sigma : \mathbb{R}^d \mapsto \mathbb{R}^d \otimes \mathbb{R}^d$ 来定义, 即为由 d 维布朗运动 W 所驱动的随机微分方程的解:

$$X_t = x_0 + \int_0^t b(s, X_s)ds + \int_0^t \sigma(s, X_s)dW_s. \tag{7.2.1}$$

  X 的无穷小生成元 $\mathcal{L}^X_{b,\sigma\sigma^{\mathrm{T}}}$ 简记为 $\mathcal{L}$. 并且 $\sigma(t,x)$ 在任意点 (t,x) 都是可逆的, 其逆 $[\sigma(t,x)]^{-1}$ 是一致有界的.

- 两个连续函数 $f = (f^{[1]}, \cdots, f^{[K]})^{\mathrm{T}} : \mathbb{R}^d \mapsto \mathbb{R}^K$ 和 $g = (g^{[1]}, \cdots, g^{[K]})^{\mathrm{T}} : [0,T] \times \mathbb{R}^d \times \mathbb{R}^K \times (\mathbb{R}^K \otimes \mathbb{R}^d) \mapsto \mathbb{R}^K$ 满足如下增长条件

$$|f(x)| + |g(t,x,u,v)| \leqslant C(1 + |x|^2 + |u| + |v|), \quad \forall (t,x,u,v),$$

  其中 C 是常数.

- $u = (u^{[1]}, \cdots, u^{[K]})$ 满足 K 维半线性偏微分方程组

$$\begin{cases} \partial_t u^{[k]}(t,x) + \mathcal{L}u^{[k]}(t,x) + g^{[k]}(t,x,u(t,x),\nabla u(t,x)) = 0, \quad 1 \leqslant k \leqslant K, \\ u^{[k]}(T,x) = f^{[k]}(x). \end{cases} \tag{7.2.2}$$

假设这个系统存在一个解 $u \in \mathcal{C}^{1,2}([0,T] \times \mathbb{R}^d, \mathbb{R}^K)$

$$\left(\text{并且} \sup_{(t,x)\in[0,T]\times\mathbb{R}^d} \frac{|u(t,x)| + |\nabla u(t,x)|^2}{1+|x|^2} < +\infty\right),$$

那么由 (7.2.1) 定义的过程 (X, Y, Z):

$$Y_t := u(t, X_t), \quad Z_t := \nabla u(t, X_t)\sigma(t, X_t),$$

满足如下正倒向随机微分方程组

$$\begin{cases} X_t = x_0 + \int_0^t b(s, X_s)ds + \int_0^t \sigma(s, X_s)dW_s, \\ Y_t = f(X_T) + \int_t^T g(s, X_s, Y_s, Z_s[\sigma(s,X_s)]^{-1})ds - \int_t^T Z_s dW_s. \end{cases} \tag{7.2.3}$$

证明 我们来证明 (Y,Z) 的第 k 个分量要满足的等式, 即 $Y_t^{[k]}=u^{[k]}(t,X_t)$ 和 $Z_t^{[k]}=\nabla u^{[k]}(t,X_t)\sigma(t,X_t)$. 将 Itô 公式 (4.4.4) 应用到 $u^{[k]}$ 和 X 上, 我们得到

$$\begin{aligned}dY_s^{[k]}&=du^{[k]}(s,X_s)\\&=[\partial_t u^{[k]}(s,X_s)+\mathcal{L}u^{[k]}(s,X_s)]ds+\nabla u^{[k]}(s,X_s)\sigma(s,X_s)dW_s\\&=-g^{[k]}(s,X_s,u(s,X_s),\nabla u(s,X_s))ds+\nabla u^{[k]}(s,X_s)\sigma(s,X_s)dW_s,\end{aligned}$$

于是, 我们可以写出从 $s=t$ 到 $s=T$ 的积分:

$$u^{[k]}(T,X_T)=Y_t^{[k]}-\int_t^T g^{[k]}(s,X_s,u(s,X_s),\nabla u(s,X_s))ds+\int_t^T Z_s^{[k]}dW_s.$$

注意到 $u^{[k]}(T,\cdot)=f^{[k]}(\cdot)$, 证明完成. □

如果算子 $\mathcal{L}$ 关于方程 (7.2.2) 的 K 个分量不相同, 因为会用到高维扩散过程, 那么写出解的概率表示必须要求更加细致的讨论.

将 (7.2.3) 写到 $t=0$ 处并取期望 (在定理假设下, 随机积分可以消失, 由于它的期望为零), 我们得到 u 的一个由期望表示的形式.

推论 7.2.2 在与定理 7.2.1 相同的假设下, 我们有

$$u(0,x_0)=\mathbb{E}\left(f(X_T)+\int_0^T g(s,X_s,Y_s,Z_s[\sigma(s,X_s)]^{-1})ds\right). \tag{7.2.4}$$

若用在时刻 t 从 x 出发的过程 X 替代在时刻 0 从 x_0 出发的过程, 则有可能写出类似地用期望表示 $u(t,x)$ 的公式. 在所有其他可能出现的推广中, 我们要提一下可以由 Bismut-Elworthi-Li 公式写出 $\nabla u(0,x_0)$ 的表达式 (定理 4.5.3). 我们不再进一步讨论这些推广, 因为相关定义很烦琐并且会掩盖基本的想法: 我们将集中研究这些问题的蒙特卡罗模拟, 我们叙述简单, 但包含可以推广到更一般的问题的本质. 关于更一般的情形, 参见 [63].

细心的读者可能已经注意到, 若比较推论 7.2.2 和定理 4.4.3 就会发现后者包含一个关于 u 的线性项: 我们看到可以将它放入驱动项 g 中, 也可以将它看做一个折现因子; 两种途径都是可行的, 在数值计算上稍有不同. 无论如何, 第二个观点更常用, 也更直接.

在结束这部分之前, 我们再来回顾一下前一节中提到的那些例子.

▷ 例 7.1.1 (生态学), 例 7.1.2 (神经科学), 例 7.1.3 (化学). 这些情形中, 为了以 Laplace 形式给出算子 $\mathcal{L}$ 的概率表示, 我们分别取 $K=2$, $K=4$, 以及 $K=$“化合物数量加 1” 维的布朗运动.

▷ 例 7.1.4 (材料物理学). 这个情形类似, 但是我们注意到 $g(t,x,u,v)=u(1-u^2)$ 中出现了超线性增长, 并不能被定理 7.2.1 所包含; 这类增长性条件在技术上需要更精细的处理. 在单调性条件下 ($u\mapsto -u^3$ 可以满足), 我们可以证明其概率表示; 参见 [123].

▷ 例 7.1.5 (金融学). 比较 (7.1.6) 与 (7.2.3), 这等于取 $K=1$, 非线性项 g 依赖于 u 和它的梯度 ∇u.

▷ 例 7.1.6 (随机控制). 这里再次取 $K=1$, 但是主要不同在于扩散过程 (经由其无穷小生成元 $\mathcal{L}$) 依赖于 u (因为 $-Y_t dt$ 项在 X 的动态系统中). 定理 7.2.1 不能应用到这个情形中, 但是在附加一些技术条件的代价下可以得到这个结果的一个推广; 参见 [108].

7.2.2　简化模型

在下文中, 为了集中研究模拟算法的深层基本想法, 而不是数学模型的技术, 我们将考虑其最简化的形式, 即

- 系统退化为一维方程 $K=1$,
- 函数 g 不依赖 ∇u.

基于从点 (t,x) 出发的扩散过程 $X^{t,x}$, 将推论 7.2.2 的结果重写一下, 我们的目标是用蒙特卡罗方法计算 u, 其动态系统如下:

$$\begin{cases} X_s^{t,x}=x+\int_t^s b(r,X_r^{t,x})dr+\int_t^s \sigma(r,X_r^{t,x})dW_r, \quad s\in[t,T], \\ u(t,x)=\mathbb{E}\left(f(X_T^{t,x})+\int_t^T g(s,X_s^{t,x},u(s,X_s^{t,x}))ds\right). \end{cases}$$

这就是我们要研究的简化后的非线性模型, 它足以让我们体会到设计一个求解这样的非线性方程的概率算法的那些最重要的特性.

我们从证明方程的连续解 u 的存在性和唯一性开始. 为了这一点, 对于一个给定的函数 $v:[0,T]\times\mathbb{R}^d\mapsto\mathbb{R}$, 定义算子 F 如下

$$Fv(t,x)=\mathbb{E}\left(f(X_T^{t,x})+\int_t^T g(s,X_s^{t,x},v(s,X_s^{t,x}))ds\right). \tag{7.2.5}$$

引理 7.2.3　*假设 b 和 σ 满足定理 4.3.1 的通常条件, 以及*

- *$f:\mathbb{R}^d\mapsto\mathbb{R}$ 是连续的, 且有界;*

- $g:[0,T]\times\mathbb{R}^d\times\mathbb{R}\mapsto\mathbb{R}$ 是连续的, 有界的, 并且关于 v 满足 Lipschitz 条件

$$\sup_{(t,x)\in[0,T]\times\mathbb{R}^d}\sup_{v_1\neq v_2}\left[\frac{|g(t,x,v_1)-g(t,x,v_2)|}{|v_1-v_2|}+|g(t,x,v_1)|\right]:=L_g<+\infty.$$

那么, 当 λ 足够大时, 在由连续有界函数 $v:[0,T]\times\mathbb{R}^d\mapsto\mathbb{R}$ 构成的 Banach 空间中, 映射 $v\mapsto Fv$ 是压缩的, 这里对应的空间范数定义为

$$\|v\|_\lambda:=\sup_{(t,x)\in[0,T]\times\mathbb{R}^d}e^{\lambda t}|v(t,x)|.$$

我们可以用不动点原理来推导如下结果.

定理 7.2.4 (非线性方程的解) 在前一个引理的假设下, 方程 $Fu=u$ 存在唯一的连续有界解, 并且它满足

$$u(t,x)=\mathbb{E}\left(f(X_T^{t,x})+\int_t^T g(s,X_s^{t,x},u(s,X_s^{t,x}))ds\right). \tag{7.2.6}$$

证明 (引理 7.2.3 的证明) 我们首先证明映射的压缩性. 关于 g 的相当强的有界性假设保证了 Fv 是明确定义的, 且被 $|f|_\infty+T|g|_\infty$ 界住. 令 v_1 和 v_2 为两个连续函数; 那么

$$\begin{aligned}e^{\lambda t}|[Fv_1](t,x)-[Fv_2](t,x)|&\leqslant\int_t^T e^{\lambda t}L_g\sup_{x'\in\mathbb{R}^d}|v_1(s,x')-v_2(s,x')|ds,\\ \|[Fv_1]-[Fv_2]\|_\lambda&\leqslant L_g\int_t^T e^{-\lambda(s-t)}ds\|v_1-v_2\|_\lambda\\ &=\frac{L_g(1-e^{-\lambda(T-t)})}{\lambda}\|v_1-v_2\|_\lambda.\end{aligned}$$

于是, 选取 $\lambda\geqslant 2L_g$, 我们就得到 F 在范数 $\|\cdot\|_\lambda$ 下是压缩的, 且压缩常数小于 $\frac{1}{2}$.

剩下的就是对于给定的连续函数证明 Fv 是连续的. 借助于随机计算, 我们能够证明可以概率 1 定义出连续函数 $(t,x,s)\mapsto X_s^{t,x}$; 我们略过细节, 参见 [97]. 应用控制收敛定理, 我们得到对于任意连续函数 Ψ, $\mathbb{E}(\Psi(X_s^{t,x}))$ 在 (t,x) 处连续 (在 s 也是如此): 由此我们容易推导出 $Fv(t,x)=\mathbb{E}(f(X_T^{t,x}))+\int_t^T\mathbb{E}(g(s,X_s^{t,x},v(s,X_s^{t,x})))ds$ 在 (t,x) 处连续. □

在问题的参数中附加上一些正则性条件, 我们就可以证明通过逆方法得到的函数 u 是形如 (7.2.2) 的半线性偏微分方程的解, 这样就完成了偏微分方程

与随机微分方程之间的一次轮换. 关于偏微分方程的文献, 可以参考专著 (相当技术性) [44, 100, 53, 105].

应用随机流的性质和随机微分方程的马尔可夫性 (命题 4.3.2), 我们可以用条件期望的形式写出类似表达形式.

定理 7.2.5 在定理 7.2.4 的假设下, 对于 $t \in [0,T]$, 我们定义

$$X_t = x_0 + \int_0^t b(r, X_r)dr + \int_0^t \sigma(r, X_r)dW_r, \tag{7.2.7}$$

$$Y_t = u(t, X_t), \tag{7.2.8}$$

这里对于扩散过程 X 在时刻 0 的初始点 x_0 并没有特别要求. 那么, Y 是如下倒向随机微分方程的解:

$$Y_t = \mathbb{E}\left(f(X_T) + \int_t^T g(s, X_s, Y_s)ds|X_t\right). \tag{7.2.9}$$

实际上, 这个表示与定理 7.2.1 中的表示类似: 只需要在 (7.2.3) 的等式两边取条件数学期望 $\mathbb{E}(\cdot|\mathcal{F}_t)$ 就足够了, 然后用 X 的马尔可夫性将关于 $\mathcal{F}_t$①的条件期望替换为关于 X_t 的条件期望. 我们称其为**倒向**随机微分方程, 因为在 t 时刻解的值依赖于 t 之后解的将来值, 这需要一种关于时间倒向的求解.

这个表示式凸显了过程 $(Y_t)_t$ 所满足的非线性方程, 同时表达式 (7.2.6) 可以看做函数 $u(t,x)$ 的非线性方程. Y_t 的随机值正是函数 $u(t,\cdot)$ 在随机点 X_t 计算出的值.

关于蒙特卡罗方法, 从**过程**角度可以看出 Y 在自然范数下具有控制误差的优势, 我将在第八章中回到这一点. 从**过程**角度来看还有另一个好处, 我们来简要讲一下, 但不深入细节: 当满足 $Y_t = \mathbb{E}(\xi + \int_t^T g(s, X_s, Y_s)ds|\mathcal{F}_s)$ 的适应过程 Y 存在且唯一时, 不需要假设 ξ 具有 $f(X_T)$ 的形式, 也不需要 g 在马尔可夫框架下依赖于 X. 于是我们可以考虑非马尔可夫框架, 此时问题不能再用偏微分方程的理论求解. 这类有效推广基于随机分析的精妙技巧, 例如参见 [37].

7.3 时间离散化与动态规划方程

为了模拟由 (7.2.9) 给出的过程 Y, 我们将要用到动态规划原理②, 它由 R. E. Bellman (1920—1984) 在 20 世纪 40 年代引入: 它将一个全局优化问题

① 译者注: 与之前一样, 这个信息流由布朗运动生成.

② 这个原理是解决动态控制问题的标准和自然的方法.

化为一系列简单的优化子问题. 在当前的假设中, 这意味着将 Y 的时间变量离散化, 写出过程的局部演化方程, 然后模拟离散化过程. 我们首先分析第一阶段的时间离散化.

7.3.1 问题的离散化

沿用第五章的定义和记号, 我们考虑 Euler 算法: 时间步长定义为 $h = T/N$, 离散时间格点由 $t_i = ih$ 给出, 如果 $t_i < t \leqslant t_{i+1}$, t 之前的最后的时间离散格点记为 $\varphi_t^h := t_i$, 那么, 在时刻 $(t_i)_i$ 的 Euler 算法定义为

$$\begin{cases} X_0^{(h)} = x_0, \\ X_{(i+1)h}^{(h)} = X_{ih}^{(h)} + b(ih, X_{ih}^{(h)})h + \sigma(ih, X_{ih}^{(h)})(W_{(i+1)h} - W_{ih}). \end{cases} \tag{7.3.1}$$

由 (7.2.9), Y 在两个时刻之间的演变可以由条件期望的性质得到:

$$\begin{aligned} Y_{t_i} &= \mathbb{E}\left(f(X_T) + \int_t^T g(s, X_s, Y_s)ds|\mathcal{F}_{t_i}\right) \\ &= \mathbb{E}\left(\mathbb{E}\left(f(X_T) + \int_{t_{i+1}}^T g(s, X_s, Y_s)ds|\mathcal{F}_{t_{i+1}}\right)\right. \\ &\quad \left. + \int_{t_i}^{t_{i+1}} g(s, X_s, Y_s)ds \right| \mathcal{F}_{t_i}\Bigg) \\ &= \mathbb{E}\left(Y_{t_{i+1}} + \int_{t_i}^{t_{i+1}} g(s, X_s, Y_s)|\mathcal{F}_{t_i}\right). \end{aligned} \tag{7.3.2}$$

加上终端条件 $Y_T = f(X_T)$, 上面的迭代公式等价于在时刻 $(t_i)_i$ 的 (7.2.9), 但是它以在局部时间上演化的形式写出: 这就是*动态规划原理*. 一个相当自然的离散算法是*倒向 Euler 算法*:

$$\begin{cases} Y_T^{(h)} = f(X_T^{(h)}), \\ Y_{ih}^{(h)} = \mathbb{E}\left(Y_{(i+1)h}^{(h)} + hg(t_i, X_{ih}^{(h)}, Y_{(i+1)h}^{(h)})|\mathcal{F}_{t_i}\right), \quad i = N-1, \cdots, 0. \end{cases} \tag{7.3.3}$$

我们称这个递推方程为*动态规划方程*. 这个算法格式求解未知过程是*显式的*, 因为在 g 项中我们用的是 $Y_{(i+1)h}^{(h)}$; 同样的, 也可以用 $g(t_i, X_{ih}^{(h)}, Y_{ih}^{(h)})$, 这就导出一个*隐式算法*. 这个形式并没有本质改变下面会讲的误差分析; 另一方面, 与显式算法相比, 还需要附加保证不动点存在的条件. 我们更偏爱显式算法 (7.3.3).

7.3.2 误差分析

我们要证明近似式 (7.3.3) 在强收敛意义下以 $\frac{1}{2}$ 阶速度收敛. 这个结果的成立需要参数关于空间变量满足 Lipschitz 条件, 且关于时间变量 t 满足 $\frac{1}{2}$-Hölder 连续假设, 这与过程 X 的 Euler 算法是一样的 (参见定理 5.2.1): 为了这个目的, 我们引入关于多变量 (t,x,z) 的函数 Ψ 的一些记号.

$$|\Psi|_{1,x} = \sup_{t,z}\sup_{x_1\neq x_2}\frac{|\Psi(t,x_1,z)-\Psi(t,x_2,z)|}{x_1-x_2}, \tag{7.3.4}$$

$$|\Psi|_{1,z} = \sup_{t,x}\sup_{z_1\neq z_2}\frac{|\Psi(t,x,z_1)-\Psi(t,x,z_2)|}{z_1-z_2}, \tag{7.3.5}$$

$$|\Psi|_{\frac{1}{2},t} = \sup_{x,z}\sup_{t_1\neq t_2}\frac{|\Psi(t_1,x,z)-\Psi(t_2,x,z)|}{|t_1-t_2|^{\frac{1}{2}}}. \tag{7.3.6}$$

定理 7.3.1 (倒向随机微分方程的离散化) 假设

i) X 的动态系统 (7.2.7) 的系数 (b,σ) 关于 x 满足全局 Lipschitz 条件, 以及关于时间 t 满足 $\frac{1}{2}$-Hölder 连续条件:

$$|b|_{1,x}+|\sigma|_{1,x}+|b|_{\frac{1}{2},t}+|\sigma|_{\frac{1}{2},t}<+\infty;$$

ii) 定理 7.2.4 中的非线性方程的系数函数 (f,g) 是有界的, 关于 (x,u) 满足全局 Lipschitz 条件, 以及关于时间 t 满足 $\frac{1}{2}$-Hölder 连续条件:

$$|f|_{1,x}+|g|_{1,x}+|g|_{1,u}+|g|_{\frac{1}{2},t}<+\infty;$$

iii) 定理 7.2.4 中的非线性问题的值函数 u 关于 x 满足 Lipschitz 条件, 以及关于时间 t 满足 $\frac{1}{2}$-Hölder 连续条件①:

$$|u|_{1,x}+|u|_{\frac{1}{2},t}<+\infty.$$

那么, 存在一个常数 C(不依赖于 N) 满足

$$\sup_{0\leqslant i\leqslant N}\mathbb{E}|Y_{ih}^{(h)}-Y_{ih}|^2\leqslant Ch.$$

① u 所要求的正则性条件, 能够由 Feymann-Kac 公式表示从偏微分方程的估计中得到, 或者直接由基于随机分析的概率方法得到.

证明 由 (7.3.2) 和 (7.3.3), 由三角不等式, 我们推导出

$$
\begin{aligned}
|Y_{ih}^{(h)} - Y_{ih}| \leqslant \mathbb{E}\left(|Y_{(i+1)h}^{(h)} - Y_{(i+1)h}|\ |\mathcal{F}_{t_i}\right) \\
+ \mathbb{E}\left(h|g(t_i, X_{ih}^{(h)}, Y_{(i+1)h}^{(h)}) - g(t_i, X_{t_i}, Y_{t_{i+1}})|\ |\mathcal{F}_{t_i}\right) \\
+ \mathbb{E}\left(\int_{t_i}^{t_{i+1}} |g(t_i, X_{t_i}, Y_{t_{i+1}}) - g(s, X_s, Y_s)|ds\ |\mathcal{F}_{t_i}\right).
\end{aligned}
$$

结合凸性不等式

$$
\begin{aligned}
(\alpha+\beta+\gamma)^2 &\leqslant (1+h)\alpha^2 + (1+h^{-1})(\beta+\gamma)^2 \\
&\leqslant (1+h)\alpha^2 + 2(1+h^{-1})(\beta^2+\gamma^2)
\end{aligned}
$$

以及 Cauchy-Schwarz 不等式, 我们推得

$$
\begin{aligned}
&|Y_{ih}^{(h)} - Y_{ih}|^2 \\
\leqslant\ & (1+h)\mathbb{E}\left(|Y_{(i+1)h}^{(h)} - Y_{(i+1)h}|^2\ |\mathcal{F}_{t_i}\right) \\
&+ 2(1+h^{-1})\mathbb{E}\left(h^2|g(t_i, X_{ih}^{(h)}, Y_{(i+1)h}^{(h)}) - g(t_i, X_{t_i}, Y_{t_{i+1}})|^2\ |\mathcal{F}_{t_i}\right) \\
&+ 2(1+h^{-1})\mathbb{E}\left(h\int_{t_i}^{t_{i+1}} |g(t_i, X_{t_i}, Y_{t_{i+1}}) - g(s, X_s, Y_s)|^2 ds\ |\mathcal{F}_{t_i}\right).
\end{aligned}
$$

然后, 应用 $Y_s = u(s, X_s)$, 由 g 和 u 的时间–空间的正则性, 以及 (5.1.3) 类的凸性不等式, 我们得到

$$
\begin{aligned}
&\mathbb{E}(|Y_{ih}^{(h)} - Y_{ih}|^2) \\
\leqslant\ & (1+h)\mathbb{E}\left(|Y_{(i+1)h}^{(h)} - Y_{(i+1)h}|^2\right) \\
&+ 4h^2(1+h^{-1})|g|_{1,x}^2\mathbb{E}\left(|X_{ih}^{(h)} - X_{t_i}|^2\right) \\
&+ 4h^2(1+h^{-1})|g|_{1,u}^2\mathbb{E}\left(|Y_{(i+1)h}^{(h)} - Y_{t_{i+1}}|^2\right) \\
&+ 6h(1+h^{-1})\int_{t_i}^{t_{i+1}} \Big[|g|_{\frac{1}{2},t}^2(s-t_i) + \mathbb{E}(|g|_{1,x}^2|X_s - X_{t_i}|^2 \\
&\qquad + |g|_{1,u}^2|Y_s - Y_{t_{i+1}}|^2)\Big]\, ds \\
\leqslant\ & (1+Ch)\mathbb{E}(|Y_{(i+1)h}^{(h)} - Y_{(i+1)h}|^2) + Ch\mathbb{E}(|X_{ih}^{(h)} - X_{t_i}|^2) \\
&+ Ch \sup_{s\in[t_i,t_{i+1}]} \Big[(s-t_i) + \mathbb{E}(|X_s - X_{t_i}|^2) \\
&\qquad + (t_{i+1}-s) + \mathbb{E}(|X_{t_{i+1}} - X_s|^2)\Big],
\end{aligned}
$$

其中 C 是常数, 依赖于方程的 Lipschitz 系数和 Hölder 常数, 及其他全局常数. $\mathbb{E}(|X_{ih}^{(h)}-X_{t_i}|^2)$ 项关系到扩散过程的 Euler 算法的强收敛: 由定理 5.2.1 知, 它关于 i 是一致 $O(h)$ 阶的. 容易证明 (用后一个定理的证明的论述)X 的增量关于时间步长是 $\frac{1}{2}$ 阶的 (就像在布朗运动情形), 即

$$\sup_{0\leqslant i\leqslant N}\sup_{s\in[t_i,t_{i+1}]}[\mathbb{E}(|X_s-X_{t_i}|^2)+\mathbb{E}(|X_{t_{i+1}}-X_s|^2)]=O(h).$$

这样我们证明了误差倒向传播的不等式刻画

$$\mathbb{E}(|Y_{ih}^{(h)}-Y_{ih}|^2)\leqslant(1+C'h)\mathbb{E}(|Y_{(i+1)h}^{(h)}-Y_{(i+1)h}|^2)+C'h^2, \tag{7.3.7}$$

这里 $C'>0$ 是一个新常数. 在这个不等式两边乘以 $(1+C'h)^i$ 并从 $N-1$ 到 i 对这些项求和, 其中会出现相互抵消的项, 最后只剩下

$$\begin{aligned}&(1+C'h)^i\mathbb{E}(|Y_{ih}^{(h)}-Y_{ih}|^2)\\ \leqslant\ &(1+C'h)^N\mathbb{E}(|Y_{Nh}^{(h)}-Y_{Nh}|^2)+C'h^2\sum_{j=i}^{N-1}(1+C'h)^j\\ \leqslant\ &(1+C'h)^N\mathbb{E}(|Y_{Nh}^{(h)}-Y_{Nh}|^2)+C'h^2\frac{(1+C'h)^N-1}{C'h}.\end{aligned}$$

因为 $(1+C'h)^N\leqslant\exp(C'hN)=\exp(C'T)$, 我们得到

$$\mathbb{E}(|Y_{ih}^{(h)}-Y_{ih}|^2)\leqslant\exp(C'T)\left[\mathbb{E}(|Y_{Nh}^{(h)}-Y_{Nh}|^2)+h\right].$$

最后, 再次应用 Euler 算法的 $\frac{1}{2}$ 阶强收敛性和 f 的 Lipschitz 条件, 我们得到 $\mathbb{E}(|Y_T^{(h)}-Y_T|^2)=\mathbb{E}(|f(X_T^{(h)})-f(X_T)|^2)=O(h)$. □

在前面的证明中, 近似式 $X^{(h)}$ 到 X 的强收敛的阶起了很重要的作用. 在阶数大于 $\frac{1}{2}$ 的情形中 (正如布朗运动情形或者 Ornstein-Uhlenbeck 过程的确切模拟), 我们可以改进由 $Y^{(h)}$ 逼近 Y 的收敛阶. 简略地说, 这说明 (并不令人惊奇) 正向随机微分方程的解 X 的一个好的近似在倒向随机微分方程 Y 的近似中起了决定性作用.

7.4 其他动态规划方程

▷ 在等式 $Y_{t_i}^{(h)}=\mathbb{E}\left(Y_{t_{i+1}}^{(h)}+hg(t_i,X_{t_i}^{(h)},Y_{t_{i+1}}^{(h)})|\mathcal{F}_{t_i}\right)$ 中, 如果我们将第一个 $Y_{t_{i+1}}^{(h)}$ 替换为它的计算公式, 由条件期望的性质得到

$$Y_{t_i}^{(h)}=\mathbb{E}\left(Y_{t_{i+2}}^{(h)}+hg(t_i,X_{t_i}^{(h)},Y_{t_{i+1}}^{(h)})+hg(t_{i+1},X_{t_{i+1}}^{(h)},Y_{t_{i+2}}^{(h)})|\mathcal{F}_{t_i}\right).$$

我们可以继续递推这个步骤, 直到终端时刻, 即 $Y_T^{(h)} = f(X_T^{(h)})$, 由此可以导出一个新的动态规划方程

$$Y_{t_i}^{(h)} = \mathbb{E}\left(f(X_T^{(h)}) + h\sum_{j=i}^{N-1} g(t_j, X_{t_j}^{(h)}, Y_{t_{j+1}}^{(h)}) \middle| \mathcal{F}_{t_i} \right), \quad i = N-1, \cdots, 0. \tag{7.4.1}$$

虽然目前这两个算法是等价的, 但是当我们用数值算法计算动态规划方程 (7.3.3) 和 (7.4.1) 的条件期望的时候, 它们之间的差别就显现了, 因为其中的误差以不同的形式传播. 目前研究的目标是更好地理解哪一个计算方法能够导出更好的收敛阶.

▷ 就像 Euler 算法给出的 $(X_{t_i}^{(h)})$ 构成一个马尔可夫链, 不难看出条件期望 (7.4.1) 是一个仅依赖 $X_{t_i}^{(h)}$ 的随机变量, 它可以写为

$$Y_{t_i}^{(h)} = u^{(h)}(t_i, X_{t_i}^{(h)}), \tag{7.4.2}$$

其中 $u^{(h)}(t_i,\cdot): \mathbb{R}^d \mapsto \mathbb{R}$ 是连续有界函数, 并满足关于函数的动态规划方程 (而不是 "关于随机变量" 的)

$$\begin{cases} u^{(h)}(t_i,x) = E\left(f(X_T^{(h),t_i,x}) \right. \\ \qquad\qquad\qquad \left. + h\sum_{j=i}^{N-1} g(t_j, X_{t_j}^{(h),t_i,x}, u^{(h)}(t_{j+1}, X_{t_{j+1}}^{(h),t_i,x}) \right), \\ X_{t_i}^{(h),t_i,x} = x, \\ X_{t_{j+1}}^{(h),t_i,x} = X_{t_j}^{(h),t_i,x} + b(t_j, X_{t_j}^{(h),t_i,x})h \\ \qquad\qquad + \sigma(t_j, X_{t_j}^{(h),t_i,x})(W_{t_{j+1}} - W_{t_j}), \quad j \geqslant i. \end{cases} \tag{7.4.3}$$

这是定理 7.2.4 的一个离散时间版本. $u^{(h)}(t_i,\cdot)$ 的有界性显然是容易证明的, 而它的连续性比所提到的定理更容易证明: 只需要关于时间倒向迭代并应用 $x \mapsto X_{t_j}^{(h),t_i,x}$ 的连续性 (显然成立). 应用 Euler 算法的流性质, 我们还可以回到在两个相邻时间格点之间关于函数的动态规划方程:

$$u^{(h)}(t_i,x) = \mathbb{E}\left(u^{(h)}(t_{i+1}, X_{t_{i+1}}^{(h),t_i,x}) + hg(t_i, x, u^{(h)}(t_{i+1}, X_{t_{i+1}}^{(h),t_i,x})) \right). \tag{7.4.4}$$

从关于函数的动态规划方程的角度 (又一次) 清楚地说明过程 Y 的模拟不能由 (就像第五章中的 Euler 算法情形) 布朗运动增量 (即 $X^{(h)}$ 的增量) 的模拟而获得, 而是要通过函数 $u^{(h)}$ 的数值近似来得到: 这是函数逼近的一个新问题, 但是它的形式紧密关系到概率分布的计算, 这将引导出下一章里要研究的概率工具.

▷ 动态规划方程 (7.3.2) 式和 (7.3.3) 式采用的形式与随机最优停时建模所得形式稍有不同; 参见 [120, 第六节]. 这个问题要基于一个随机系统选择一个最

合适的随机时刻 [1] $\tau \in \{t_0, \cdots, t_i, \cdots, T\}$ 来中止系统, 这里我们把问题表示为一个博弈: 如果参与者选择在时刻 t_i 停止, 那么他会得到回报 $f(X_{t_i})$. 将时刻 t_i 的期望收益记为 Y_{t_i}, 也就是他的当前回报 (如果他选择立刻停止) 与他在时刻 t_i 预测的时刻 t_{i+1} 的期望回报之间的最大值: 这样

$$\begin{cases} Y_T = f(X_T), \\ Y_{t_i} = \max(f(X_{t_i}), E(Y_{t_{i+1}}|\mathcal{F}_{t_i})), \quad i = N-1, \cdots, 0. \end{cases} \tag{7.4.5}$$

过程 Y 正是 $f(X_.)$ 的 Snell 包络, 上面的递推方程正是刻画值函数的动态规划方程. 这类问题在金融中很常见, 它与 Bermudan (或美式) 期权有关.

在下一章中我们将讨论用来模拟条件数学期望的工具, 我们将给出求解这些不同的动态方程的多个有效算法.

7.5 经由分支过程得到的另一个概率表示

有一些非线性偏微分方程是用人口动态模型来研究随机系谱现象而得到, 参见 [94, 41]. 这样, 当我们发现生灭过程耦合上扩散过程可以为一类反应扩散偏微分方程给出其解的概率表示时, 也不会感到惊奇. 这些想法由 Skorokhod [135], Itô 和 McKean [79] 在 20 世纪 60 年代中期提出, 这里用到分支扩散过程. 同样可以参考 [112], 以及更近的文章 [126].

让我们来定义基本框架: 考虑一个可能是高维的扩散过程 X, 其系数 (b, σ) 关于时间是齐次的, 其无穷小生成元为 $\mathcal{L} = \mathcal{L}^X_{b,[\sigma\sigma]^{\mathrm{T}}}$. 一个分支强度为 λ 的分支过程构造如下:

- 我们在时刻 t 从位置 $x \in \mathbb{R}^d$ 开始. 在随机长度 τ_1 服从分布 $\mathcal{E}\mathrm{xp}(\lambda)$ 的随机时间区间内, 过程遵照 X 的随机微分方程的动态系统 (图 7.1 中的黑实线).

- 然后, 过程终止, 重新生成 k 个新的 (独立的) 过程, 每个子过程的生成概率为 $p_k \in [0,1]$, $\sum_{k\geqslant 0} p_k = 1$: 在图 7.1 中有 3 条轨道.

- 每个子过程的生存时间服从分布 $\mathcal{E}\mathrm{xp}(\lambda)$, 在每个时间段中, 子过程依照 X 的分布演变, 且与其他子过程独立, 然后又生成随机数目的子过程, 如此类推.

---

① 确切地说, 在定义 4.2.2 的意义下的停时.

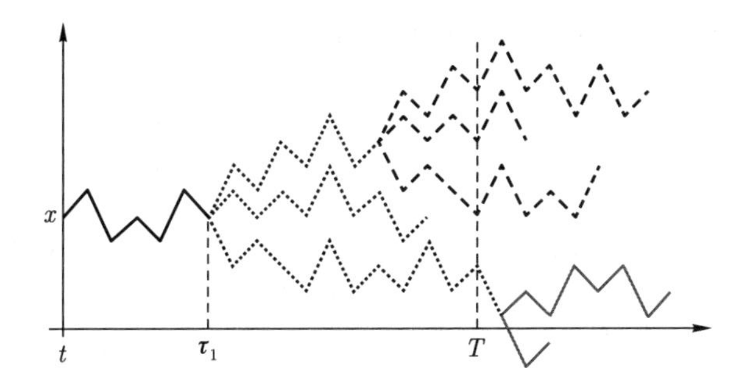

图 7.1 分支扩散过程

定义 N_T 为在时刻 T 仍存活的子过程数目, 它们的相应位置记为 $(X_T^{t,x,i})_{1\leqslant i\leqslant N_T}$. 对于一个连续函数 f, 满足 $|f|_\infty < 1$[①], 定义

$$u(t,x) := \mathbb{E}\left(\prod_{i=1}^{N_T} f(X_T^{t,x,i})\right), \tag{7.5.1}$$

这里约定 $\prod_{i=1}^{0} = 1$.

定理 7.5.1 一方面假设定理 4.3.1中关于 X 的存在唯一性的条件都成立, 另一方面假设如下非线性偏微分方程的解存在的那些条件成立

$$\begin{cases} \partial_t v + \mathcal{L}v + \lambda\left(\sum_{k\geqslant 0} p_k v^k - v\right) = 0, \quad 0 \leqslant t < T, x \in \mathbb{R}^d, \\ v(T,\cdot) = f(\cdot). \end{cases} \tag{7.5.2}$$

那么, 方程的解由 (7.5.1) 所定义的 u 给出.

证明 这些结果通过将强马尔可夫性应用到多个生成时刻而得到. 令 τ_1 为 t 之后的第一个过程初生时刻, n_{τ_1} 为对应时刻的子过程的个数; 对每一个在 τ_1 时刻出生的子过程, 用指标 k 来标记, 定义 N_T^k 为在时刻 T 仍存活的子孙的个数, 同样它们的对应位置记为 $(X_T^{t,x,k,i})_{1\leqslant i\leqslant N_T^k}$. 应用子过程之间和它们

① 确保 u 是明确定义的.

的子孙之间的相互独立性, 我们可以推导出

$$
\begin{aligned}
u(t,x) &= \mathbb{E}\left(\mathbf{1}_{\tau_1>T} f(X_T^{t,x,1})\right) + \mathbb{E}\left(\mathbf{1}_{\tau_1\leqslant T}\prod_{k=1}^{n_{\tau_1}}\prod_{i=1}^{N_T^k} f(X_T^{t,x,k,i})\right) \\
&= \mathbb{E}\left(\mathbf{1}_{\tau_1>T} f(X_T^{t,x,1})\right) + \sum_{k\geqslant 0} p_k \mathbb{E}\left(\mathbf{1}_{\tau_1\leqslant T}\left[u(\tau_1, X_{\tau_1}^{t,x})\right]^k\right) \\
&= \mathbb{E}\left(e^{-\lambda(T-t)} f(X_T^{t,x})\right) \\
&\quad + \sum_{k\geqslant 0} p_k \int_t^T \mathbb{E}\left(\left[u(s, X_s^{t,x})\right]^k\right)\lambda e^{-\lambda(s-t)} ds,
\end{aligned}
$$

这里我们在最后一个不等式中用到 $\tau_1 \overset{\mathrm{d}}{=} \mathcal{E}\mathrm{xp}(\lambda)$. 我们又得到定理 4.4.3 给出的概率表达式, 其中 $k(t,x)=\lambda$ 而且 $g(t,x)=\lambda\sum_{k\geqslant 0} p_k u^k(t,x)$, 这样就完成了证明. □

这类正系数多项式形式为非线性, 因为分支扩散过程的直接离散模拟 (如果需要, 对 X 用 Euler 算法离散模拟) 足以通过独立样本 $\prod_{i=1}^{N_T} f(X_T^{t,x,i})$ 的实证平均来近似 $u(t,x)$, 所以通过离散时间动态规划而得到数值解不是必需的.

在 [126] 中, 对于子分支出现的速度和概率可以依赖时间和空间的情形, 作者证明了一个类似的表示.

7.6 习题

习题 7.1 (Pontryagin 最大值原理) 我们继续研究随机控制问题与倒向随机微分方程 (BSDE) 之间的关系. 这个习题推广了例 7.1.6.

令 $v:[0,T]\to\mathbb{R}$ 为一个适应过程, 且是平方可积的, 令 $(X_t^v)_{t\in[0,T]}$ 为如下受控随机微分方程的解

$$
X_t^v = x_0 + \int_0^t b(X_s^v, v_s)ds + \int_0^t \sigma(X_s^v, v_s)dW_s,
$$

其中标量系数 b,σ 关于两个变量满足 Lipschitz 条件:

$$
|b(x,v)-b(x',v')| + |\sigma(x,v)-\sigma(x',v')| \leqslant L(|x-x'|+|v-v'|.
$$

我们考虑带有如下成本泛函的随机控制问题

$$
J(v) := \mathbb{E}\left(\int_0^T l(X_t^v, v_t)dt + f(X_T^v)\right),
$$

其中 l, f 都是 C^2 函数, 即二次可微函数, 且其二阶导数有界. 最优控制是在所有可能控制集合上最小化 $J(v)$ 的一个控制: 我们在这里假设最优控制存在, 记

为 v^*, 且相应的随机微分方程的解记为 X^*. 我们的目标是通过如下倒向随机微分方程 (Y, Z) 刻画最优控制:

$$
\begin{aligned}
Y_t = f'(X_T^*) + \int_t^T [Y_s b'_x(X_s^*, v_s^*) + Z_s \sigma'_x(X_s^*, v_s^*) + l'_x(X_s^*, v_s^*)] ds \\
- \int_t^T Z_s dW_s.
\end{aligned}
$$

求解这个方程给出另一个找到最优控制的方法.

现在考虑受扰动的控制 $v_t^\varepsilon := v_t^* + \varepsilon v_t$ (令 $\varepsilon \to 0$), 与任意依赖于 v 的等式 $H = H(v)$, 设 $\Delta_\varepsilon H(v^*) = H(v^\varepsilon) - H(v^*)$. 我们假设扰动满足附加条件 $\int_0^T \|v_t\|_{L^4(\mathbb{P})}^4 dt < +\infty$, 这样估计式

$$
\sup_{0 \leqslant t \leqslant T} \|\Delta_\varepsilon X_t^{v^*}\|_{L^4(\mathbb{P})}^4 \leqslant C\varepsilon^4 \int_0^T \|v_t\|_{L^4(\mathbb{P})}^4 dt \tag{7.6.1}
$$

成立 (参见 v) 中给出的证明).

i) 证明

$$
\begin{aligned}
\Delta_\varepsilon J = \mathbb{E}\bigg(\int_0^T (l'_x(X_t^{v^*}, v_t^*) \Delta_\varepsilon X_t^{v^*} + l'_v(X_t^{v^*}, v_t^*) \varepsilon v_t) dt \\
+ f'(X_T^{v^*}) \Delta_\varepsilon X_t^{v^*} \bigg) + O(\varepsilon^2).
\end{aligned}
$$

ii) 写出 $(\Delta_\varepsilon X_t^{v^*})_{t \in [0,T]}$ 要满足的动态方程, 并对 $f'(X_T^{v^*}) \Delta_\varepsilon X_T^{v^*} = Y_T \Delta_\varepsilon X_T^{v^*}$ 应用 Itô 公式来证明

$$
\begin{aligned}
\Delta_\varepsilon J = \varepsilon \mathbb{E}\bigg(\int_0^T (l'_v(X_t^{v^*}, v_t^*) + Y_t b'_v(X_t^{v^*}, v_t^*) \\
+ Z_t \sigma'_v(X_t^{v^*}, v_t^*)) v_t dt \bigg) + O(\varepsilon^2).
\end{aligned}
$$

iii) 推导下式成立的必要条件:

$$
Y_t b'_v(X_t^*, v_t^*) + Z_t \sigma'_v(X_t^*, v_t^*) + l'_v(X_t^*, v_t^*) = 0,
$$

关于 (ω, t) 几乎必然成立.

iv) 用上面的结果重新研究例 7.1.6.

v) 证明 (7.6.1) 所给出的界.

提示: 用 Itô 公式将 $A_t = \|\Delta_\varepsilon X_t^{v^*}\|_{L^4(\mathbb{P})}^4$ 展开, 应用 Young 不等式 $ab \leqslant a^p/p + b^q/q$ (这里 $a, b \geqslant 0$, 并且 $1/p + 1/q = 1$) 以及 Gronwall 引理就可以证明结论.

习题 7.2 (线性倒向随机微分方程与比较定理) 我们研究如下倒向随机微分方程的解

$$Y_t = \xi + \int_t^T g(X_s, Y_s)ds - \int_t^T Z_s dW_s, \tag{7.6.2}$$

其中 X 是 $\mathbb{R}$ 上的标准随机微分方程. 设 $(\mathcal{F}_t)_{t\geqslant 0}$ 为由布朗运动生成的信息流.

i) 设 $(\beta_t)_{t\in[0,T]}$ 和 $(\varphi_t)_{t\in[0,T]}$ 为两个适应的有界过程, 并且 ξ 为一个 $\mathcal{F}_T$ 可测的有界随机变量. 我们假设线性倒向随机微分方程

$$Y_t = \xi + \int_t^T (\varphi_s + \beta_s Y_s)ds - \int_t^T Z_s dW_s$$

存在适应且平方可积的解 $(Y_t, Z_t)_{t\in[0,T]}$. 证明

$$\Gamma_t Y_t = \mathbb{E}\left(\Gamma_T \xi + \int_t^T \Gamma_s \varphi_s ds \middle| \mathcal{F}_t\right),$$

其中 $\Gamma_s = \exp(\int_0^s \beta_r dr)$, $s \in [0, T]$.

ii) 推导如果 $g(x, 0) = 0$ 对任意 x 成立, 且如果 $\xi \geqslant 0$, 那么

$$0 \leqslant Y_t \leqslant \hat{Y}_t,$$

其中 $\hat{Y}$ 是系数项为 $\hat{g}(x, y) = Ly$ 的倒向随机微分方程的解.

提示: 将两个倒向随机微分方程的差写成一个线性倒向随机微分方程, 然后利用 i).

习题 7.3 (倒向随机微分方程的离散化) 我们要研究定理 7.3.1中的离散算法的一个变形, 这里我们将用相同的定义和假设.

i) 假设如下非线性偏微分方程的解 $u \in \mathcal{C}_b^{1,2}([0,T]\times\mathbb{R};\mathbb{R})$ 存在:

$$\begin{cases} \dfrac{\partial u(t,x)}{\partial t} + b(t,x)\dfrac{\partial u(t,x)}{\partial x} + \dfrac{\sigma(t,x)^2}{2}\dfrac{\partial^2 u(t,x)}{\partial x^2} + g(x, u(t,x)) = 0, \\ u(T,x) = f(x). \end{cases}$$

证明: 过程对 $Y_t = u(t, X_t)$ 和 $Z_t = \sigma(t, X_t)\partial_x u(t, X_t)$ 满足 (7.6.2), 其中 $\xi = f(X_T)$.

ii) 在 (7.3.3) 中将 X 替换为它的 Euler 算法近似解, 我们考虑一个不需要 X 的近似的算法, 即 $Y_T^{(h)} = f(X_T)$, 且

$$Y_{kh}^{(h)} = \mathbb{E}(Y_{(k+1)h}^{h}|\mathcal{F}_{kh}) + hg(X_{kh}, Y_{kh}^{(h)}).$$

借助上面的偏微分方程, 证明

$$\left|Y_{kh} - [\mathbb{E}(Y_{(k+1)h}|\mathcal{F}_{kh}) + hg(X_{kh}, Y_{kh})]\right| \leqslant Ch^2.$$

iii) 证明对于常数 C, $|Y_{kh}^{(h)} - Y_{kh}| \leqslant (1+Ch)\mathbb{E}(|Y_{(k+1)h}^{(h)} - Y_{(k+1)h}|\mathcal{F}_{kh}) + Ch^2$ 成立.

iv) 证明新算法对应于 h 的收敛阶数是 1.

补充说明: 这证明了关于 g 的积分的离散化是全局误差的阶为 h 的主要原因, 而定理 7.3.1中的 $\sqrt{h}$ 阶误差主要是由于 Euler 算法的强误差.

习题 7.4 (最优停止问题)　我们考虑在有限时间 $N > 0$ 内, 状态空间为 $\mathcal{E}$, 从给定点 x_0 开始的马尔可夫链 $(X_n)_{n\geqslant 0}$ 的离散最优停止问题, 在时刻 n 其收益为 $(Z_n)_{n\geqslant 0}$, 其中 Z_n 关于任意 $n \geqslant 0$ 都是可积的. 令 $(\mathcal{F}_n)_{n\geqslant 0}$ 为由 $(X_n)_{n\geqslant 0}$ 生成的信息流, 以及 $\mathcal{T}_N$ 为 $(\mathcal{F}_n)_{n\geqslant 0}$ 的小于 N 的停时集合: $\tau \in \mathcal{T}_N$ 当且仅当 $\tau : \Omega \to \{0, \cdots, N\}$ 而且 $\{\tau \leqslant n\} \in \mathcal{F}_n$. 我们的目标是刻画最优期望回报

$$J = \sup_{\tau \in \mathcal{T}_N} \mathbb{E}(Z_\tau),$$

以及最优停时 $\tau^* \in \mathcal{T}_N$ 满足 $J = \mathbb{E}(Z_{\tau^*})$. 下面我们假设状态空间 $\mathcal{E}$ 是有限的①.

i) 我们定义在时刻 $n \in \{0, \cdots, N\}$ 的最大期望回报 Y_n 为

$$Y_n = \sup_{\tau \in \mathcal{T}_N : \tau \geqslant n} \mathbb{E}(Z_\tau|\mathcal{F}_n).$$

证明 $(Y_n)_{n\geqslant 0}$ 是动态规划方程

$$Y_n = \max(Z_n, \mathbb{E}(Y_{n+1}|\mathcal{F}_n)), \quad Y_N = Z_N \tag{7.6.3}$$

的解, 并且 $J = \mathbb{E}(Y_0)$. 过程 $(Y_n)_{0\leqslant n\leqslant N}$ 为 $(Z_n)_{0\leqslant n\leqslant N}$ 的 **Snell 包络**. 在 (7.4.5) 中讨论过一个特殊情形. 从算法的角度来看, 由 (7.6.3) 能导出基于**值函数迭代**的数值算法.

---

① 这样 $\Omega = \mathcal{E}^N$ —— $(X_n)_{0\leqslant n\leqslant N}$ 的基本空间 —— 也是有限的. 这说明停时族 $\mathcal{T}_N$ 也是有限的, 于是可选取停时为可数的, 那么我们可以容易地定义随机变量 $\mathbb{E}(Z_\tau|\mathcal{F}_n)$ 的上确界; 在一般情形中, 这是一个不可数族; 右边必须取本质上确界; 参见 [120, 第六节].

ii) 令 $\tau^* = \min\{n \geqslant 0 : Y_n = Z_n\}$ 并定义中断过程 $Y_n^* = Y_{n\wedge\tau^*}$. 验证 $\tau^* \in \mathcal{T}_N$, 并证明

$$Y_n^* = \mathbb{E}(Y_{n+1}^*|\mathcal{F}_n).$$

iii) 证明 τ^* 是一个最优停时.

iv) 令 $\tau_n^* = \min\{j \geqslant n : Y_j = Z_j\}$ 为时刻 n 之后的最优停时, 即 $Y_n = \mathbb{E}(Z_{\tau_n^*}|\mathcal{F}_n)$. 证明序列 $(\tau_n^*)_n$ 满足如下**递推策略**:

$$\tau_n^* = \begin{cases} n, & \text{如果 } \mathbb{E}(Z_{\tau_{n+1}^*}|\mathcal{F}_n) \leqslant Z_n, \\ n+1, & \text{否则}. \end{cases}$$

v) 在马尔可夫型回报 ($Z_n := f_n(X_n)$) 的情形中, 其中 $f_n : \mathcal{E} \to \mathbb{R}$, 证明存在函数 $y_n : \mathcal{E} \to \mathbb{R}$ 使得 $Y_n = y_n(X_n)$, 并且给出解为 $(y_n)_{0\leqslant n\leqslant N}$ 的动态规划方程. 关于一列区域 D_n 验证 $\tau^* = \min\{n \geqslant 0 : X_n \in D_n\}$ 成立.

这些表达式与多个动态规划方程相关, 它们包含了计算 J 和最优停止策略的数值算法的基本思路.

第八章　实证回归模拟

在这一章里，我们提出并分析了动态规划方程 (7.3.3) 的有效数值解算法

$$\begin{cases} Y_T^{(h)} = f(X_T^{(h)}), \\ Y_{t_i}^{(h)} = \mathbb{E}\left(Y_{t_{i+1}}^{(h)} + hg\left(t_i, X_{t_i}^{(h)}, Y_{t_{i+1}}^{(h)}\right) \Big| X_{t_i}^{(h)}\right), \quad i = N-1, \cdots, 0. \end{cases} \tag{8.0.1}$$

前一章的最后讨论说明 (参见方程 (7.4.2)) 离散时间过程 $(Y_{t_i}^{(h)})_{0\leqslant i\leqslant N}$ 可以用函数序列 $(u^{(h)}(t_i,\cdot))_{0\leqslant i\leqslant N}$ 表示，即

$$Y_{t_i}^{(h)} = u^{(h)}(t_i, X_{t_i}^{(h)}),$$

这些函数中的每一个可以用依赖于其他一些函数的期望来表示 (参见 (7.4.4)):

$$u^{(h)}(t_i,x) = \mathbb{E}\left(u^{(h)}(t_{i+1}, X_{t_{i+1}}^{(h),t_i,x}) + hg(t_i,x,u^{(h)}(t_{i+1}, X_{t_{i+1}}^{(h),t_i,x}))\right). \tag{8.0.2}$$

8.1　简单推广的困难

我们首先快速讨论一下用数值方法计算 $u^{(h)}$ 的一些可能的想法，我们将注意力集中在计算数值 $u^{(h)}(0,x_0)$ 上.

- $X_h^{(h),0,x_0}$ 的分布是高斯分布，于是我们可以将 $u^{(h)}(0,x_0)$ 写为函数 $x\mapsto u^{(h)}(h,x)+hg(0,x_0,u^{(h)}(h,x))$ 关于其高斯概率测度的 d 维积分.

    1. 第一个困难来自 d 维积分的计算.

2. 第二个困难来自需要积分的被积函数: 必须知道未知量 $u^{(h)}(h,x)$ 在每个点 x (或者许多点) 的值, 而这些点本身又是用函数 $u^{(h)}(2h,\cdot)$ 的那些积分表示并计算的. 这将产生烦琐的迭代过程.

- 为了克服第一个困难, 我们可以通过适当选取 M 个点 $(x_{1,1},\cdots,x_{1,M})$ 离散化积分来更好地近似分布 $X_h^{(h),0,x_0}$, 这可以通过确定性方法 (正交基方法) 或者随机方法 (蒙特卡罗方法) 来进行. 但是必须知道 $u^{(h)}(h,x)$ 在每一点 $x\in\{x_{1,1},\cdots,x_{1,M}\}$ 的值要求我们在时刻 t_1 运行迭代过程.
- 于是需要在每个点 $x_{1,m}$ 再次生成 M 个模拟样本来刻画 $X_{2h}^{(h),h,x_{1,m}}$ 的分布: 从时刻 t_1 的 M 个点开始, 我们在时刻 t_2 需要 M^2 个点的值,$\cdots$, 最后在时刻 $t_N=T$ 需要 M^N 个点的值.
- 总结一下, 我们得到一个格点数随时间分割数量呈现指数增长的随机树. 而且总体误差值期望不可能比每个分割时刻的离散化积分的误差更好, 而每一步的蒙特卡罗采样误差是 $1/\sqrt{M}$ 阶. 一旦时间分割数目 N 大一些时, 复杂度与误差之间的平衡就变得非常差.

因为我们要研究当 $N\to+\infty$ 时连续时间的极限, 必须开发合适的工具, 使得极限更容易取到.

哪些重要事项是需要考虑的?

- 当时间分割数量 N 趋于正无穷时, 我们必须注意在每个 $u^{(h)}(t_i,x)$ 的近似计算误差在迭代过程中的传播方式.
- 在某些情形中, $X^{(h)}$ 的分布会比下的高斯变换 Euler 算法的分布更加复杂: 密度函数可能不存在或者不是显式的 (比如, 若过程 X 不是离散化的, 或者包括跳过程). 这样, 要是有关于马尔可夫链 $(X_{t_i}^{(h)})_i$ 的分布的稳健误差估计, 就很有用了. 于是, 在下面我们将模型看做一个*黑匣子*, 即我们假设能够生成 $X^{(h)}$ 的模拟样本, 而不需要知道模型的方程: 动态规划算法以函数 f,g 和 T, 及 $X^{(h)}$ 的独立模拟样本序列 (不需要关于模型的信息) 为输入数据, 它的优势在于模型的分布具有非常好的灵活性和稳健性. 其调整将以一种相当普遍和自动的方式先验地完成.
- 推导非渐近误差估计可以让我们更好地理解如何调整收敛参数, 这甚至有时在实际运行中能够带来很大的惊喜, 即收敛性可能比理论预测更早出现.

下面我们将要研究的非参数回归, 将会帮我们导出一个称为*实证回归法* (或者*蒙特卡罗回归法* 或者*实证最小二乘法*) 的算法, 它具有上面提到的那些优点.

维数诅咒. 当对 $X^{(h)}$ 的边际分布进行采样来计算 (8.0.2) 中的迭代函数, 特别是格点上的值的时候, 这些函数的估计随着空间维数 d 的增加, 会变得越来越细致. 事实上, 为了用给定数目 (即使很大) 的采样来填满 d 维空间 (d 很大时), 随着维数增加会越来越难以达到令人满意的结果. 这称为维数诅咒, 由下面的例子可以看出这一点, 取自 [69, 第二章].

令 $X, X_1, \cdots, X_N$ 为服从 $[0,1]^d$ 上的均匀分布的独立随机变量, 并令

$$d_\infty(d,M) = \mathbb{E}\left(\min_{i=1,\cdots,M} |X - X_i|_\infty\right),$$

这里对于 $x = (x^1, \cdots, x^d) \in \mathbb{R}^d$, 我们令 $|x|_\infty = \max_{j=i,\cdots,d} |x^j|$.

距离 $d_\infty(d,M)$ 的均值可以度量新随机点有多靠近格点 $(X_1, \cdots, X_M)$, 或者换句话说, 点 $(X_1, \cdots, X_M)$ 如何填满单位 $[0,1]^d$. 由采样独立性, 我们推导出 (对于 $t \geqslant 0$)

$$\begin{aligned}\mathbb{P}\left(\min_{i=1,\cdots,M} |x - X_i|_\infty \leqslant t\right) &\leqslant M\mathbb{P}\left(|x - X_1|_\infty \leqslant t\right) \\ &= M\left[\mathbb{P}\left(|x^1 - X_1^1|_\infty \leqslant t\right)\right]^d \leqslant M(2t)^d,\end{aligned}$$

于是

$$\begin{aligned}d_\infty(d,M) &= \int_0^\infty \left(1 - \mathbb{P}\left(\min_{i=1,\cdots,M} |x - X_i|_\infty \leqslant t\right)\right) dt \\ &\geqslant \int_0^\infty \left(1 - M(2t)^d\right)_+ dt = \frac{d}{2(d+1)M^{1/d}}.\end{aligned}$$

表 8.1 $d_\infty(d,M)$ 下界的一些值

d \ M	10^2	10^3	10^4	10^5	10^6	10^7	10^8
1	0.002	0.000	0.000	0.000	0.000	0.000	0.000
3	0.081	0.038	0.017	0.008	0.004	0.002	0.001
5	0.166	0.105	0.066	0.042	0.026	0.017	0.010
10	0.287	0.228	0.181	0.144	0.114	0.091	0.072
15	0.345	0.296	0.254	0.218	0.187	0.160	0.137
20	0.378	0.337	0.300	0.268	0.239	0.213	0.190

就像我们在表 8.1 中可以看到的, 维数的影响在 d 超过 10 的时候非常显著. 这种问题的特征是以 $1/M^{1/d}$ 阶的速度衰减, 也就是 d 维函数的计算问题. 加上假设未知函数满足正则性, 我们可以减少维数的影响. 所有这些启发性结果都将反映在随后的估计中.

8.2 应用最小二乘法近似估计条件期望

在我们研究形如 (8.0.1) 中的最困难的动态规划问题之前, 我们先来考察只有一步的简单问题, 这可以给我们一个机会来引入恰当的方法和定义.

8.2.1 实证回归

定义 8.2.1 考虑两个随机变量 O 和 R, 分别取值于 $\mathbb{R}^d$ 和 $\mathbb{R}$. 我们假设 R 是平方可积的, 并记 $\mathfrak{M}(\cdot)$ 为如下定义的回归函数

$$\mathbb{E}(R|O) = \mathfrak{M}(O) \text{ a.s.} \tag{8.2.1}$$

换句话说, $\mathfrak{M}(\cdot)$ 是条件期望函数.

这里我们称 R 为响应, O 为观测: 给定观测 O, $\mathfrak{M}(O)$ 为响应 R 在 L_2 中的最佳估计 (参见 (8.2.3)).

给定一个大小为 M 的样本 $(O^{(m)}, R^{(m)})_{1\leqslant m\leqslant M}$, 实证回归流程的目标是生成一个函数 $\widetilde{\mathfrak{M}}_M(\cdot)$——基于样本生成——(在某些意义下) 来近似未知回归函数 $\mathfrak{M}(\cdot)$.

一般来说, 变量对 $(O^{(m)}, R^{(m)})_m$ 是独立的, 但是这个性质并没有在我们将会看到的动态规划方程求解的数值计算中系统地出现.

目前有许多实证回归方法, 我们建议读者参考书 [69]: 这里我们将采用常用的实证最小二乘法, 即在一个由 K 个基函数 $\{\phi_k(\cdot) : 1 \leqslant k \leqslant K\}$ 生成的有限维子空间 Φ 上, 计算 $\widetilde{\mathfrak{M}}_M(\cdot)$:

$$\begin{aligned}\Phi = &\ \text{Span.}(\phi_1, \cdots, \phi_K)\\ = &\Big\{\varphi : \mathbb{R}^d \to \mathbb{R}, \text{ 使得 } \exists \alpha \in \mathbb{R}^K,\\ &\ \text{满足 } \varphi(\cdot) := \sum_{k=1}^{K} \alpha_k \phi_k(\cdot) := \alpha \cdot \phi(\cdot)\Big\}.\end{aligned} \tag{8.2.2}$$

我们将采用后一个记号 $\varphi = \alpha \cdot \phi$, 这可以让我们之后的讨论更加简洁. 此后如果不特意强调, 我们将总假设所有函数 $\varphi \in \Phi$ 满足 $\mathbb{E}|\varphi(O)|^2 < +\infty$, 或者等价的, 对于任意 k, $\mathbb{E}|\phi_k(O)|^2 < +\infty$.

▷ **重要的事情.** 我们没有假设基函数 $(\phi_k)_k$ 关于由 $L_2(\mathbb{P}\circ O^{-1})$ 诱导的内积满足正交性. 事实上, 一般来说, 虽然 Gram-Schmidt 正交化在理论上是可行的, 但是它的数值计算不总是可行的, 因为 O 的分布未知或者无法了解透彻.

有两个直观的启发: K 和空间 Φ 越大, 近似程度就越好; 样本数量越大, 在 Φ 中对应的系数的估计就越精确. 这将在定理 8.2.4 中更精确地量化, 同时给出 K 与 M 之间的最优平衡. 在下面, 我们总假设 $M \geqslant K$, 以避免过度拟合的问题.

因为 $\mathfrak{M}(O)$ 在所有平方可积并且 $\sigma(O)$ 可测的随机变量 $\mathfrak{M}_O$ 中最小化

$$\mathbb{E}(R-\mathfrak{M}_O)^2=\mathbb{E}(R-\mathbb{E}(R|O))^2+\mathbb{E}(\mathbb{E}(R|O)-\mathfrak{M}_O)^2, \tag{8.2.3}$$

所以, 我们自然将最小化实证平方指标

$$\frac{1}{M}\sum_{m=1}^{M}(R^{(m)}-\varphi(O^{(m)}))^2$$

的 $\varphi\in\Phi$ 取为 $\widetilde{\mathfrak{M}}_M(\cdot)$. 实际上, 这意味着我们可以选择基函数上的系数等于

$$\alpha^M:=\operatorname*{arg\,min}_{\alpha\in\mathbb{R}^K}\frac{1}{M}\sum_{m=1}^{M}(R^{(m)}-\alpha\cdot\phi(O^{(m)}))^2, \tag{8.2.4}$$

然后令

$$\widetilde{\mathfrak{M}}_M(\cdot)=\alpha^M\cdot\phi(\cdot). \tag{8.2.5}$$

8.2.2 SVD 方法

最小化 (8.2.4) 是一个简单的最小二乘问题, 而且是线性的 (关于系数没有限制). 但是因为基函数之间可能线性相关, 所以有可能存在多个最优系数向量达到 (8.2.4) 的最小值: 这是一个尴尬的状态, 一般来说关联到问题的不稳定性.

为了选择一个数值解, 存在多个方法: 其中包括奇异值分解和正交方程, 更多细节参见 [64, 第 5 章]. 这些多种多样的进展在舍入误差 (矩阵条件化), 所需要的存储大小, 计算成本, 以及结论依赖于 K 和 M 的相对值等各方面表现不同. 大家知道 SVD (奇异值分解) 的计算时间稍许有点长①, 但是稳定性更好

① 计算成本为 $2MK^2+11K^3$.

一些, 我们将详细解释这个方法, 及如何推导 (8.2.4) 的最小化系数向量; 参见 [64, 定理 2.5.2 和定理 5.5.1].

一个 $M \times K$ (其中 $M \geqslant K$) 矩阵

$$P = (\phi_i(O^{(m)}))_{1 \leqslant m \leqslant M, 1 \leqslant i \leqslant K}$$

的奇异值分解 (SVD) 可以写为

$$P = UP'V^{\mathrm{T}}, \text{ 这里 } P' = \begin{pmatrix} \sigma_1 & \cdots & 0 \\ \vdots & \ddots & \vdots \\ 0 & \cdots & \sigma_K \\ 0 & \cdots & 0 \end{pmatrix},$$

其中 U 和 V 分别是 $M \times M$ 和 $K \times K$ 正交矩阵, 并且 $\sigma_1 \geqslant \cdots \geqslant \sigma_K \geqslant 0$. 于是, 需要最小化的量化目标可以写为

$$\begin{aligned}\sum_{m=1}^{M} \left(\alpha \cdot \phi(O^{(m)}) - R^{(m)}\right)^2 &= \left|UP'V^{\mathrm{T}}\alpha - R\right|_{\mathbb{R}^M}^2 \\ &= \left|P'V^{\mathrm{T}}\alpha - U^{\mathrm{T}}R\right|_{\mathbb{R}^M}^2 \text{ (这里 } U \text{ 是正交矩阵)} \\ &= \sum_{i=1}^{K} \left|\sigma_i \left(V^{\mathrm{T}}\alpha\right)_i - \left(U^{\mathrm{T}}R\right)_i\right|^2 + \sum_{i>K} \left|\left(U^{\mathrm{T}}R\right)_i\right|^2.\end{aligned}$$

最小化 (8.2.4) 式的向量系数的取值集合为

$$\mathcal{A} = \left\{ \alpha = V \begin{pmatrix} \cdots \\ \mathbf{1}_{\sigma_i > 0} \dfrac{\left(U^{\mathrm{T}}R\right)_i}{\sigma_i} + \mathbf{1}_{\sigma_i = 0}\chi_i \\ \cdots \end{pmatrix}, \chi_i \in \mathbb{R} \right\}.$$

我们容易验证对于 $\alpha \in \mathcal{A}$ 中的所有系数, 向量 $(\alpha \cdot \phi(O^{(m)}))_{1 \leqslant m \leqslant M}$ 保持不变: 这样我们找到唯一①的最小化目标函数

$$\widetilde{\mathfrak{M}}(\cdot) := \underset{\varphi = \alpha \cdot \phi \in \Phi}{\arg\min} \frac{1}{M} \sum_{m=1}^{M} (R^{(m)} - \varphi(O^{(m)}))^2. \tag{8.2.6}$$

相反地, 用来在空间 Φ 中表示它的系数可能不是唯一的. 如果 P 是满秩的 ($\sigma_K > 0$), 那么 $\mathcal{A}$ 包含单一元素, 并且 (8.2.4) 的解是唯一的. 如果 $\mathrm{rank}(P) <$

① 在 $(O^{(m)})_{1 \leqslant m \leqslant M}$ 中.

K, 那么在 SVD 意义下的最优解与使得 $\chi_i = 0$ (其中 i 可以为任意值) 的 i 的选择相关联, 换句话说

$$\alpha^M = V \begin{pmatrix} \cdots \\ \mathbf{1}_{\sigma_i>0} \dfrac{(U^{\mathrm{T}}R)_i}{\sigma_i} \\ \cdots \end{pmatrix}. \tag{8.2.7}$$

命题 8.2.2 SVD 意义下的最优解是, 它在所有最小化 (8.2.4) 的向量系数中是范数最小的. 我们称其为 **SVD 最优系数**.

证明 我们已经观察到最小化元有如下形式

$$\alpha = V \begin{pmatrix} \cdots \\ \mathbf{1}_{\sigma_i>0} \dfrac{(U^{\mathrm{T}}R)_i}{\sigma_i} + \mathbf{1}_{\sigma_i=0}\chi_i \\ \cdots \end{pmatrix}.$$

由于 V 是正交的, 保持范数不变, 这样我们有

$$\begin{aligned} |\alpha|^2_{\mathbb{R}^K} &= \sum_{i=1}^{K} \left| \mathbf{1}_{\sigma_i>0} \frac{(U^{\mathrm{T}}R)_i}{\sigma_i} + \mathbf{1}_{\sigma_i=0}\chi_i \right|^2 \\ &= \sum_{i=1}^{K} \mathbf{1}_{\sigma_i>0} \left| \frac{(U^{\mathrm{T}}R)_i}{\sigma_i} \right|^2 + \sum_{i=1}^{K} \mathbf{1}_{\sigma_i=0} |\chi_i|^2, \end{aligned}$$

由此, 容易完成证明. □

我们给出最小二乘问题的 SVD 解的几个简单性质: 前两个性质是标准的确定性环境下的结果; 而最后一个性质本质上是概率结果.

命题 8.2.3 令 α^M 为由样本 $(O^{(m)}, R^{(m)})_{1\leqslant m\leqslant M}$ 在空间 Φ 求出的 SVD 最优系数. 那么我们有下面的性质:

i) 线性性: 映射 $(R^{(m)})_{1\leqslant m\leqslant M} \mapsto \alpha^M$ 是线性的.

ii) 非扩张性: $\frac{1}{M}\sum_{m=1}^{M}(\alpha^M \cdot \phi(O^{(m)}))^2 \leqslant \frac{1}{M}\sum_{m=1}^{M}(R^{(m)})^2$.

iii) 最优系数可以由条件期望表示: 假设 $\phi(O^{(m)})_{m=1,\cdots,M}$ 关于 σ 代数 $\mathcal{Q}$ 是可测的. 那么, 关联到响应 $\mathbb{E}(R|\mathcal{Q}) = (\mathbb{E}(R^{(m)}|\mathcal{Q}))_{m=1,\cdots,M}$ 的 SVD 最优系数可以由 $\mathbb{E}(\alpha^M|\mathcal{Q})$ 给出.

证明 i) 中的线性性由 (8.2.7) 显然证得, 因为当观测 $(O^{(m)})_{1\leqslant m\leqslant M}$ 相同时, U, V, $(\sigma_i)_i$ 保持不变. 利用相同的方程并且观察到 U, V, $(\sigma_i)_i$ 是 $\mathcal{Q}$ 可测的, 我们证明出 iii). 为了证明 ii), 我们应用正交分解: 对于任意 $\alpha\in\mathbb{R}^K$, 我们有 $\frac{1}{M}\sum_{m=1}^{M}(\alpha\cdot\phi(O^{(m)})-R^{(m)})^2=\frac{1}{M}\sum_{m=1}^{M}(\alpha^M\cdot\phi(O^{(m)})-R^{(m)})^2+\frac{1}{M}\sum_{m=1}^{M}((\alpha^M-\alpha)\cdot\phi(O^{(m)}))^2$. 取 $\alpha=0$, 我们得到所列出的不等式. □

8.2.3 一个近似空间的例子: 局部多项式

在这个例子中, 函数是局部定义的, 在非交子集上光滑. 这个局部性质可以推导出更简单的数值实现.

定义. 对于空间 Φ, 取 k 阶局部多项式, 对于 $i_j\in\{-H/\Delta,\cdots,H/\Delta-1\}$ ①, $1\leqslant j\leqslant d$, 局部定义在高维方块 $\mathcal{C}_{i_1,\cdots,i_d}=[i_1\Delta,(i_1+1)\Delta[\times\cdots\times[i_d\Delta,(i_d+1)\Delta[$ 上. 在方块 $[-H,H]^d$ 之外, 这些在 Φ 中的函数等于零 (在无穷远处截断). 高维方块 $\mathcal{C}_{i_1,\cdots,i_d}$ 的数目为 $(2H/\Delta)^d$, 并且在每个方块中, 我们考虑所有 d 维变量且其中每个变量的最高次数为 k 的多项式, 这样一共有 $(k+1)^d$ 个多项式. 所以我们有

$$\dim(\Phi)=K=(2H/\Delta)^d\times(k+1)^d. \tag{8.2.8}$$

函数 $\varphi\in\Phi$ 可能在高维方块的边界的有些地方不连续, 参见图 8.1.

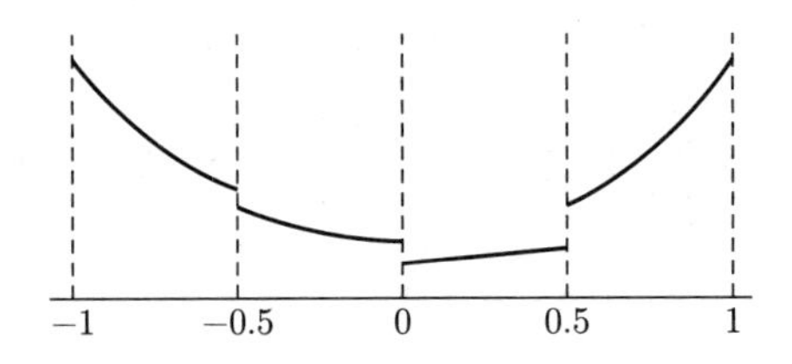

图 8.1 一个局部多项式函数 ($d=1,k=2,H=1,\Delta=0.5$)

实现. 因为这些高维方块有互不相交的支撑, 最小二乘问题的解的计算可以缩减为逐一在方块上求解, 这能显著地减少计算成本. 最终, 在一个高维方块中, 我们需要进行一次参数维数保持很小 (等于 $(k+1)^d$) 的多项式回归.

为了估计 $\varphi(x)=\alpha^M\cdot\phi(x)$ 在 x 点的值, 估值成本不是 K (考虑到 Φ 的表示维数是 K), 实际上它等于在高维方块中的多项式的数目, 即 $(k+1)^d$: 事实上, 由于网格点的张量化, 我们用单位成本来确定② 包含 x 的方块, 然后需要大小为 $(k+1)^d$ 的估计成本来对相应的方块中的多项式进行估值. 一般来

① 我们没有考虑 H 可能不是 Δ 的倍数而产生的舍入效应.

② 高维方块的指标数 $i_1,\cdots,i_d$ 由 $i_j=\lfloor\frac{x_j}{\Delta}\rfloor$ 给出.

说, 高维方块的数目很大 (即 $K \gg (k+1)^d$) 并且这个算法的简化非常重要.

8.2.4 误差估计, 模型的稳健性

我们首先给出一个实证回归函数的计算的误差估计. 读者可能注意到关于 (O, R) 的联合分布以及它们的边际分布的假设非常少: 事实上, 我们仅假设条件期望是有界的. 在这个情形中, 估计结果关于模型是稳健的. 特别地, 只需要相应的 R 是一个有界随机变量就足以使假设条件 v) 满足. 进一步, 我们对于基函数 $(\phi_k)_k$ 没有做任何假设.

定理 8.2.4 (回归误差估计) 考虑如下符号与假设:

i) 对于任意随机向量对 $(O, R) \in \mathbb{R}^d \times \mathbb{R}$, 其中 R 是平方可积的, 令 $\mathfrak{M}(\cdot)$ 为 $\sigma(O)$ 可测随机变量, 其定义为 $\mathfrak{M}(o) := \mathbb{E}(R|O=o)$.

ii) 定义 μ 为 O 的边际分布, $|\cdot|_{L_2(\mu)}$ 为相关联的 L_2 范数, 即对于一个函数 φ,
$$|\varphi|^2_{L_2(\mu)} := \int_{\mathbb{R}^d} \varphi^2(o)\mu(do).$$

iii) $(O^{(1)}, R^{(1)}), \cdots, (O^{(M)}, R^{(M)})$ 为随机向量对 (O, R) 的独立样本.

iv) 定义 $|\varphi|_{L_2(\mu^M)}$ 为由样本 $(O^{(1)}, \cdots, O^M)$ 的实证测度诱导的 L_2 范数:
$$|\varphi|^2_{L_2(\mu^M)} := \frac{1}{M}\sum_{m=1}^{M} \varphi^2(O^{(m)}).$$

v) R 的条件方差是有界的: $\sigma^2 := \sup_{o\in\mathbb{R}^d} \mathbb{V}\mathrm{ar}\ (R|O=o) < +\infty$.

vi) $\Phi = \mathrm{Span}.(\phi_1, \cdots, \phi_{\mathrm{K}})$ 是维数小于 K 的线性子空间.

vii) 实证回归函数定义为在 Φ 中达到如下目标函数
$$\widetilde{\mathfrak{M}}_M(\cdot) := \arg\min_{\varphi\in\Phi} \frac{1}{M}\sum_{m=1}^{M} |R^{(m)} - \varphi(O^{(m)})|^2 \qquad (8.2.9)$$
的极小值的函数.

那么, **均方误差**被控制住, 并且
$$\mathbb{E}\left(|\widetilde{\mathfrak{M}}_M - \mathfrak{M}|^2_{L_2(\mu^M)}\right) \leqslant \sigma^2\frac{K}{M} + \min_{\varphi\in\Phi}|\varphi - \mathfrak{M}|^2_{L_2(\mu)}. \qquad (8.2.10)$$

我们将在下一节中证明这个结果, 在这之前我们要做些说明.

▷ 首先, 这是一个非渐近结果, 在固定可计算成本时, 提供误差估计的控制 (并不需要 K 和 M 趋向于无穷大).

▷ 误差平方 $|\widetilde{\mathfrak{M}}_M - \mathfrak{M}|^2_{L_2(\mu^M)}$ 是随机变量, 源于两个原因: 一方面, 因为被估计函数 $\widetilde{\mathfrak{M}}_M$ 仅用一个样本估计, 所以它是随机的; 另一方面, 因为误差的范数由实证 (随机) 测度诱导出. 基于这一点, 有可能以一些数学复杂性为代价, 来减小 $\mathbb{E}(|\widetilde{\mathfrak{M}}_M - \mathfrak{M}|^2_{L_2(\mu)})$ 的上界; 参见定理 8.3.3 的证明. 另外一个可能的推广即为假设空间 Φ 关于观测量 (数据导出的函数集合) 适应, 所用的数学上的分析是类似的.

▷ (8.2.10) 右边的第一项通常称为*方差项*, 对应于用有限样本计算系数 α^M 产生的*统计误差*: 当样本数量 M 增加时, 误差会收敛到 0.

第二项来源于空间 Φ 中的*近似误差*, 可以写为偏差的平方 (从 $\mathfrak{M}$ 到 Φ 的 $L_2(\mu)$ 距离的平方): 通过使近似空间 Φ (令 $K \to +\infty$) 更丰富, 我们可以期望这一项能够收敛到 0. 分解式 (8.2.10) 称为*偏差/方差分解*.

▷ 本质点是维数 K 有两个相反的影响: 增加 K 可以减少近似误差, 但会增加统计误差 (超参数化问题); 相反地, 减少 K 使得参数逼近的统计估计更容易, 但是会在 Φ 中诱导出一个坏逼近. 于是在 K 与 M 之间有一个最优调整; 参见图 8.2. 如果没有这个调整, 实证回归近似可能完全不会收敛. 我们给出一个已知 $\mathfrak{M}$ 的附加信息时的参数调整的例子.

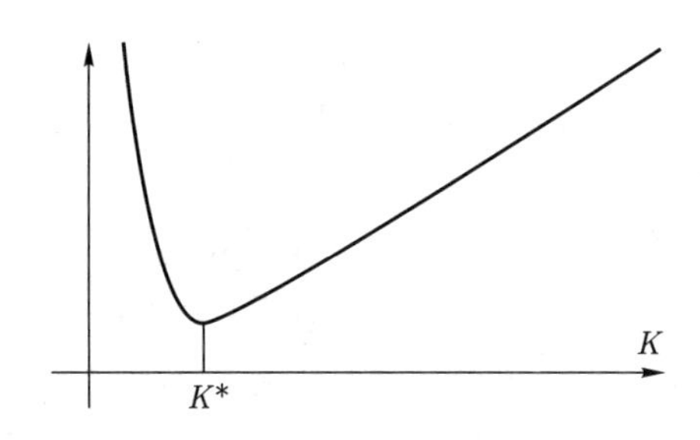

图 8.2　关于给定 M, 将实证回归误差看做 K 的函数

8.2.5　局部多项式情形下的参数调整

我们考虑第 8.2.3 节中提到的局部多项式空间, 并假设 $\mathfrak{M}$ 为函数类 $\mathcal{C}^{k+\alpha}(\mathbb{R}^d, \mathbb{R})$ 中的一个有界函数, 其中 $k \in \mathbb{N}$, $\alpha \in (0, 1]$, 且具有有界导数, 其 k 阶导数是 α-Hölder 连续的.

沿用第 8.2.3 节的定义, 方差项等于 $\sigma^2 \frac{K}{M} = \sigma^2 \frac{(2H/\Delta)^d \times (k+1)^d}{M}$. 现在我们要估计偏差项的平方. 考虑支撑集不交的方块, 并且在每个方块中考虑由 Taylor

公式得到的 k 阶多项式的近似, 我们得到关于一个误差的简单上界

$$\begin{aligned}
&\min_{\varphi\in\Phi}|\varphi-\mathfrak{M}|^2_{L_2(\mu)}\\
&=\mathbb{E}\left(\mathfrak{M}^2(O)\mathbf{1}_{O\notin\mathcal{C}_{i_1,\cdots,i_d}:-H/\Delta\leqslant i_1,\cdots,i_d\leqslant H/\Delta-1}\right)\\
&\quad+\sum_{-H/\Delta\leqslant i_1,\cdots,i_d\leqslant H/\Delta-1}\ \min_{\text{Pol.}\mathcal{P}:\deg(\mathcal{P})\leqslant \mathrm{k}}\mathbb{E}\left(|\mathfrak{M}(O)-\mathcal{P}(O)|^2\mathbf{1}_{O\in\mathcal{C}_{i_1,\cdots,i_d}}\right)\\
&\leqslant C_{\mathfrak{M}}\left(\mathbb{P}(|O|_\infty\geqslant H)+\sum_{-H/\Delta\leqslant i_1,\cdots,i_d\leqslant H/\Delta-1}\Delta^{2(k+\alpha)}\mathbb{P}(O\in\mathcal{C}_{i_1,\cdots,i_d})\right)\\
&\leqslant C_{\mathfrak{M}}\left(\mathbb{P}(|O|_\infty\geqslant H)+\Delta^{2(k+\alpha)}\right),
\end{aligned}$$

其中 $C_{\mathfrak{M}}$ 为仅依赖于 $\mathfrak{M}(\cdot)$ 及其导数的常数.

进一步假设随机变量 O 具有指数阶矩: $\mathbb{P}(|O|_\infty\geqslant H)\leqslant\lambda\exp(-H/\lambda)$, 对于任意 $H\geqslant 0$ 和某个 $\lambda>0$ 成立. 那么, 对于足够大的常数 c, 令 $H=c\log(1/\Delta)$ (只需要 $\Delta<1$), 当 $\Delta\to 0$ 时, 项 $\mathbb{P}(|O|_\infty\geqslant H)$ 与 $\Delta^{2(k+\alpha)}$ 相比是可忽略的 (这验证了在无穷远处截断).

最后, 我们可以将上界 (8.2.10) 重新写为 (没有详细写出常数):

$$\mathbb{E}\left(|\widetilde{\mathfrak{M}}_M-\mathfrak{M}|^2_{L_2(\mu^M)}\leqslant C\frac{[\log(1/\Delta)\Delta^{-1}]^d}{M}+C\Delta^{2(k+\alpha)}\right).$$

若要达到我们想要的近似误差量级, 只需要取

$$M\underset{\Delta\to0}{\sim}\Delta^{-d-2(k+\alpha)}[\log(1/\Delta)]^d.$$

为了更好地理解维数 d 的影响, 我们将变量 Δ, K 和 M 写为全局误差变量 ε^2 的函数, 来表示均方误差 $\mathbb{E}\left(|\widetilde{\mathfrak{M}}_M-\mathfrak{M}|^2_{L_2(\mu^M)}\right)$ 的预期精度. 忽略对数项和常数项, 我们得到误差关于 ε 的阶的量级大小的启发:

$$\left\{\begin{array}{l}\Delta\underset{\varepsilon\to0}{\sim}\varepsilon^{\frac{1}{k+\alpha}},\\ K\underset{\varepsilon\to0}{\sim}\varepsilon^{-\frac{d}{k+\alpha}},\\ M\underset{\varepsilon\to0}{\sim}\varepsilon^{-2-\frac{d}{k+\alpha}},\end{array}\right.\Rightarrow\mathbb{E}\left(|\widetilde{\mathfrak{M}}_M-\mathfrak{M}|^2_{L_2(\mu^M)}\right)\underset{\varepsilon\to0}{\leqslant}\varepsilon^2. \tag{8.2.11}$$

我们观察到在维数 d 和未知函数 $\mathfrak{M}$ 的可微阶数 $k+\alpha$ 之间有微妙的竞争关系. 对于给定的可微阶数 $k+\alpha$, 被估计函数所依赖的变量数目 d 越多, 为了达到所要求的精度所需要的计算量会显著增长: 这就是著名的维数的诅咒; 参见在这一章开始部分的讨论.

在实际中, 对于参数 $k+\alpha$ 的了解通常来源于前期分析, 这些分析可以帮助我们确定问题的正则性和其他数值性质. 一旦正则性确定, 其他参数的调整就简单了, 至少当我们的注意力集中在速度而不是常数上时是这样的.

在计算成本方面, 我们有

$$\left[\mathbb{E}\left(|\widetilde{\mathfrak{M}}_M-\mathfrak{M}|^2_{L_2(\mu^M)}\right)\right]^{\frac{1}{2}} \underset{M\to+\infty}{\leqslant} CM^{-\frac{k+\alpha}{2(k+\alpha)+d}}.$$

如果可微阶数很大 $(k+\alpha\to+\infty)$, 我们将会得到与中心极限定理相同的收敛速度 $\sqrt{M}$. 换句话说, 这个速度严重依赖于 $\mathfrak{M}$ 的维数和正则性.

8.2.6 误差估计的证明

证明 我们依据 [69, 定理 11.2] 的思路来证明定理 8.2.4. 为了简化起见, 定义 $O^{(1:M)}:=(O^{(m)})_{1\leqslant m\leqslant M}$ 和 $\mathbb{E}^{(1:M)}(\cdot)=\mathbb{E}(\cdot|O^{(1:M)})$. 假设我们已经有

$$\mathbb{E}\left(|\widetilde{\mathfrak{M}}_M-\mathfrak{M}|^2_{L_2(\mu^M)}|O^{(1:M)}\right)\leqslant\sigma^2\frac{K}{M}+\min_{\varphi\in\Phi}|\varphi-\mathfrak{M}|^2_{L_2(\mu^M)}. \tag{8.2.12}$$

那么, 结论中的上界 (8.2.10) 可以通过直接对 (8.2.12) 的两边取期望并观察到下式得到:

$$\begin{aligned}&\mathbb{E}\left(\min_{\varphi\in\Phi}|\varphi-\mathfrak{M}|^2_{L_2(\mu^M)}\right)\\&\leqslant\min_{\varphi\in\Phi}\mathbb{E}(|\varphi-\mathfrak{M}|^2_{L_2(\mu^M)})=\min_{\varphi\in\Phi}\mathbb{E}\left(\frac{1}{M}\sum_{m=1}^M|\varphi(O^{(m)})-\mathfrak{M}(O^{(m)})|^2\right)\\&=\min_{\varphi\in\Phi}\mathbb{E}\left(|\varphi(O)-\mathfrak{M}(O)|^2\right)=\min_{\varphi\in\Phi}|\varphi-\mathfrak{M}|^2_{L_2(\mu)}.\end{aligned}$$

现在我们来证明 (8.2.12). 因为我们以 $O^{(1:M)}$ 为条件做计算, 不失一般性, 我们可以假设 $(\phi_1,\cdots,\phi_{K_M})$ 是 $L_2(\mu^M)$ 中的正交族①, 此时对于 $K_M\leqslant K$, 可能有

$$\frac{1}{M}\sum_{m=1}^M\phi_k(O^{(m)})\phi_l(O^{(m)})=\delta_{k,l},\quad 1\leqslant k,l\leqslant K_M.$$

由此可知极值问题 $\arg\min_{\varphi\in\Phi}\frac{1}{M}\sum_{m=1}^M|\varphi(O^{(m)})-R^{(m)}|^2$ 的解由下式给出

$$\widetilde{\mathfrak{M}}_M(\cdot)=\sum_{j=1}^{K_M}\alpha_j^M\phi_j(\cdot),\ \text{并且}\alpha_j^M=\frac{1}{M}\sum_{m=1}^M\phi_j(O^{(m)})R^{(m)}$$

(这里 α^M 是 SVD 最优系数). 注意到 $\mathbb{E}^{(1:M)}(\widetilde{\mathfrak{M}}_M(\cdot))=\mathbb{E}(\widetilde{\mathfrak{M}}_M(\cdot)|O^{(1:M)})$ 是如下最小平方问题的最优解

$$\min_{\varphi\in\Phi}\frac{1}{M}\sum_{m=1}^M|\varphi(O^{(m)})-\mathfrak{M}(O^{(m)})|^2=\min_{\varphi\in\Phi}|\varphi-\mathfrak{M}|^2_{L_2(\mu^M)}.$$

① 去掉在 $L_2(\mu^M)$ 中的共线性元素, 然后对于其他元素实施 Gram-Schmidt 步骤.

实际上, 将命题 8.2.3 应用到 $\mathcal{Q}=\sigma(O^{(1:M)})$, 系数 α^M 的条件期望 $\mathbb{E}(\cdot|O^{(1:M)})$ 是关于响应 $(\mathbb{E}(R^{(m)}|O^{(1:M)}))_{1\leqslant m\leqslant M}$ 的 SVD 最优系数: 但是样本数据的独立性意味着 $\mathbb{E}(R^{(m)}|O^{(1:M)})=\mathbb{E}(R^{(m)}|O^{(m)})$; 而且, 由回归函数的定义知 $\mathbb{E}(R^{(m)}|O^{(m)})=\mathfrak{M}(O^{(m)})$.

那么, 应用 Pythagoras 定理 (勾股定理), 我们推导出

$$\begin{aligned}&|\widetilde{\mathfrak{M}}_M-\mathfrak{M}|^2_{L_2(\mu^M)}\\&=|\widetilde{\mathfrak{M}}_M-\mathbb{E}^{(1:M)}(\widetilde{\mathfrak{M}}_M)|^2_{L_2(\mu^M)}+|\mathbb{E}^{(1:M)}(\widetilde{\mathfrak{M}}_M)-\mathfrak{M}|^2_{L_2(\mu^M)}\\&=|\widetilde{\mathfrak{M}}_M-\mathbb{E}^{(1:M)}(\widetilde{\mathfrak{M}}_M)|^2_{L_2(\mu^M)}+\min_{\varphi\in\Phi}|\varphi-\mathfrak{M}|^2_{L_2(\mu^M)}.\end{aligned}\tag{8.2.13}$$

因为 $(\phi_j)_j$ 在 $L_2(\mu^M)$ 中是正交的, 所以我们有

$$|\widetilde{\mathfrak{M}}_M-\mathbb{E}^{(1:M)}(\widetilde{\mathfrak{M}}_M)|^2_{L_2(\mu^M)}=\sum_{j=1}^{K_M}|\alpha_j^M-\mathbb{E}^{(1:M)}(\alpha_j^M)|^2.$$

由 $\alpha_j^M-\mathbb{E}^{(1:M)}(\alpha_j^M)=\frac{1}{M}\sum_{m=1}^M\phi_j(O^{(m)})(R^{(m)}-\mathfrak{M}(O^{(m)}))$, 我们知道

$$\begin{aligned}&\mathbb{E}^{(1:M)}\left(|\widetilde{\mathfrak{M}}_M-\mathbb{E}^{(1:M)}(\widetilde{\mathfrak{M}}_M)|^2_{L_2(\mu^M)}\right)\\&=\sum_{j=1}^{K_M}\frac{1}{M^2}\mathbb{E}^{(1:M)}\left(\sum_{m,m'=1}^{M}\phi_j(O^{(m)})\phi_j(O^{(m')})\right.\\&\qquad\left.\cdot(R^{(m)}-\mathfrak{M}(O^{(m)}))(R^{(m')}-\mathfrak{M}(O^{(m')}))\right).\end{aligned}$$

那么, 由样本数据的独立性, 我们可以将它大大简化:

$$\begin{aligned}&\mathbb{E}^{(1:M)}\left(\phi_j\left(O^{(m)}\right)\phi_j\left(O^{(m')}\right)\left(R^{(m)}-\mathfrak{M}\left(O^{(m)}\right)\right)\left(R^{(m')}-\mathfrak{M}\left(O^{(m')}\right)\right)\right)\\&=\phi_j(O^{(m)})\phi_j(O^{(m')})\mathbb{E}^{(1:M)}\left((R^{(m)}-\mathfrak{M}(O^{(m)}))(R^{(m')}-\mathfrak{M}(O^{(m')}))\right)\\&=\phi_j(O^{(m)})\phi_j(O^{(m')})\\&\quad\cdot\mathbb{E}\left((R^{(m)}-\mathfrak{M}(O^{(m)}))(R^{(m')}-\mathfrak{M}(O^{(m')}))\Big|O^{(m)},O^{(m')}\right)\\&=\begin{cases}\phi_j^2\left(O^{(m)}\right)\mathbb{V}\mathrm{ar}\left(R^{(m)}|O^{(m)}\right), & \text{如果} m=m',\\ 0, & \text{否则}.\end{cases}\end{aligned}$$

于是, 条件方差的一致有界性假设可以推导出

$$\begin{aligned}&\mathbb{E}^{(1:M)}\left(|\widetilde{\mathfrak{M}}_M-\mathbb{E}^{(1:M)}(\widetilde{\mathfrak{M}}_M)|^2_{L_2(\mu^M)}\right)\\&\leqslant\sigma^2\sum_{j=1}^{K_M}\frac{1}{M^2}\sum_{m=1}^{M}\phi_j^2(O^{(m)})=\sigma^2\frac{K_M}{M}\leqslant\sigma^2\frac{K}{M},\end{aligned}$$

上面最后的等式成立是由于 ϕ_j 在 $L_2(\mu^M)$ 中范数为单位值. 将这个式子和对 (8.2.13) 取条件期望 $\mathbb{E}(\cdot|O^{(1:M)})$ 的结果结合起来, 我们得到等式 (8.2.12). □

我们用几个注释来完善这个证明. 注意到误差只与回归函数有关, 而与最优系数无关: 当然这是附带目标. 但是还有更深层的原因; 我们无法在系数方面得到同样好的估计, 这是因为当空间中存在共线性时 (可能在正概率时出现), 函数 $\widetilde{\mathfrak{M}}_M$ 在 Φ 中有多种表示.

读者容易将前一个证明拓展到基于观测数据 $(O^{(1)},\cdots,O(M))$ 所选取的随机函数 $(\phi_j)_j$ 的情形. 例如, 在局部多项式情形中, 通过将 $\mathbb{R}^d$ 分成每一个都包含相同数目的观测数据的多个方块 (可以不规则), 我们可以更好地自动拟合出 O 的分布, 同时确保用于计算局部回归函数的最少信息的有效性.

8.3 应用: 利用实证回归求解动态规划方程

我们假设定理 7.3.1 中那些假设成立, 这使得倒向随机微分方程的离散化形式可以演化为动态规划方程 (8.0.1) 的模拟.

在这个框架下, 因为 f 和 g 是有界的, 所以未知函数 $u^{(h)}$ 也是有界的: 这是由 (7.4.1) 得到的, 并且函数的界是显式的, 可以写为

$$\sup_{0\leqslant i\leqslant N}\sup_{x\in\mathbb{R}^d}|u^{(h)}(t_i,x)|\leqslant|f|_\infty+T|g|_\infty:=L. \tag{8.3.1}$$

为了强制数值结果满足这个界限条件, 我们将在水平值 L 剪切后几步得到的实证回归函数 (参见图 2.4).

8.3.1 学习样本与近似空间

我们将要应用如下实证方法近似回归函数 $(u^{(h)}(t_i,\cdot):0\leqslant i\leqslant N-1)$:

1. 一个学习样本包含与 $(X^{(h)}_{t_i})_{0\leqslant i\leqslant N}$ 服从相同分布的 M 个独立模拟轨道 $((X^{(h,m)}_{t_i})_{0\leqslant i\leqslant N}:1\leqslant m\leqslant M)$.
2. 在每个时刻, 近似空间定义为 Φ. 为了简化表述 (但是这在数学上不是必需的), 我们为所有时刻取相同的 Φ (基底), 也就是说, 我们构造有限 K 维向量空间
$$\Phi:=\mathrm{Span.}(\phi_1,\cdots,\phi_K).$$
读者可以毫不费力地将结果推广到依赖 t_i 的 $\Phi^{(i)}$ 的情形, 这一点在数值上是很有意义的.

最后, 近似解定义为 $u^{(h,M,\Phi)}$.

8.3.2 实证回归函数的计算

为了将动态规划方程的求解进行初始化, 我们设

$$u^{(h,M,\Phi)}(T,\cdot)=f(\cdot). \tag{8.3.2}$$

算法 8.1 用实证回归求解动态规划方程

1 M,N,K,m,i: 整数； /* 模拟次数, 时间区间离散数, 基函数数目, 两个变量指标 */

2 $\mathcal{P}$: 轨道向量；/* $(X^{(h,m)})_{1\leqslant m\leqslant M}$ 的 M 条轨道集合: **轨道**的类型是 $N+1$ 维向量, 其元素构成 $(X_{t_i}^{(h)})_{0\leqslant i\leqslant N}$ 的一条模拟轨道. */

3 α: 系数向量；/* 系数 $(\alpha^{(M,i)})_{0\leqslant i\leqslant N-1}$ 的集合: 系数的类型是 K 维向量 */

4 L,T,h: 双精度实数； /* 解的界限, 终端时刻, 时间步长 */

5 **for** $m=1$ **to** M **do**

6 **for** $i=0$ **to** N **do**

7   $\mathcal{P}[m][i]\leftarrow X_{t_i}^{(h,m)}$; /* Euler 算法模拟 */

8 /* 初始化回归算法 */

9 $\alpha[N-1]\leftarrow$ SVD 系数；/* 应用数据 $(\mathcal{P}[\cdot,N-1],\mathcal{P}[\cdot,N])$ 和空间 Φ 近似计算响应函数 $f(\cdot)+hg(t_{N-1},\cdot,f(\cdot))$ 并赋值 */

10 /* 迭代回归 */

11 **for** $i=N-2$ **to** 0 **do**

12 $\alpha[i]\leftarrow$SVD 系数； /* 应用数据 $(\mathcal{P}[\cdot,i],\mathcal{P}[\cdot,i+1])$ 和空间 Φ 近似计算响应函数 $\mathcal{C}_L[\alpha[i+1]\cdot\phi(\cdot)]+hg(t_i,\cdot,\mathcal{C}_L[\alpha[i+1]\cdot\phi(\cdot)])$ */

13 **Return** α. /* 表示未知函数 $u^{(h,M,\Phi)}(t_i,\cdot)=\mathcal{C}_L[\alpha[i]\cdot\phi(\cdot)]$ 的所有系数

假设已经计算出一个近似值 $u^{(h,M,\Phi)}(t_{i+1},\cdot)$, 现在我们要构造 $u^{(h,M,\Phi)}(t_i,\cdot)$. 定义 SVD 最优系数 $\alpha^{(M,i)}$ 为

$$\begin{aligned}\alpha^{(M,i)}:=\underset{\alpha\in\mathbb{R}^K}{\arg\min}\frac{1}{M}\sum_{m=1}^{M}\Big(&u^{(h,M,\Phi)}(t_{i+1},X_{t_{i+1}}^{(h,m)})\\&+hg\left(t_i,X_{t_i}^{(h,m)},u^{(h,M,\Phi)}(t_{i+1},X_{t_{i+1}}^{(h,m)})\right)\\&-\alpha\cdot\phi(X_{t_i}^{(h,m)})\Big)^2,\end{aligned} \tag{8.3.3}$$

于是我们可以定义水平值 L 的剪切函数

$$u^{(h,M,\Phi)}(t_i,\cdot) := \mathcal{C}_L[\alpha^{(M,i)}\cdot\phi](\cdot) = -L\vee[\alpha^{(M,i)}\cdot\phi(\cdot)]\wedge L. \tag{8.3.4}$$

然后从 $i=N-1$ 开始倒向迭代这个步骤; 详见算法 8.1.

为了度量实证回归函数的误差, 我们应用 (就像在第 8.2.4 节中) 由模拟数据得到的 L_2 实证范数: 对于一个依赖于在时刻 t_i 的过程值的函数 $\varphi:\mathbb{R}^d\to\mathbb{R}$, 我们定义

$$|\varphi|_{L_2(\mu^M)} := \left(\frac{1}{M}\sum_{m=1}^{M}\varphi^2(X_{t_i}^{(h,m)})\right)^{\frac{1}{2}}.$$

更一般地, 如果函数 $\varphi:\mathbb{R}^d\times\mathbb{R}^d\to\mathbb{R}$ 依赖于在时刻 t_i 和时刻 t_{i+1} 之间的过程值, 我们取

$$|\varphi|_{L_2(\mu^M)} := \left(\frac{1}{M}\sum_{m=1}^{M}\varphi^2(X_{t_i}^{(h,m)},X_{t_{i+1}}^{(h,m)})\right)^{\frac{1}{2}}.$$

通常来说, 根据我们所用的内容, 不同约定之间不存在有混淆的地方.

8.3.3 误差传播方程

我们证明了一个均方实证误差在时刻 t_i 与时刻 t_{i+1} 之间的方程, 描述误差如何局部地传播. 符号定义如下.

- 记 $\alpha^{(M,i)}$ 为用错误的函数 $u^{(h,M,\Phi)}(t_{i+1},\cdot)$ 计算出的系数, 我们将由确切函数 $u^{(h)}(t_{i+1},\cdot)$ 计算出的系数定义为

$$\begin{aligned}\bar{\alpha}^{(M,i)} &:= \arg\min_{\alpha\in\mathbb{R}^K}\frac{1}{M}\sum_{m=1}^{M}\Big(u^{(h)}(t_{i+1},X_{t_{i+1}}^{(h,m)})\\&\qquad + hg(t_i,X_{t_i}^{(h,m)},u^{(h)}(t_{i+1},X_{t_{i+1}}^{(h,m)})) - \alpha\cdot\phi(X_{t_i}^{(h,m)})\Big)^2\\&= \arg\min_{\alpha\in\mathbb{R}^K}\left|u^{(h)}(t_{i+1},\cdot)+hg(t_i,\cdot,u^{(h)}(t_{i+1},\cdot))-\alpha\cdot\phi(\cdot)\right|_{L_2(\mu^M)}^2.\end{aligned} \tag{8.3.5}$$

- 我们定义 $\mu_{X_{t_i}^{(h)}}$ 为 $X_{ih}^{(h)}$ 的分布.

我们将要证明误差的传播满足下面的迭代方程.

命题 8.3.1 (局部误差传递) 在之前的假设和定义下, 对于 $0 \leqslant i \leqslant N-1$, 我们有

$$\begin{aligned}&\mathbb{E}\left|u^{(h,M,\Phi)}(t_i,\cdot)-u^{(h)}(t_i,\cdot)\right|^2_{L_2(\mu^M)}\\ \leqslant&(1+N^{-1})(1+hL_g)^2\mathbb{E}\left|u^{(h,M,\Phi)}(t_{i+1},\cdot)-u^{(h)}(t_{i+1},\cdot)\right|^2_{L_2(\mu^M)}\\ &+(1+N)4L^2\frac{K}{M}+\min_{\varphi\in\Phi}\left|\varphi-u^{(h)}(t_i,\cdot)\right|^2_{L_2(\mu_{X^{(h)}_{t_i}})}.\end{aligned}\tag{8.3.6}$$

证明 因为 $u^{(h)}$ 被 L 界住, 而且剪切函数是 1-Lipschitz 算子, 我们有

$$\left|u^{h,M,\Phi}(t_i,\cdot)-u^{(h)}(t_i,\cdot)\right|^2_{L_2(\mu^M)}\leqslant\left|\alpha^{(M,i)}\cdot\phi(\cdot)-u^{(h)}(t_i,\cdot)\right|^2_{L_2(\mu^M)}.\tag{8.3.7}$$

▷ **分解为三个部分.** 为了简化表达式, 记 $X^{(h,1:M)}_{t_i}=\{X^{(h,m)}_{t_i}:1\leqslant m\leqslant M\}$. 由命题 8.2.3 的 iii), $\mathbb{E}(\bar{\alpha}^{(M,i)}|X^{(h,1:M)}_{t_i})$ 是联系观测值 $X^{(h,1:M)}_{t_i}$ 与下面的响应函数

$$\begin{aligned}&\mathbb{E}\left(u^{(h)}(t_{i+1},X^{(h,m)}_{t_{i+1}})+hg(t_i,X^{(h,m)}_{t_i},u^{(h)}(t_{i+1},X^{(h,m)}_{t_{i+1}}))|X^{(h,1:M)}_{t_i}\right)\\ =&\mathbb{E}\left(u^{(h)}(t_{i+1},X^{(h,m)}_{t_{i+1}})+hg(t_i,X^{(h,m)}_{t_i},u^{(h)}(t_{i+1},X^{(h,m)}_{t_{i+1}}))|X^{(h,m)}_{t_i}\right)\\ =&u^{(h)}(t_i,X^{(h,m)}_{t_i})\end{aligned}$$

的 SVD 最优系数. 于是, 由 Pythagoras 定理 (勾股定理), 我们得到等式

$$\begin{aligned}&\left|\alpha^{(M,i)}\cdot\phi(\cdot)-u^{(h)}(t_i,\cdot)\right|^2_{L_2(\mu^M)}\\ =&\inf_{\varphi\in\Phi}\left|\varphi(\cdot)-u^{(h)}(t_i,\cdot)\right|^2_{L_2(\mu^M)}\\ &+\left|\left(\alpha^{(M,i)}-\mathbb{E}(\bar{\alpha}^{(M,i)}|X^{(h,1:M)}_{t_i})\right)\cdot\phi(\cdot)\right|^2_{L_2(\mu^M)}.\end{aligned}\tag{8.3.8}$$

然后, 应用 $L_2(\mu^M)$ 范数的三角不等式与不等式 $(a+b)^2\leqslant(1+N)a^2+(1+N^{-1})b^2$, 我们得到 (结合 (8.3.7))

$$\begin{aligned}&\left|u^{(h,M,\Phi)}(t_i,\cdot)-u^{(h)}(t_i,\cdot)\right|^2_{L_2(\mu^M)}\\ \leqslant&\inf_{\varphi\in\Phi}\left|\varphi(\cdot)-u^{(h)}(t_i,\cdot)\right|^2_{L_2(\mu^M)}\\ &+(1+N)\left|\left(\bar{\alpha}^{(M,i)}-\mathbb{E}(\bar{\alpha}^{(M,i)}|X^{(h,1:M)}_{t_i})\right)\cdot\phi(\cdot)\right|^2_{L_2(\mu^M)}\\ &+(1+N^{-1})\left|\left(\alpha^{(M,i)}-\bar{\alpha}^{(M,i)}\right)\cdot\phi(\cdot)\right|^2_{L_2(\mu^M)}.\end{aligned}\tag{8.3.9}$$

▷ **对不同的项的估计.** 第一项与 $u^{(h)}(t_i,\cdot)$ 在空间 Φ 中的近似有关:

$$
\begin{aligned}
&\mathbb{E}\left(\inf_{\varphi\in\Phi}\left|\varphi(\cdot)-u^{(h)}(t_i,\cdot)\right|^2_{L_2(\mu^M)}\right)\\
&\leqslant \inf_{\varphi\in\Phi}\mathbb{E}\left(\frac{1}{M}\sum_{m=1}^{M}\left|\varphi(X^{(h,m)}_{t_i})-u^{(h)}(t_i,X^{(h,m)}_{t_i})\right|^2\right)\\
&=\inf_{\varphi\in\Phi}\left|\varphi(\cdot)-u^{(h)}(t_i,\cdot)\right|^2_{L_2(\mu_{X^{(h)}_{t_i}})}. \qquad (8.3.10)
\end{aligned}
$$

在 (8.3.9) 的第二项中, 我们重新考虑由给定响应函数 $(u^{(h)}(t_{i+1},X^{(h,m)}_{t_{i+1}})+hg(t_i,X^{(h,m)}_{t_i},u^{(h)}(t_{i+1},X^{(h,m)}_{t_{i+1}})))_{1\leqslant m\leqslant M}$ 和观测值 $(X^{(h,m)}_{t_i})_{1\leqslant m\leqslant N}$ 计算回归函数 $u^{(h)}(t_i,\cdot)$ 时的统计误差. 就像定理 8.2.4的 证明一样 (等式 (8.2.13) 中的右边第一项), 我们能够控制住这一项的期望:

$$
\mathbb{E}\left(\left|(\bar{\alpha}^{(M,i)}-\mathbb{E}(\bar{\alpha}^{(M,i)}|X^{(h,1:M)}_{t_i}))\cdot\phi(\cdot)\right|^2_{L_2(\mu^M)}\right)\leqslant(L+h|g|_\infty)^2\frac{K}{M}, \quad (8.3.11)
$$

其中 $(L+h|g|_\infty)^2$ 是 $u^{(h)}(t_{i+1},X^{(h)}_{t_{i+1}})+hg(t_i,X^{(h)}_{t_i},u^{(h)}(t_{i+1},X^{(h)}_{t_{i+1}}))$ 在条件 $X^{(h)}_{t_i}=x$ 下的方差的关于 x 的一致上界.

最后, 考虑 (8.3.9) 中的最后一项, 我们首先应用实证投影的非扩张 (压缩) 性, 然后利用 g 的 Lipschitz 正则性:

$$
\begin{aligned}
&\left|(\alpha^{(M,i)}-\bar{\alpha}^{(M,i)})\cdot\phi(\cdot)\right|^2_{L_2(\mu^M)}\\
&\leqslant\Big|\left[u^{(h,M,\Phi)}(t_{i+1},\cdot)+hg(t_i,\cdot,u^{(h,M,\Phi)}(t_{i+1},\cdot)\right]\\
&\qquad-\left[u^{(h)}(t_{i+1},\cdot)+hg(t_i,\cdot,u^{(h)}(t_{i+1},\cdot)\right]\Big|^2_{L_2(\mu^M)}\\
&\leqslant(1+hL_g)^2\left|u^{(h,M,\Phi)}(t_{i+1},\cdot)-u^{(h)}(t_{i+1},\cdot)\right|^2_{L_2(\mu^M)}. \qquad (8.3.12)
\end{aligned}
$$

这个上界突出显示了误差在动态规划方程中的传播.

▷ **完成证明.** 总结起来, 结合不等式 (8.3.9)—(8.3.12) 并且取期望, 我们得出

$$
\begin{aligned}
&\mathbb{E}\left|u^{(h,M,\Phi)}(t_i,\cdot)-u^{(h)}(t_i,\cdot)\right|^2_{L_2(\mu^M)}\\
&\leqslant\inf_{\phi\in\Phi}\left|\varphi(\cdot)-u^{(h)}(t_i,\cdot)\right|^2_{L_2(\mu_{X^{(h)}_{t_i}})}+\ (1+N)(L+h|g|_\infty)^2\frac{K}{M}\\
&\quad+(1+N^{-1})(1+hL_g)^2\mathbb{E}\left|u^{(h,M,\Phi)}(t_{i+1},\cdot)-u^{(h)}(t_{i+1},\cdot)\right|^2_{L_2(\mu^M)}.
\end{aligned}
$$

应用一个粗糙的控制不等式 $(L+h|g|_\infty)^2\leqslant 4L^2$, 我们就可以完成证明. □

之前的结果提供了误差 $\mathbb{E}\left|u^{(h,M,\Phi)}(t_i,\cdot)-u^{(h)}(t_i,\cdot)\right|^2_{L_2(\mu^M)}$ 的一个关于时间的迭代关系, 在 $i=N$ 时误差为零. 应用 $(1+hL_g)^2(1+N^{-1})\leqslant 1+\frac{1}{N}(1+2L_gT)^2$ 以及与 (7.3.7) 相同的计算, 我们很容易得到如下结果.

定理 8.3.2 (在实证范数下的全局误差) 在与前面相同的定义与假设下, 对于任意 $0 \leqslant i \leqslant N-1$, 我们有

$$\begin{aligned}&\mathbb{E}\left|u^{(h,M,\Phi)}(t_i,\cdot)-u^{(h)}(t_i,\cdot)\right|^2_{L_2(\mu^M)}\\&\leqslant e^{(1+2L_gT)^2}\sum_{j=i}^{N-1}\left[(1+N)4L^2\frac{K}{M}+\min_{\phi\in\Phi}\left|\phi-u^{(h)}(t_j,\cdot)\right|^2_{L_2(\mu_{X^{(h)}_{t_j}})}\right].\end{aligned}\tag{8.3.13}$$

为了数值分析的完整性以及与前一章中离散误差的量化所用到的范数保持一致, 我们将用范数 $|\cdot|_{L_2(\mu_{X^{(h)}_{t_i}})}$ 而不是 $|\cdot|_{L_2(\mu^M)}$ 来度量误差. 我们将用到第二章中定理 2.4.10 的一个变形, 这个结果将在本书的最后证明.

定理 8.3.3 (实证均值与确切均值之间的偏差) 在与前面相同的定义和假设下, 对于 $0 \leqslant i \leqslant N-1$, 我们有

$$\begin{aligned}&\mathbb{E}\Bigg|\left|u^{(h,M,\Phi)}(t_i,\cdot)-u^{(h)}(t_i,\cdot)\right|^2_{L_2(\mu^M)}\\&\quad-\left|u^{(h,M,\Phi)}(t_i,\cdot)-u^{(h)}(t_i,\cdot)\right|^2_{L_2(\mu_{X^{(h)}_{t_i}})}\Bigg|\\&\leqslant 101L^2\sqrt{\frac{(K+1)\log(6M)}{M}}.\end{aligned}$$

将定理 8.3.2 与定理 8.3.3 结合, 我们推导出量化求解动态规划方程的实证回归算法的误差的主要结果.

定理 8.3.4 (实证回归算法的全局误差) 在相同的定义和假设下, 对于任意 $0 \leqslant i \leqslant N-1$, 我们有

$$\begin{aligned}&\mathbb{E}\left|u^{(h,M,\Phi)}(t_i,\cdot)-u^{(h)}(t_i,\cdot)\right|^2_{L_2(\mu_{X^{(h)}_{t_i}})}\\&\leqslant e^{(1+2L_gT)^2}\sum_{j=i}^{N-1}\left[(1+N)4L^2\frac{K}{M}+\min_{\varphi\in\Phi}\left|\varphi-u^{(h)}(t_j,\cdot)\right|^2_{L_2(\mu_{X^{(h)}_{t_j}})}\right]\\&\quad+101L^2\sqrt{\frac{(K+1)\log(6M)}{M}}.\end{aligned}\tag{8.3.14}$$

式中出现了两种本质不同的误差: 第一项对应于在 t_i 之后的每一个时刻所产生的实证回归误差; 由这个结果我们可以观察到, 它们是不可避免的. 由于因子 $(1+N)$, 误差控制会稍微变差. 这来自动态规划所涉及的多重时间回归和回归网格问题的结构. 带有 $\log(\cdot)$ 的第二项反映了在实证分布和真实分布之下测出的误差度量之间的一致波动.

当 $M=+\infty$ 时, 误差的控制变为 $\sum_{j=i}^{N-1}\min\limits_{\phi\in\Phi}|\phi-u^{(h)}\ (t_j,\cdot)|^2_{L_2(\mu_{X^{(h)}_{t_j}})}$(相差一个因子), 即空间 Φ 中每个时刻的近似误差的叠加, 这是相当直观的.

定理 8.3.3 的证明 让我们引入一类方程 $\mathcal{G}_i=\{(\mathcal{C}_L\varphi-u^{(h)}(t_i,\cdot))^2:\varphi\in\Phi\}$, 并定义随机变量 Z

$$
\begin{aligned}
Z=\bigg|&\left|u^{(h,M,\Phi)}(t_i,\cdot)-u^{(h)}(t_i,\cdot)\right|^2_{L_2(\mu^M)}\\
&-\left|u^{(h,M,\Phi)}(t_i,\cdot)-u^{(h)}(t_i,\cdot)\right|^2_{L_2\left(\mu_{X^{(h)}_{t_j}}\right)}\bigg|.
\end{aligned}
$$

我们来计算 Z 的期望. 由于 $u^{(h,M,\Phi)}(t_i,\cdot)\in\mathcal{C}_L\Phi$, 我们可以写出

$$
\begin{aligned}
\mathbb{E}(Z)&=\int_0^{+\infty}\mathbb{P}(Z>\varepsilon)d\varepsilon\\
&\leqslant\int_0^{+\infty}\mathbb{P}\left(\exists\psi\in\mathcal{G}_i:\left|\frac{1}{M}\sum_{m=1}^{M}\psi(X^{(h,m)}_{t_i})-\int_{\mathbb{R}^d}\psi(o)\mu_{X^{(h)}_{t_i}}(do)\right|>\varepsilon\right)d\varepsilon.
\end{aligned}
$$

让我们来证明对于任意概率测度 μ, $\mathcal{G}_i$ 可以在 L_1 意义下被覆盖; 由定理 2.4.6, 存在 $\mathcal{C}_L\Phi$ 的一个 $\frac{\varepsilon'}{4L}$ 覆盖 $\{\mathcal{C}_L\varphi_j:1\leqslant j\leqslant n\}$, 且对于任意 $(\mathcal{C}_L\varphi-u^{(h)}(t_i,\cdot))^2\in\mathcal{G}_i$, 存在 j 满足

$$
\begin{aligned}
&\left|(\mathcal{C}_L\varphi-u^{(h)}(t_i,\cdot))^2-(\mathcal{C}_L\varphi_j-u^{(h)}(t_i,\cdot))^2\right|_{L_1(\mu)}\\
=&\left|\left([\mathcal{C}_L\varphi-u^{(h)}(t_i,\cdot)]-[\mathcal{C}_L\varphi_j-u^{(h)}(t_i,\cdot)]\right)\right.\\
&\left.\cdot\left([\mathcal{C}_L\varphi-u^{(h)}(t_i,\cdot)]+[\mathcal{C}_L\varphi_j-u^{(h)}(t_i,\cdot)]\right)\right|_{L_1(\mu)}\\
\leqslant&\left|\mathcal{C}_L\varphi-\mathcal{C}_L\varphi_j\right|_{L_1(\mu)}4L\leqslant\varepsilon'.
\end{aligned}
$$

于是我们证明了下式中的第一个不等式:

$$
\mathcal{N}_1(\varepsilon',\mathcal{G}_i,\mu)\leqslant\mathcal{N}_1\left(\frac{\varepsilon'}{4L},\mathcal{C}_L\Phi,\mu\right)\leqslant\left(\frac{24L^2}{\varepsilon'}\right)^{2(K+1)},\tag{8.3.15}
$$

而正是由定理 2.4.6 可知, 若 $0<\varepsilon'\leqslant 2L^2$, 则第二个不等式成立. 将这个控制代入由定理 2.4.7 得出的结果 (其中 $B=4L^2$), 我们得到, 在条件 $\varepsilon\leqslant 16L^2$ 下,

$$
\begin{aligned}
&\mathbb{P}\left(\exists\psi\in\mathcal{G}_i:\left|\frac{1}{M}\sum_{m=1}^{M}\psi(X^{(h,m)}_{t_i})-\int_{\mathbb{R}^d}\psi(o)\mu_{X^{(h)}_{t_i}}(do)\right|>\varepsilon\right)\\
\leqslant&\,8\left(\frac{192L^2}{\varepsilon}\right)^{2(K+1)}\exp\left(-\frac{\varepsilon^2M}{2048L^4}\right);
\end{aligned}
$$

如果 ε 的假设条件不满足, 控制不等式依然成立, 这是因为若 ψ 被 $4L^2$ 界住, 则超出界限的概率等于 0. 把这个不等式代入 $\mathbb{E}(Z)$ 的式子中, 我们得到对于任意 $\varepsilon_0 \geqslant 0$, 有

$$\mathbb{E}(Z) \leqslant \varepsilon_0 + 8\int_{\varepsilon_0}^{+\infty} \left(\frac{192L^2}{\varepsilon}\right)^{2(K+1)} \exp\left(-\frac{\varepsilon^2 M}{2048L^4}\right) d\varepsilon.$$

对于 $\varepsilon_0 \geqslant \frac{192L^2}{\sqrt{6M}}$, 我们推导出

$$\begin{aligned}\mathbb{E}(Z) &\leqslant \varepsilon_0 + 8(6M)^{K+1}\int_{\varepsilon_0}^{+\infty} \frac{\sqrt{6M}\varepsilon}{192L^2} \exp\left(-\frac{\varepsilon^2 M}{2048L^4}\right) d\varepsilon \\ &= \varepsilon_0 + (6M)^{K+1}\frac{128\sqrt{6}L^2}{3\sqrt{M}} \exp\left(-\frac{\varepsilon_0^2 M}{2048L^4}\right).\end{aligned}$$

这里我们选择 $\varepsilon_0 = \frac{L^2}{\sqrt{M}}\sqrt{2048(K+1)\log(6M)}$ 使得 $(6M)^{K+1}\exp(-\frac{\varepsilon_0^2 M}{2048L^4}) = 1$ 以及 $\varepsilon_0 \geqslant \frac{192L^2}{\sqrt{6M}}$ 成立. 于是估计式

$$\mathbb{E}(Z) \leqslant \frac{L^2}{\sqrt{M}}\sqrt{(K+1)\log(6M)}\left(\sqrt{2048} + \frac{128\sqrt{6}}{3\sqrt{(K+1)\log(6M)}}\right)$$

成立, 并且定理陈述中关于简单控制的结论也成立. □

8.3.4 在局部多项式情形中收敛参数的最优调整

我们的目标是找到一个 $1/\sqrt{N}$ 阶的误差估计, 即

$$\mathbb{E}|u^{(h,M,\Phi)}(t_i,\cdot) - u^{(h)}(t_i,\cdot)|^2_{L_2(\mu_{X^{(h)}_{t_i}})} = O(N^{-1}),$$

就像定理 7.3.1 中给出的离散误差. 在第 8.2.5 节中, 我们的注意力集中在 M, K 作为 N 的函数的增长速度, 而并不关心常数, 并且我们假设未知函数 $u^{(h)}(t_i,\cdot)$ 在 $\mathcal{C}^{k+\alpha}(\mathbb{R}^d,\mathbb{R})$ 中, 且带有关于 i 一致的正则常数. 近似空间是定义在边界为 Δ 的方块中, 并且对于足够大的常数 c 在阈值 $c\log(1/\Delta)$ 处被截断① 的局部多项式空间.

在这个情况中, $K \sim [\log(1/\Delta)\Delta^{-1}]^d$, 由第 8.2.5 节中的计算推导出

$$\begin{aligned}&\sum_{j=i}^{N-1}\left[(1+N)4L^2\frac{K}{M} + \min_{\varphi\in\Phi}\left|\varphi - u^{(h)}(t_j,\cdot)\right|^2_{L_2(\mu_{X^{(h)}_{t_j}})}\right] \\ &\leqslant CN\left[N\frac{[\log(1/\Delta)\Delta^{-1}]^d}{M} + \Delta^{2(k+\alpha)}\right].\end{aligned}$$

① 这是有效的选择, 因为 Euler 算法具有指数矩.

为了保证这一项是 $1/N$ 阶的, 只要选择 $\Delta \underset{N\to+\infty}{\sim} N^{-\frac{1}{(k+\alpha)}}$, 再乘上一个常数因子就可以了. 为了通过选取模拟采样数目使得我们获得具有相同阶的统计误差, 我们必须选择

$$M \underset{N\to+\infty}{\gtrsim} N^3(\log(1/\Delta)\Delta^{-1})^d \sim (\log(N))^d N^{\frac{d}{k+\alpha}+3}.$$

我们要保证充分条件 $M \sim N^{\frac{d}{k+\alpha}+3+\eta}$ 成立, 其中 $\eta > 0$, 我们将其简记为 $M \sim N^{\frac{d}{k+\alpha}+3^+}$. 基于这个选择, 在 (8.3.14) 中的对数项对于我们想要达到的阶 N^{-1} 的贡献可以忽略: 实际上, 我们有 $\sqrt{\frac{K}{M}} \lesssim \frac{1}{N^{\frac{3}{2}}}$.

综合起来, 我们得到

$$M \underset{N\to+\infty}{\sim} N^{\frac{d}{k+\alpha}+3^+}. \tag{8.3.16}$$

让我们考虑算法的基本操作, 来分析其复杂度 (可以相差一个常数因子):

- 用 Euler 算法以步长 T/N 模拟 M 条轨道的成本为 $M \times N$.
- 计算 N 个回归系数的成本为 $N \times M$ (利用关于局部多项式的回归计算的简化算法; 参见第 8.2.3 节的讨论).

结果, 全局误差 $\mathcal{E} \underset{N\to+\infty}{\sim} N^{-\frac{1}{2}}$ 的复杂度为

$$\mathcal{C} \underset{N\to+\infty}{\sim} MN \sim N^{\frac{4}{k+\alpha}+4^+} \sim \mathcal{E}^{-2\frac{d}{k+\alpha}-8^+}. \tag{8.3.17}$$

不出意料, 算法仍然受到 "维数诅咒". 收敛的阶数显然比期望的简单蒙特卡罗估值差一些 ($\mathcal{C} \sim \mathcal{E}^2$), 但是另一方面, 这里给出的算法提供了更多的信息, 因为它给出了在全空间 $\mathbb{R}^d$ 中满足非线性依赖关系的 N 个方程. 再一次, (8.3.17) 所给出的速度反映了维数和可微阶数之间的竞争关系.

有兴趣的读者可以在 [63] 中 (通过研究动态规划 (7.4.1) 得到一个更好的复杂度 $\mathcal{E}^{-\frac{d}{k+\alpha}-8^+}$ 以改善关于维数的依赖性), 或者在 [13] 中 (通过增加控制变量), 又或者在 [62] 中 (通过加入重要采样方法) 找到这种类型算法的更有效的版本.

8.4 习题

习题 8.1 (多项式在 L_2 中是稠密的吗?) 在第 8.2.5 节中, 我们已经讨论了如何调整局部多项式基的参数以得到 L_2 中的一个收敛的逼近. 当我们考

虑一个全局多项式基 $(1,x,x^2,\cdots)$ 时, 收敛性是一个微妙的问题, 特别是当分布的支撑是无穷大时.

i) 考虑一个对数正态模型, 即 $O=\exp(W_1)$, 其中 W 是一个布朗运动. 证明

$$\mathbb{E}\left(O^k\sin(2\pi\log(O))\right)=0,\quad \forall k\geqslant 0.$$

ii) 证明 $\sin(2\pi\log(O))$ 在全局多项式基生成空间中的最佳近似 (在 $L_2(\mathbb{P}\circ O^{-1})$ 中) 为 0.

说明: 这表明我们不能期望一个对数正态变量的平方可积函数 (甚至如上面一样是有界的) 能够很好地基于全局多项式基来近似.

iii) 一个能使得多项式在 $L_2(\mathbb{P}\circ O^{-1})$ 中稠密的充分条件是随机变量 O 具有指数矩 (这关系到 Stieltjes 矩问题). 在对数正态变量 O 的情形中, 写出一个能够很好地近似 $\sin(2\pi\log(O))$ 的基.

习题 8.2 (蒙特卡罗回归方法与蒙特卡罗网格方法对比) 一个公司想要对于一个从时刻 1 开始, 在时刻 2 能获得收益 $f_2(X_2)$ 的新项目进行估值, 其中 (X_1,X_2) 是一个马尔可夫链, 描述经济发展的不确定性. 马尔可夫链从一个固定的已知值 $X_0=x_0$ 开始. 将时刻 1 的期望收益, 即 $u(x)=\mathbb{E}(f_2(X_2)|X_1=x)$, 与基准利润 $f_1(x)$ 相比较; 那么投资价值可以用平均收益溢出

$$C=\mathbb{E}\left((u(X_1)-f_1(X_1))_+\right)$$

来度量. 我们假设 f_1 与 f_2 是有界的.

i) **简单蒙特卡罗方法 (也就是说基本蒙特卡罗方法).** 我们有 X_1 的 M 个独立同分布模拟采样, 定义为 $(X_1^m)_{1\leqslant m\leqslant M}$, 对于每个 X_1^m, 我们有 X_2 在 X_1^m 的条件下的 M 个独立同分布模拟采样, 定义为 $(X_2^{m,m'})_{1\leqslant m'\leqslant M}$.

(a) 我们令

$$\hat{u}(X_1^m):=\frac{1}{M}\sum_{m'=1}^{M}f_2(X_2^{m,m'}),$$
$$\hat{C}:=\frac{1}{M}\sum_{m=1}^{M}(\hat{u}(X_1^m)-f_1(X_1^m))_+.$$

直观解释为什么 $\hat{C}$ 是 C 在 $M\to+\infty$ 处的收敛逼近. 这个方法的计算成本是多少?

(b) 证明: 均方误差的控制满足:

$$\mathbb{E}\left((\hat{C}-C)^2\right) \leqslant 2\frac{|u-f_1|_\infty^2}{M} + 2\mathbb{E}\left(\frac{1}{M}\sum_{m=1}^{M}(\hat{u}(X_1^m)-u(X_1^m))^2\right).$$

(c) 证明: $\mathbb{E}((\hat{C}-C)^2)=O(M^{-1})$.

ii) **蒙特卡罗回归方法**. 当方程 u 足够光滑时, 我们研究实证回归 $\hat{u}$ 的计算如何显著改善收敛速度. 为了这个目的, 考虑分布采样 (X_1, X_2) 的独立同分布采样样本 $(X_1^m, X_2^m)_{1\leqslant m\leqslant M}$, 以及由 K 个基函数张成的线性近似空间 $\mathcal{F}$. 令

$$\tilde{u}(\cdot) := \arg\inf_{\varphi\in\mathcal{F}}\frac{1}{M}\sum_{m=1}^{M}|\varphi(X_1^m)-f_2(X_2^m)|^2,$$

$$\tilde{C} := \frac{1}{M}\sum_{m=1}^{M}(\tilde{u}(X_1^m)-f_1(X_1^m))_+.$$

(a) 如同在 i) 中, 证明 (存在某些常数 $c>0$)

$$\mathbb{E}\left((\tilde{C}-C)^2\right) \leqslant c\left(\frac{K}{M}+\inf_{\varphi\in\mathcal{F}}\mathbb{E}|u(X_1)-\varphi(X_1)|^2\right).$$

(b) 假设 X_1 在区域 $D=[-H,H]^d$ 中取值, 这里 $u\in\mathcal{C}_b^k(D,\mathbb{R})$, 以及 $\mathcal{F}$ 是由在边长为 δ 的方块上定义的 $k-1$ 阶局部多项式所张成的空间. 给出均方误差 $\mathbb{E}(\tilde{C}-C)^2$ 的控制.

(c) 将 δ 看做 M 的函数进行优化. 然后推导均方误差作为 M 的函数时的控制.

(d) 比较两个方法, 并推导关于 k 和 d 的值的结论.

习题 8.3 (指数偏差的界与期望) 下面的不等式可以用来给出由实证测度定义的 L_2 范数转换到由真实测度诱导的范数的计算成本的界限, 以及其反问题, 类似定理 8.3.3.

i) 假设 $(Z_M)_{M\geqslant 1}$ 为一个非负随机变量序列, 关于常数 $K\geqslant 1$, $a>0$, $b>0$, $c>0$ 满足

$$\mathbb{P}(Z_M>\varepsilon) \leqslant c\left(\frac{a}{\varepsilon}\right)^K \exp(-bM\varepsilon), \quad \forall\varepsilon>0,\ \forall M\geqslant 1.$$

证明下面的界成立:

$$\mathbb{E}(Z_M) \leqslant \frac{1}{bM}\left(1 + [\log(c)]_+ + K\log[(1+ab)M]\right).$$

提示: 首先从 $c \geqslant 1$ 开始推导. 然后写出 $\mathbb{E}(Z_M) \leqslant \varepsilon_0 + \int_{\varepsilon_0}^{+\infty} \mathbb{P}(Z_M > \varepsilon)d\varepsilon$, 选取 $\varepsilon_0 = \frac{1}{bM}\log\left(c((1+ab)M)^K\right) \geqslant \frac{a}{M(1+ab)}$ 即可证明结论 (最后一个不等式可以用当 $x \geqslant 0$ 时 $\log(1+x) \geqslant \frac{x}{1+x}$ 成立来证明).

ii) 给出关于 $\mathbb{E}(Z_M)$ 的一个类似的界限, 这里

$$\mathbb{P}(Z_M > \varepsilon) \leqslant \left(\frac{a}{\varepsilon}\right)^K \exp(-bM\varepsilon^2), \quad \forall \varepsilon > 0, \forall M \geqslant 1,$$

其中 $K \geqslant 2$, $a > 0$, $b > 0$, $c > 0$.

习题 8.4 (应用局部平均的回归) 我们研究局部平均估计值的一些基本性质. 令 $(\mathcal{C}_i : 1 \leqslant i \leqslant n)$ 为 n 个单元构成的 $\mathbb{R}^d$ 中的一部分. 对于一个点 $x \in \mathbb{R}^d$, 我们记 $\mathcal{C}(x)$ 为包含 x 的单元.

考察一个组对 (观测, 响应) $(O^{(m)}, R^{(m)})_{1 \leqslant m \leqslant M}$ 的 M 个样本, 并将其看做具有相同分布的独立随机变量; 我们假设变量 $R^{(m)}$ 是平方可积的. 我们定义权重

$$\omega_m(x) = \frac{\mathbf{1}_{\mathbf{O^{(m)}} \in \mathcal{C}(\mathbf{x})}}{\sum_{j=1}^{M} \mathbf{1}_{\mathbf{O^{(j)}} \in \mathcal{C}(\mathbf{x})}}$$

(其中约定 $0/0 = 0$): 当且仅当观测值 $O^{(m)}$ 与 x 在相同的单元中时, 它是非零的. 而且在这个情形中, 它的逆等于在这个单元中的观测值的数目. 局部平均估计值 $\mathfrak{M}(x) := \mathbb{E}(R|O = x)$ 由位于 x 的邻域中的观测值的响应的加权平均来定义:

$$\mathfrak{M}_M(x) = \sum_{m=1}^{M} \omega_m(x) R^{(m)}.$$

i) 设 $X \overset{\mathrm{d}}{=} \mathcal{B}in(N, p)$. 证明 $\mathbb{E}\left(\frac{1}{1+X}\right) \leqslant \frac{1}{(N+1)p}$.

ii) 证明 $\mathbb{E}(\mathfrak{M}_M(x)|O^{(1:M)}) = \sum_{m=1}^{M} \omega_m(x)\mathfrak{M}(O^{(m)})$.

iii) 假设 $\mathfrak{M}(\cdot) \geqslant 0$. 证明下面列等式:

(a) $\mathbb{E}(\mathfrak{M}_M(x)) \leqslant \mathbb{E}\left(\frac{\mathbf{1}_{\mathbf{O} \in \mathcal{C}(\mathbf{x})}}{\mathbb{P}(O \in \mathcal{C}(x))}\mathfrak{M}(O)\right)$.

(b) 对于任意 $x \in \mathbb{R}^d$, $\sup_{y \in \mathcal{C}(x)} \mathbb{E}(\mathfrak{M}_M(y)) \leqslant \sup_{y \in \mathcal{C}(x)} \mathfrak{M}(y)$.

(c) 如果 O' 为 O 的一个独立复制, 并且独立于样本, 那么

$$\mathbb{E}(\mathfrak{M}_M(O')) \leqslant \mathbb{E}(\mathfrak{M}(O)).$$

第九章　交互作用粒子系统与 McKean 意义下的非线性方程

在这一章里, 我们研究由 McKean 在 20 世纪 60 年代引入的一类非线性扩散过程, 参见 [111], 我们想要解决它的数值模拟问题: 这类过程可以写为扩散过程的自身分布也是方程中的一个未知量的随机微分方程; 我们称它为 McKean 意义下的非线性扩散过程.

9.1　启发

9.1.1　宏观尺度 vs 微观尺度

对于一个 d 维过程, 考虑如下形式的方程

$$\begin{cases} X_t = X_0 + \int_0^t \overline{b}^{\mu_s}(X_s)ds + \int_0^t \overline{\sigma}^{\mu_s}(X_s)dW_s, \quad t \geqslant 0, \\ \mu = X_t \text{ 的分布}, \end{cases} \tag{9.1.1}$$

其中我们记

$$\overline{\varphi}^{\nu} := \int_{\mathbb{R}^d} \varphi(x,y)\nu(dy), \tag{9.1.2}$$

这里 ν 是一个在 $\mathbb{R}^d$ 上给定的概率测度, 而且 $\varphi : \mathbb{R}^d \times \mathbb{R}^d$ 是可测函数. 这里 X 的方程系数由两个函数来描述 $b, \sigma : (x,y) \in \mathbb{R}^d \times \mathbb{R}^d \mapsto b(x,y), \sigma(x,y)$. 在本书第二部分中, 漂移项和扩散项的系数都不依赖于变量 y, 由此导出一个标

准扩散过程 ($\overline{b}^\mu = b$ 和 $\overline{\sigma}^\mu = \sigma$): 这里方程的系数还依赖于 X 的分布, 而不仅依赖于它的位置. 在 (9.1.1) 中, 初始条件 X_0 是一个独立于 W 的随机变量.

令 $\sigma(x,y) = \sigma(x)$, 对具有紧支撑的函数 $f \in \mathcal{C}^2$ 应用 Itô 公式 (4.4.4) 并取期望①, 我们得到 $\mathbb{E}(f(X_t)) - \mathbb{E}(f(X_0))$ 等于

$$\begin{aligned}
&\int_{\mathbb{R}^d} f(x)\mu_t(dx) - \int_{\mathbb{R}^d} f(x)\mu_0(dx) \\
=& \int_0^t \left(\sum_{i=1}^d \int_{\mathbb{R}^d} \partial_{x_i} f(x) \overline{b}_i^{\mu_s}(x)\mu_s(dx) \right. \\
&\left. + \frac{1}{2} \sum_{i,j=1}^d \int_{\mathbb{R}^d} \partial^2_{x_i,x_j} f(x) [\sigma\sigma^{\mathrm{T}}]_{i,j}(x)\mu_s(dx) \right) ds \\
=& \int_0^t \int_{\mathbb{R}^d} f(x) \left[-\sum_{i=1}^d \partial_{x_i} \left(\mu_s \overline{b}_i^{\mu_s}(\cdot) \right) \right. \\
&\left. + \frac{1}{2} \sum_{i,j=1}^d \partial^2_{x_i,x_j} \left(\mu_s [\sigma\sigma^{\mathrm{T}}]_{i,j}(\cdot) \right) \right] (dx) ds,
\end{aligned}$$

其中最后一个等式在分布意义下成立. 于是, 解过程 (9.1.1) 给出了写在概率测度 $(\mu_t)_t$ 上的非线性偏微分方程的解的一个概率表示式:

$$\begin{cases}
\partial_t \mu_t = \dfrac{1}{2} \displaystyle\sum_{i,j=1}^d \partial^2_{x_i,x_j} \left(\mu_t [\sigma\sigma^{\mathrm{T}}]_{i,j}(x) \right) \\
\qquad\quad - \displaystyle\sum_{i=1}^d \partial_{x_i} \left(\mu_t \int_{\mathbb{R}^d} b_i(x,y)\mu_t(dy) \right), \quad t \geqslant 0, x \in \mathbb{R}^d, \\
\mu_0 \text{ 为给定概率测度}(X_0\text{的分布}).
\end{cases} \tag{9.1.3}$$

这个方程的一个特殊的例子 (当 $\sigma \equiv 0$ 时) 是 Vlasov (1908—1975) 热力学方程, 它是等离子体物理的基础: 描述了等离子体中带电粒子的分布随时间的演变. 更一般地, 这些方程称为 *Mckean-Vlasov 方程*.

本质上, 在某些条件下, 方程 (9.1.1) 可以看做是大数量 N 个随机微分方

① 假设能让随机积分项取期望后消失的那些条件成立.

程的平均场 (mean-field)[①] 的极限:

$$X_t^{(i,N)} = X_0^{(i,N)} + \frac{1}{N}\sum_{j=1}^{N}\int_0^t b(X_s^{(i,N)}, X_s^{(j,N)})ds$$
$$+\frac{1}{N}\sum_{j=1}^{N}\int_0^t \sigma(X_s^{(i,N)}, X_s^{(j,N)})dW_s^i, \quad t \geqslant 0, 1 \leqslant i \leqslant N. \tag{9.1.4}$$

这里每个随机微分方程 $X^{(i,N)}$ 由与其他的布朗运动独立的布朗运动 W_i 驱动, 并且 N 个随机微分方程通过在它们的系数中对于所有过程的平均值的依赖来相互影响. 系统 (9.1.4) 可以解释为在相同环境中*交互作用的物理粒子*在微观尺度上的运动, 而初始模型 (9.1.1) 从宏观角度描述了一个代表粒子.

从不同的角度 (由确定性方程或者随机微分方程 (9.1.1), (9.1.3), (9.1.4)) 来考虑在应用中是很有用的, 并且互为补充: 或者用蒙特卡罗方法进行数值模拟来计算概率测度 μ_t, 即 (9.1.3) 的解, 或者帮助人们理解关于微观尺度的平均如何在宏观层面起作用.

在这一章里, 我们假设交互系统的正则性成立, 这大大简化了存在性结果和极限的证明. 我们这里采用 Sznitman [137] 的方法. 不规则 (或者奇异) 的情形会困难很多. 而且, 在系数 $\bar{b}^\mu$ 和 $\bar{\sigma}^\mu$ 中关于均值的依赖可以呈非线性的关系. 关于这些延伸和更完整的文献, 我们建议读者参考 [137, 12, 65, 83].

9.1.2 一些例子与应用

我们给出交互粒子现象的一些启发性的例子.

▷ *人口的动态模型或者人口经济模型中的聚合现象*. 在人口模型或者社交网络中的聚合现象为交互模型提供了自然的背景. McKean-Vlasov 型交互系统在 [117] 中被研究过; 例如, 在 [16] 中, 模型描述了橘红悍蚁蚂蚁士兵 —— 其中每一只工蚁位于 N 个位置中的一个, 由一个随机微分方程 $X^{(i,N)}$ 来描述 —— 自我组织排成一列来狩猎. 关于金融中的应用参见 [40].

▷ *银行间市场的稳定性和系统风险*. 考虑一个由 N 所银行组成的金融系统; 各个银行的财富相互依赖, 因为当他们需要短期资金时, 他们可以向其他银行借贷. 定义 $X^{(i,N)}$ 为第 i 个银行的储备资金的对数值. 对银行间借贷系统简单建

① 在定理 9.3.1 中, 我们证明了这个极限, 并且给出收敛速度的一个估计.

模 (参见 [42]), 我们得到下面的动态系统

$$X_t^{(i,N)} = X_0^{(i,N)} + \int_0^t \frac{\alpha}{N} \sum_{j=1}^N (X_s^{(j,N)} - X_s^{(i,N)}) ds + \sigma W_t^i,$$
$$t \geqslant 0, 1 \leqslant i \leqslant N,$$

这里因子 $\alpha \geqslant 0$ 表示银行间的合法贷款利率. 这个参数 α 可以由银行监管机构调整, 以保证整个系统具有更好的稳定性. 上面的方程具有 (9.1.4) 的形式.

▷ 随机矩阵. 给定一个整数 $N \geqslant 1$ 和独立的标准布朗运动 $(W^{i,j}, 1 \leqslant i < j \leqslant N)$ 与 $(W^i, 1 \leqslant i \leqslant N)$, 我们定义一个维数为 N 的对称随机矩阵 A:

$$A_{i,i}(t) = W_t^i / \sqrt{N/2} \quad \text{和} \quad A_{i,j}(t) = A_{j,i}(t) = W_t^{i,j} / \sqrt{N}.$$

它的 N 个递增的特征值 $\lambda_1(t) \leqslant \cdots \leqslant \lambda_N(t)$ 是相互影响的随机过程, 这是由于这些特征值需要重新排序; 由 Dyson [34] 我们知道它们满足动态系统

$$d\lambda_i(t) = \frac{1}{N} \sum_{j \neq i} \frac{1}{\lambda_i(t) - \lambda_j(t)} dt + \sqrt{\frac{2}{N}} d\widetilde{W}_t^i, \quad 1 \leqslant i \leqslant N,$$

其中 $(\widetilde{W}^i)_{1 \leqslant i \leqslant N}$ 为相互独立的布朗运动. 我们重新得到形如 (9.1.4) 的方程. 对应的解称为 *Dyson 布朗运动*. 漂移项表示特征值之间的排斥 (参见图 9.1 的左图). 在图 9.1 的右图中, 我们给出了特征值 (在时刻 1 时) 的实证测度, 并知道当 $N \to +\infty$ 时, 它收敛到半圆分布 (Wigner 分布), 对应的密度函数为 $\frac{1}{2\pi}\sqrt{4 - x^2}\mathbf{1}_{|\mathbf{x}| \leqslant \mathbf{2}}$. 更多详细描述参见 [3, 第四章].

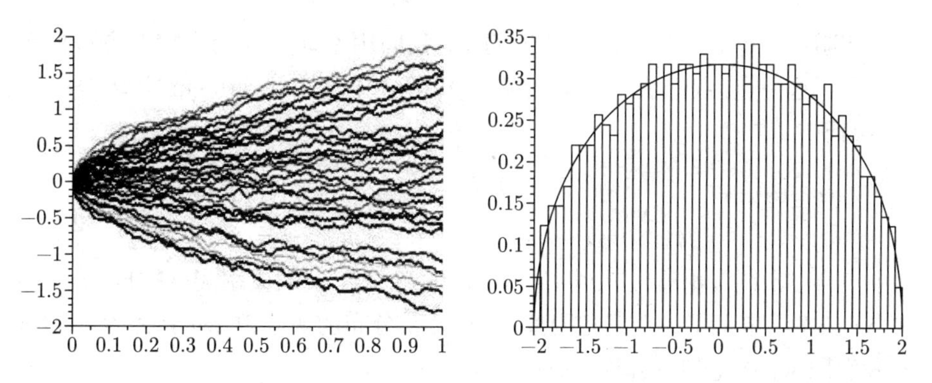

图 9.1 左图: 关联到 Dyson 布朗运动的 $N = 30$ 个特征值的轨道. 右图: 关于 $N = 1000$ 的特征值在时刻 1 的直方图, 服从半圆分布

▷ *Burgers 方程*. 这是一个在流体力学中很重要的偏微分方程, 由 Burgers [23] 引入; 它可以应用到气体动力学模型和道路交通模型中, 且这是一个关于湍流

的简单模型 (可以看做 Navier-Stokes 方程的一维简化模型). 方程形式如下:

$$\partial_t v = \frac{1}{2}\sigma^2 \partial_{xx}^2 v - v\partial_x v, \tag{9.1.5}$$

其中 v 代表速度, 并且 $v = \frac{1}{2}\sigma^2$ 是黏性系数. 那么 v 可解释为对应于非线性扩散过程的测度 μ 的累次配分函数, 这个非线性过程的参数 $d = 1$, $\sigma(x,y) = \sigma$ 并且 $b(x,y) = \mathbf{1}_{x>y}$ (Heaviside 函数). 事实上, 假设 $u(x,y) = \int_{-\infty}^{x} \mu_t(dy)$, 由 (9.1.3), 读者容易验证 (在形式上) u 满足 (9.1.5).

实际上, Burgers 方程存在显式解, 于是在处理更复杂的非线性方程之前, 它可以用作检验数值解的结果. 得到这个解归功于 Cole-Hopf 变换. 从热方程 $\partial_t w = \frac{1}{2}\sigma^2\partial_{xx}^2 w$ 的解 w 出发, 假设它在任何 t 点皆非零, 我们可以验证函数 $u = -\sigma^2 \frac{\partial_x w}{w}$ 满足 (9.1.5).

9.2 非线性扩散过程的存在性与唯一性

为了简化表达, 在下面我们假设 $\sigma(x,y) = I_d$.

就像在本书第二部分中一样, 我们考虑带信息流的概率空间, 这里我们也要求初始条件 X_0 (其分布为 μ_0) 满足 $\mathcal{F}_0$ 可测的条件. 在系数是 Lipschitz 连续和有界的条件下, 我们证明 (9.1.1) 的解的存在性和唯一性.

定理 9.2.1 (存在性和唯一性) *假设系数 $b : \mathbb{R}^d \times \mathbb{R}^d \mapsto \mathbb{R}^d$ 是有界的且满足全局 Lipschitz 条件, 令 $\sigma(x,y) = I_d$. 那么非线性扩散方程 (9.1.1) 存在唯一的解.*

证明 就像在定理 4.3.1 的证明中, 我们用不动点理论来构造方程的解. 为了做到这一点, 我们引入定义在集合 $\mathcal{M}(\mathcal{C}_T)$ 上的 Wasserstein 距离 $D_T(\cdot,\cdot)$, 具体如下:

$$D_T(\nu_1,\nu_2) := \inf_{\substack{\nu\in\mathcal{M}(\mathcal{C}_T\times\mathcal{C}_T)\\ \text{其边际分布为 } \nu_1 \text{ 和 } \nu_2}} \left\{ \int (\sup_{s\leqslant T} |\omega_{1,s} - \omega_{2,s}| \wedge 1)\nu(d\omega_1, d\omega_2) \right\}.$$

其中集合 $\mathcal{M}(\mathcal{C}_T)$ 由连续轨道 $\mathcal{C}_T := \mathcal{C}([0,T],\mathbb{R}^d)$ 上的概率测度构成, $D_T(\cdot,\cdot)$ 在 $\mathcal{M}(\mathcal{C}_T)$ 上定义了一个完备距离, 其拓扑是分布的弱收敛. 对于 $\mathcal{M}(\mathcal{C}_T)$ 中的 ν, 我们用 $\Phi(\nu)$ 记如下方程的解的分布

$$X_t = X_0 + \int_0^t \overline{b}^{\nu_s}(X_s)ds + W_t.$$

注意到这个随机微分方程是明确定义的 (定理 4.3.1), 这是由于 $x \mapsto \overline{b}^{\nu_s}(x) = \int_{\mathbb{R}^d} b(x,y)\nu_s(dy) = \int_{\mathcal{C}_T} b(x,\omega_s)\nu(d\omega)$ 满足关于 x 的一致 Lipschitz 条件. 给定

$\mathcal{M}(\mathcal{C}_T)$ 中的两个概率测度 ν_1 和 ν_2, 比较 X_1 和 X_2 所满足的随机微分方程: 关于 $\mathcal{C}_t$ 中的任何满足边际分布分别为 ν_1 和 ν_2 的耦合分布 ν , 我们有

$$\begin{aligned}\sup_{s\leqslant t}|X_{1,s}-X_{2,s}| &\leqslant \int_0^t \left|\int_{\mathcal{C}_t} b(X_{1,s},\omega_{1,s})\nu_1(d\omega_1)-\int_{\mathcal{C}_t} b(X_{2,s},\omega_{2,s})\nu_2(d\omega_2)\right| ds\\ &= \int_0^t \Big[L_b|X_{1,s}-X_{2,s}|\\ &\quad + \int_{\mathcal{C}_t\times\mathcal{C}_t}([L_b|\omega_{1,s}-\omega_{2,s}|]\wedge[2|b|_\infty])\nu(d\omega_1,d\omega_2)\Big] ds,\end{aligned}$$

这里 L_b 是 b 的 Lipschitz 常数.

令 $K=\max(L_b,2|b|_\infty)$, 然后关于所有耦合概率测度 ν 取下确界, 应用 Gronwall 引理, 我们得到

$$\begin{aligned}\sup_{s\leqslant t}|X_{1,s}-X_{2,s}| &\leqslant K\int_0^t [|X_{1,s}-X_{2,s}|+D_s(\nu_1,\nu_2)]ds\\ &\leqslant Ke^{KT}\int_0^t D_s(\nu_1,\nu_2)ds.\end{aligned}$$

从这里我们可以推导出一个精确控制 $D_t(\Phi(\nu_1),\Phi(\nu_2))\leqslant Ke^{KT}\int_0^t D_s(\nu_1,\nu_2)ds$. 我们容易得到结论: 取 $\nu\in\mathcal{M}(\mathcal{C}_T)$, 并且重复这个迭代过程, 我们得到 $D_T(\Phi^k(\nu),\Phi^{k+1}(\nu))\leqslant\frac{(KTe^{KT})^k}{k!}D_T(\nu,\Phi(\nu))$, 由此我们容易证明 $(\Phi^k(\nu))_k$ 是一个 Cauchy 序列, 收敛到一个不动点 Φ. 这意味着解的存在性和唯一性成立. 最后, 我们验证解能够在区间 $[0,T]$ 中构造出来, 其中 T 为任意数, 并且不同区间上的解关于时间是相容的. □

9.3 交互作用扩散过程系统的收敛, 混沌的传播与模拟

在同样的假设条件下, 我们证明多粒子系统 (9.1.4) 中的每个随机微分方程 $X^{(i,N)}$ 收敛到实证测度被过程的分布替代的随机微分方程. 这是从一开始提到的微观尺度过渡到宏观尺度的通道, 在一个很稠密的环境中, 一个粒子的渐近行为就像在平均场的交互作用中一样 (基于用因子 $1/N$ 进行标准化的方程).

定理 9.3.1 (在 L_1 中收敛) 在定理 9.2.1 的假设下, 定义 $(X_t^{(i)})_i$ 的共同分布为 μ_t, 过程满足方程

$$X_t^{(i)}=X_0^{(i)}+\int_0^t \overline{b}^{\mu_s}(X_s^{(i)})ds+W_t^i,\quad t\geqslant 0,\quad 1\leqslant i\leqslant N, \tag{9.3.1}$$

这里 $(X_0^{(i)})_i$ 为相互独立的随机变量且服从一个给定分布 μ_0, 而且 $(W^i)_i$ 为相互独立布朗运动.

对于 $t \geqslant 0$ 以及 $1 \leqslant i \leqslant N$, 令

$$X_t^{(i,N)} = X_0^{(i)} + \frac{1}{N}\sum_{j=1}^{N}\int_0^t b(X_s^{(i,N)}, X_s^{(j,N)})ds + W_t^i, \tag{9.3.2}$$

那么, 对于任意 T, 我们有

$$\sup_{1\leqslant i\leqslant N} \mathbb{E}\left(\sup_{t\leqslant T}|X_t^{(i,N)} - X_t^{(i)}|\right) = O(N^{-1/2}).$$

证明 收敛速度 $\sqrt{N}$ 是意料之中的结果, 这是因为关联到独立随机变量的实证平均值的波动幅度 (第二章). 这里要更细致分析, 因为要考虑所有的扩散的相互影响. 由三角不等式, 我们有

$$\begin{aligned}
|X^{(i,N)} - X^{(i)}|_T^* &:= \sup_{t\leqslant T}|X_t^{(i,N)} - X_t^{(i)}| \\
&\leqslant \int_0^T \frac{1}{N}\sum_{j=1}^{N}|b(X_s^{(i,N)}, X_s^{(j,N)}) - b(X_s^{(i)}, X_s^{(j,N)})|ds \\
&\quad + \int_0^T \frac{1}{N}\sum_{j=1}^{N}|b(X_s^{(i)}, X_s^{(j,N)}) - b(X_s^{(i)}, X_s^{(j)})|ds \\
&\quad + \int_0^T \left|\frac{1}{N}\sum_{j=1}^{N} b(X_s^{(i)}, X_s^{(j)}) - \bar{b}^{\mu_s}(X_s^{(i)})\right| ds \\
&\leqslant L_b\int_0^T |X_s^{(i,N)} - X_s^{(i)}|ds + L_b\int_0^T \frac{1}{N}\sum_{j=1}^{N}|X_s^{(j,N)} - X_s^{(j)}|ds \\
&\quad + \int_0^T \left|\frac{1}{N}\sum_{j=1}^{N} b(X_s^{(i)}, X_s^{(j)}) - \bar{b}^{\mu_s}(X_s^{(i)})\right| ds.
\end{aligned}$$

由分布的对称性, $\mathbb{E}|X^{(i,N)} - X^{(i)}|_T^*$ 不依赖于 i, 应用 Gronwall 引理, 我们推导出

$$\begin{aligned}
\mathbb{E}|X^{(1,N)} - X^{(1)}|_T^* &= \frac{1}{N}\sum_{i=1}^{N}\mathbb{E}|X^{(i,N)} - X^{(i)}|_T^* \\
&\leqslant 2L_b\int_0^T \frac{1}{N}\sum_{j=1}^{N}\mathbb{E}|X_s^{(j,N)} - X_s^{(j)}|ds \\
&\quad + \int_0^T \mathbb{E}\left|\frac{1}{N}\sum_{j=1}^{N} b(X_s^{(1)}, X_s^{(j)}) - \bar{b}^{\mu_s}(X_s^{(1)})\right| ds
\end{aligned}$$

$$\leqslant e^{2L_bT}\int_0^T \mathbb{E}\left|\frac{1}{N}\sum_{j=1}^N b(X_s^{(1)},X_s^{(j)})-\overline{b}^{\mu_s}(X_s^{(1)})\right|ds.$$

然而, 应用 Cauchy-Schwarz 不等式

$$\left(\mathbb{E}\left|\frac{1}{N}\sum_{j=1}^N b(X_s^{(1)},X_s^{(j)})-\overline{b}^{\mu_s}(X_s^{(1)})\right|\right)^2$$
$$\leqslant \frac{1}{N^2}\mathbb{E}\left(\sum_{j,k=1}^N (b(X_s^{(1)},X_s^{(j)})-\overline{b}^{\mu_s}(X_s^{(1)}))^{\mathrm{T}}(b(X_s^{(1)},X_s^{(k)})-\overline{b}^{\mu_s}(X_s^{(1)}))\right).$$

注意到 $j\neq k$ 和 $j\neq 1$ 的那些项取期望后值为零, 因为一方面 $X_s^{(j)}$ 的共同分布为 μ_s 而 $\overline{b}^{\mu_s}$ 是 b 关于第二个变量取平均值 (即 $\mathbb{E}(b(x,X_s^{(j)}))=\overline{b}^{\mu_s}(x)$), 另一方面 $X^{(1)}$ 与 $X^{(j)}$ 是相互独立的. 由同样的理由知道 $j\neq k$ 和 $k\neq 1$ 的那些项取期望后值也是零. 这样, 只剩下满足 $j=k$ 的 N 项; 由于 b 是有界的, 我们得到

$$\frac{1}{N^2}\mathbb{E}\left(\sum_{j,k=1}^N (b(X_s^{(1)},X_s^{(j)})-\overline{b}^{\mu_s}(X_s^{(1)}))^{\mathrm{T}}(b(X_s^{(1)},X_s^{(k)})-\overline{b}^{\mu_s}(X_s^{(1)}))\right)$$
$$\leqslant \frac{4|b|_\infty^2}{N}.$$

于是, 我们得到

$$\mathbb{E}|X^{(i,N)}-X^{(i)}|_T^*\leqslant Te^{2L_bT}\frac{2|b|_\infty}{\sqrt{N}}.$$

□

事实上, 超越特定粒子的行为, 我们可以描述当环境中的全部粒子数目 N 趋向于无穷大时, 一组 n 个粒子的渐近依赖性. 尽管存在交互作用, 在极限状态, 扩散行为相互独立.

定理 9.3.2 (混沌扩散) 在定理 9.3.1 的假设下, $(X^{(i_1,N)},\cdots,X^{(i_n,N)})$ 的分布 (对于任意 n 元组 $1\leqslant i_1<\cdots<i_n\leqslant N$) 渐近地为 (当 $N\to+\infty$ 时) 独立的 n 元粒子系统的分布.

我们给出的这个结果的证明已经超出了本书的框架, 我们建议读者参考 [137].

混沌传递 (propagation of chaos) 的方法是由 Kac 在 [85] 中引入的, 用来在统计物理中描述从微观角度诱导出的方程.

当交互作用是正则且有界时, 这个结果与我们可能会有的直觉相符合: 当 $N \to +\infty$ 时, 一个粒子对另外一个粒子的影响衰减得很快, 虽然并没有完全消失. 当潜在的交互作用是不连续的 (具有 Heaviside 函数的 Burgers 方程), 或者是奇异的 (在湍流模型中非常局部的交互作用), 极限可能需要非常精细的分析而得到. 在 (9.1.1) 的模拟中, 我们同样对于时间区间的离散化以及初始分布的有限近似感兴趣; 参见 [17].

▷ *模拟算法*. 模拟在 McKean 意义下如下非线性扩散的解

$$\begin{cases} X_t = X_0 + \int_0^t \overline{b}^{\mu_s}(X_s)ds + W_t, \quad t \geqslant 0, \\ \mu_t = X_t \text{ 的分布} \end{cases}$$

可以通过模拟由 (9.3.2) 给出的 N 个具有交互作用的粒子系统来进行: 通过这些解可以计算出实证测度

$$\mu_t^N(dx) = \frac{1}{N}\sum_{i=1}^N \delta_{X_t^{(i,N)}}(dx), \tag{9.3.3}$$

当 $N \to +\infty$ 时, 它会逼近未知测度 μ_t. 如果需要, 我们可以通过模拟如下高维标准扩散过程 (就像在第五章中一样)

$$X_t^N = X_0 + \int_0^t \overline{b}^{\mu_s^N}(X_s^N)ds + W_t, \quad t \geqslant 0. \tag{9.3.4}$$

来得到 X 的模拟. 实际上前面的结果已经给出了由 μ_t^N 到 μ_t 的收敛性.

定理 9.3.3 (实证测度的收敛) *在定理 9.3.1 的假设和定义下, 对于任意 t 和任意具有紧支撑的连续函数 f, 我们有*

$$\int_{\mathbb{R}^d} f(x)\mu_t^N(dx) \xrightarrow[N\to+\infty]{L_1} \int_{\mathbb{R}^d} f(x)\mu_t(dx).$$

证明 对于任意 $\varepsilon > 0$, 存在一个 Lipschitz 函数 f_ε 满足 $|f - f_\varepsilon|_\infty \leqslant \varepsilon/3$.

于是, 因为 μ_t 是 $(X^{(i)})_i$ 的共同分布, 我们有

$$
\begin{aligned}
&\mathbb{E}\left|\int_{\mathbb{R}^d} f(x)\mu_t^N(dx) - \int_{\mathbb{R}^d} f(x)\mu_t(dx)\right| \\
\leqslant\ & \frac{2\varepsilon}{3} + \mathbb{E}\left|\int_{\mathbb{R}^d} f_\varepsilon(x)\mu_t^N(dx) - \int_{\mathbb{R}^d} f_\varepsilon(x)\mu_t(dx)\right| \\
\leqslant\ & \frac{2\varepsilon}{3} + \mathbb{E}\left|\frac{1}{N}\sum_{i=1}^{N}(f_\varepsilon(X_t^{(i,N)}) - f_\varepsilon(X_t^{(i)}))\right| \\
&+ \mathbb{E}\left|\frac{1}{N}\sum_{i=1}^{N}(f_\varepsilon(X_t^{(i)}) - \mathbb{E}(f_\varepsilon(X_t^{(i)})))\right| \\
\leqslant\ & \frac{2\varepsilon}{3} + L_{f_\varepsilon}\sup_{1\leqslant i\leqslant N}\mathbb{E}|X_t^{(i,N)} - X_t^{(i)}| + \frac{|f_\varepsilon|_\infty}{\sqrt{N}}.
\end{aligned}
$$

这里对于最后一项, 我们用到定理 9.3.1 的证明中关于方差的控制. 取 N 足够大, 控制会变得比 ε 小, 这就完成了证明.

读者可能注意到这些论述不仅可以应用在边际分布上, 还可以应用到过程轨道上. □

附录 A　回顾与补充结果

这里我们收集整理了本书中会用到的一些结果.

A.1　关于收敛

A.1.1　几乎必然收敛, 依概率收敛, L_1 收敛

Borel-Cantelli 引理是事件几乎必然渐近分析中的一个有用的工具.

定理 A.1.1 (Borel-Cantelli 引理 [80, 第 10 章])　令 $(A_n)_{n\geqslant 1}$ 为 Ω 中的一个事件序列.

a) 如果 $\sum_{n\geqslant 1}\mathbb{P}(A_n)<+\infty$, 那么 $\mathbb{P}(\limsup_{n\to+\infty}A_n)=0$, 即 $(A_n)_n$ 中至多有限个事件会发生.

b) 假设事件 $(A_n)_n$ 是相互独立的. 如果 $\mathbb{P}(\limsup_{n\to+\infty}A_n)=0$, 那么 $\sum_{n\geqslant 1}\mathbb{P}(A_n)<+\infty$.

下面的结果对于在一致可积条件下从依概率收敛推导出 L_1 收敛, 是非常有用的.

定理 A.1.2 ([80, 第 27 章])　令 $(X_n)_{n\geqslant 1}$ 为一列实值随机变量. 如果

a) X_n 依概率收敛到 X,

b) 对于某个 $p>1$, $\sup_{n\geqslant 1}\mathbb{E}(|X_n|^p)<+\infty$ 成立.

那么, X_n 依 L_1 范数收敛到 X, 特别地, $\mathbb{E}(X_n)\to\mathbb{E}(X)$.

A.1.2 依分布收敛

我们回顾一下, 如果 X 是一个在 $\mathbb{R}^d$ 中取值的随机变量, 它的特征函数 $u \in \mathbb{R}^d \mapsto \Phi_X(u) = \mathbb{E}(e^{iu\cdot X})$ 唯一确定了 X 的分布. 例如, 若 $\Phi_X(u) = e^{ium-\frac{1}{2}u\cdot Ku}$, 其中 $m \in \mathbb{R}^d$ 并且 K 为 d 维的非负定对称矩阵, 则它是 d 维高斯随机变量 $X \stackrel{\mathrm{d}}{=} \mathcal{N}(m, K)$ (高斯向量) 的特征函数.

定理 A.1.3 (Lévy 定理 [80, 第 19 章]) 令 X_n 为一列在 $\mathbb{R}^d$ 中取值的随机变量.

a) 当 $n \to +\infty$ 时, 如果 X_n 依分布收敛到 X, 那么, 对于每一个 $u \in \mathbb{R}^d$, $\Phi_{X_n}(u)$ 收敛到 $\Phi_X(u)$.

b) 反之, 对于每一个 $u \in \mathbb{R}^d$, 当 $n \to +\infty$ 时, 如果 $\Phi_{X_n}(u)$ 收敛到 $\Phi_X(u)$, 并且 Φ 在 0 处连续, 那么 Φ 是某个随机变量 X 的特征函数 ($\Phi = \Phi_X$), 并且 X_n 依分布收敛到 X.

值得一提的是, 对于高斯变量, 依分布收敛等价于均值和方差都收敛.

引理 A.1.4 (高斯随机变量的收敛) 考虑实值随机变量序列 $(X_n)_n$, 如果它们满足 $X_n \stackrel{\mathrm{d}}{=} \mathcal{N}(\mu_n, \sigma_n^2)$. 那么, 当 $n \to +\infty$ 时, X_n 依分布收敛当且仅当参数序列 $(\mu_n, \sigma_n^2)_n$ 收敛.

若参数序列收敛, 则 X_n 的极限分布也是高斯的, 对应参数为 $(\lim_n \mu_n, \lim_n \sigma_n^2)$.

证明 "⇒" 定理 A.1.3 的 a) 给出了 X_n 的特征函数 $\Phi_{X_n}(u) = \exp(iu\mu_n - \frac{1}{2}u^2\sigma_n^2)$, 关于任意 $u \in \mathbb{R}$ 都收敛: 剩下的就是由此推导出 μ_n 和 σ_n^2 的收敛性.

$\Phi_{X_n}(u)$ 的模等于 $\exp(-\frac{1}{2}u^2\sigma_n^2)$ 并收敛: 取 $u \neq 0$, 我们推导出 σ_n^2 的收敛性. 于是 $\exp(iu\mu_n)$ 在任意 u 点收敛, 同样由控制收敛定理可知

$$\int_0^\infty \exp(iu\mu_n)\exp(-u)du = \frac{1}{1 - i\mu_n}$$

也收敛. 从而证明了 μ_n 的收敛性.

"⇐" 如果 $(\mu_n, \sigma_n^2) \to (\mu, \sigma^2)$, 那么

$$\Phi_{X_n}(u) = e^{-iu\mu_n - \frac{1}{2}u^2\sigma_n^2} \to e^{iu\mu - \frac{1}{2}u^2\sigma^2} := \Phi(u).$$

因此, Φ 在 $u = 0$ 点是连续的, 它是分布为 $\mathcal{N}(\mu, \sigma^2)$ 的随机变量的特征函数. 于是由定理 A.1.3 的 b) 我们可以得出结论. □

定理 A.1.5 (Slutsky [80, 第 18 章]) 令 $(X_n)_n$ 为一个 d 维随机变量序列, 满足 X_n 依分布收敛到 X.

a) 如果 Y_n 使得 $|X_n - Y_n|$ 依概率收敛到 0, 那么 Y_n 依分布收敛到 X.

b) 如果 Z_n 依概率收敛到常数矩阵 c (d 列矩阵), 那么 Z_nX_n 依分布收敛到 cX.

A.2 几个有用的不等式

A.2.1 矩不等式

我们从几个标准不等式开始, 例如参见 [80, 第 23 章].

- **Jensen 不等式**: 若 X 是一个 d 维随机变量, $\varphi : \mathbb{R}^d \to \mathbb{R}$ 是一个连续凸函数, 并且 X 和 $\varphi(X)$ 是可积的, 则

$$\varphi(\mathbb{E}(X)) \leqslant \mathbb{E}(\varphi(X)). \tag{A.2.1}$$

- **Hölder 不等式**: 如果 X 和 Y 是 (高维) 随机变量, 且分别具有 $p > 1$ 阶矩和 $q > 1$ 阶矩, 这里 p 和 q 是共轭数 ($\frac{1}{p} + \frac{1}{q} = 1$), 那么

$$\mathbb{E}(|X|\,|Y|) \leqslant \mathbb{E}(|X|^p)^{1/p}\mathbb{E}(|Y|^q)^{1/q}. \tag{A.2.2}$$

其中最常用的情形为 Cauchy-Schwarz 不等式, 即 $p = q = 2$.

- **Minkowsky 不等式**: 如果 X 和 Y 是 d 维随机变量, 其 $p \geqslant 1$ 阶矩都是有限的, 那么

$$\mathbb{E}(|X+Y|^p)^{1/p} \leqslant \mathbb{E}(|X|^p)^{1/p} + \mathbb{E}(|Y|^p)^{1/p}. \tag{A.2.3}$$

- **L_p 范数增长不等式 ($p \geqslant 1$)**: 我们定义 $|X|_p := \mathbb{E}(|X|^p)^{1/p}$ 为随机变量 X 的 L_p 范数 (可以是高维的), 于是 (A.2.3) 可以看做在这个范数下的三角不等式. 如果 $1 \leqslant q \leqslant p$, 那么

$$|X|_q \leqslant |X|_p. \tag{A.2.4}$$

对于随机变量 $|X|^q$ 和凸函数 $\varphi(x) = x^{p/q}$ 应用 Jensen 不等式即可得到这个不等式. 当 $q = 1$ 时, 这个不等式可以写为如下的形式

$$(\mathbb{E}|X|)^p \leqslant \mathbb{E}(|X|^p),$$

它给出了期望的非扩张性.

我们知道 $\mathbb{E}(X)$ 是 X 的最优二次估计, 也就是说 $\mathbb{E}|X-\mathbb{E}(X)|^2=\inf_x \mathbb{E}|X-x|^2$. 下面的结果 (可能没有那么为人熟知) 指出了这个结论在 L_p (直到因子 2) 中也是对的.

命题 A.2.1 (L_p 中的最优估计) 令 X 为 L_p $(p\geqslant 1)$ 中的 d 维随机变量. 那么

$$\inf_{x\in\mathbb{R}^d}|X-x|_p\leqslant|X-\mathbb{E}(X)|_p\leqslant 2\inf_{x\in\mathbb{R}^d}|X-x|_p. \tag{A.2.5}$$

证明 左边的不等式显然成立. 关于右边的不等式, 应用 (A.2.3) 和 (A.2.4), 我们可以得到下式成立: 对于任意 x,

$$|X-\mathbb{E}(X)|_p\leqslant|X-x|_p+|\mathbb{E}(x-X)|_p\leqslant|X-x|_p+|x-X|_p=2|X-x|_p.$$

于是我们可以在上面不等式两边关于 x 取最小值得到结论. □

命题 A.2.2 (有界实值随机变量的 L_p 上界) 令 X 为一个实值随机变量, 满足 $\mathbb{P}(X\in[a,b])=1$, 其中 $-\infty<a<b<+\infty$. 那么, 对于 $p\geqslant 1$,

$$\inf_{x\in\mathbb{R}^d}|X-x|_p\leqslant\frac{b-a}{2}. \tag{A.2.6}$$

特别地, X 的标准差的上界为 $\frac{b-a}{2}$.

证明 只要取 $x=\frac{a+b}{2}$ 并观察到 $|X-x|\leqslant\frac{b-a}{2}$ 即可. 特别地, 当 $p=2$ 时, 左边的项是 $\sqrt{\mathbb{V}\mathrm{ar}\ (X)}$, 这样就得到我们想要的结果. □

命题 A.2.3 (一个实值随机变量的指数矩上界) 在与命题 A.2.2 相同的条件和假设下, 对于任意 $s\geqslant 0$, 我们有

$$\mathbb{E}(e^{s(X-\mathbb{E}(X))})\leqslant e^{s^2(b-a)^2/8}. \tag{A.2.7}$$

证明 我们假设 $\mathbb{E}(X)=0$, 否则我们可以中心化 X, 即将其期望调整为零.

考虑到指数函数的凸性, 因为 $X\in[a,b]$ 几乎必然成立, 所以 $e^{sX}\leqslant\frac{X-a}{b-a}e^{sb}+\frac{b-X}{b-a}e^{sa}$. 在式子两边取期望, 并假设 $p=-a/(b-a)$ 与 $u=s(b-a)$, 我们得到

$$\mathbb{E}(e^{sX})\leqslant\frac{-a}{b-a}e^{sb}+\frac{b}{b-a}e^{sa}=(1-p+pe^u)e^{-pu}:=\exp(\Phi(u)).$$

直接计算即可证明

$$\Phi'(u)=-p+\frac{p}{p+(1-p)e^{-u}},\quad \Phi''(u)=\frac{p(1-p)e^{-u}}{(p+(1-p)e^{-u})^2}\leqslant\frac{1}{4},$$

上界从不等式 $\alpha\beta \leqslant \frac{1}{4}(\alpha+\beta)^2$ 中得到 (其中 α, β 为正常数). 最后, 注意到 $\Phi(0)=\Phi'(0)=0$, 我们推导出, 对于某个 $\tilde{u}\in[0,u]$,

$$\Phi(u)=\Phi(0)+u\Phi'(u)+\frac{u^2}{2}\Phi''(\tilde{u})\leqslant\frac{u^2}{8}=\frac{s^2(b-a)^2}{8}.$$

□

下面的结果给出了多个独立随机变量和的 p 阶矩的一致估计可以用每一项的矩的和的函数表示 (其证明参见 [125, 定理 2.9]).

定理 A.2.4 (Rosenthal 不等式) *令 $(X_1,\cdots,X_M)$ 为一列实值的独立随机变量, 并具有有限 $p\geqslant 2$ 阶矩, 且 $\mathbb{E}(X_m)=0$. 那么, 存在一致的常数 c_p, 满足*

$$\mathbb{E}\left(|\sum_{m=1}^{M}X_m|^p\right)\leqslant c_p\left(\sum_{m=1}^{M}\mathbb{E}(|X_m|^p)+(\sum_{m=1}^{M}\mathbb{E}(X_m^2))^{p/2}\right).$$

A.2.2 偏差不等式

为了量化实值随机变量 X 的偏差的上界, 最简单的办法是利用马尔可夫不等式, 若 $X\geqslant 0$ a.s., 则有

$$\mathbb{P}(X\geqslant x)\leqslant\mathbb{E}\left(\frac{X}{x}\mathbf{1}_{\mathbf{X}\geqslant\mathbf{x}}\right)\leqslant\frac{\mathbb{E}(X)}{x},\quad x>0. \tag{A.2.8}$$

对于一个可能既取正值又取负值的随机变量 X, 我们可以利用非负增函数 $\varphi:\mathbb{R}\to\mathbb{R}^+$ 来证明这个结果, 由包含关系

$$\{X\geqslant x\}\subset\{\varphi(X)\geqslant\varphi(x)\}$$

推导出

$$\mathbb{P}(X\geqslant x)\leqslant\frac{\mathbb{E}(\varphi(X)))}{\varphi(x)}.$$

令 $\varphi(x)=x^q$ $(q>0)$, 考虑随机变量 $|X-\mathbb{E}(X)|$, 我们得到一个分布尾部的估计, 它可表示为 X 的矩函数:

$$\mathbb{P}(|X-\mathbb{E}(X)|\geqslant x)\leqslant\frac{\mathbb{E}(|X-\mathbb{E}(X)|^q)}{x^q},\quad x>0. \tag{A.2.9}$$

情形 $q=2$ 正好对应 Chebyshev 不等式.

Chebyshev 不等式 (或者 Chebyshev 指数不等式) 是由指数函数 $\varphi(x)=e^{sx}$ 证明的不等式, 其中 $s\geqslant 0$. 这里我们给出

$$\mathbb{P}(X-\mathbb{E}(X)\geqslant x)\leqslant e^{-sx}\mathbb{E}(e^{s(X-\mathbb{E}(X))}),\quad x\geqslant 0, s\geqslant 0. \tag{A.2.10}$$

关于这些上界, 人们有许多不同版本的结果; 我们只给出一个我们经常会用到的结果. 如果读者想了解更多内容, 可参见 [18].

定理 A.2.5 (Hoeffding 不等式) 令 $(X_1, \cdots, X_M)$ 为一列独立实值随机变量, 满足 $\mathbb{P}(X_m \in [a_m, b_m]) = 1$. 那么, 对于任意的 $\varepsilon > 0$, 我们有

$$\mathbb{P}\left(\left|\frac{1}{M}\sum_{m=1}^{M}(X_m - \mathbb{E}(X_m))\right| > \varepsilon\right) \leqslant 2\exp\left(-\frac{2M\varepsilon^2}{\frac{1}{M}\sum_{m=1}^{M}|b_m - a_m|^2}\right).$$

证明 我们考虑到不等式 (A.2.10), $(X_m)_m$ 的独立性, 以及命题 A.2.3, 从而得到

$$\begin{aligned}
&\mathbb{P}\left(\frac{1}{M}\sum_{m=1}^{M}(X_m - \mathbb{E}(X_m))| > \varepsilon\right) \\
&\leqslant e^{-s\varepsilon}\mathbb{E}\left(\exp\left(s\sum_{m=1}^{M}(X_m - \mathbb{E}(X_m))/M\right)\right) \\
&= e^{-s\varepsilon}\prod_{m=1}^{M}\mathbb{E}\left(\exp(s(X_m - \mathbb{E}(X_m))/M)\right) \\
&\leqslant e^{-s\varepsilon}\prod_{m=1}^{M}\exp\left(s^2\frac{(b_m - a_m)^2}{8M^2}\right), \quad s \geqslant 0.
\end{aligned}$$

取其最小上界, 即令 $s = \frac{4M^2\varepsilon}{\sum_{m=1}^{M}(b_m - a_m)^2}$, 我们得到

$$\mathbb{P}\left(\frac{1}{M}\sum_{m=1}^{M}(X_m - \mathbb{E}(X_m)) > \varepsilon\right) \leqslant \exp\left(-\frac{2M^2\varepsilon}{\frac{1}{M}\sum_{m=1}^{M}(b_m - a_m)^2}\right).$$

我们将 X_m 替换为 $-X_m$, 可以用相同的方法得到 $\mathbb{P}\left(\frac{1}{M}\sum_{m=1}^{M}(X_m - \mathbb{E}(X_m)) < -\varepsilon\right)$ 的界. 两个结果相结合就完成了证明. □

参考文献

[1] Y. Achdou and O. Pironneau. *Computational Methods for Option Pricing.* SIAM series, Frontiers in Applied Mathematics, Philadelphia, 2005.

[2] G. Allaire. *Numerical Analysis and Optimization.* Oxford University Press, 2007.

[3] G. W. Anderson, A. Guionnet, and O. Zeitouni. *An Introduction to Random Matrices.* Cambridge University Press, 2009.

[4] C. Ané, S. Blachère, D. Chafaï, P. Fougères, I. Gentil, F. Malrieu, C. Roberto, and G. Scheffer. *Sur les inégalités de Sobolev logarithmiques*, volume 10 of *Panoramas et Synthèses.* Société Mathématique de France, Paris, 2000.

[5] S. Asmussen and P. W. Glynn. *Stochastic Simulation: Algorithms and Analysis.* Stochastic Modelling and Applied Probability 57. New York, NY: Springer, 2007.

[6] S. Asmussen, P.W. Glynn, and J. Pitman. Discretization error in simulation of one-dimensional reflecting Brownian motion. *Ann. Appl. Probab.*, 5(4):875–896, 1995.

[7] R. Avikainen. On irregular functionals of SDEs and the Euler scheme. *Finance and Stochastics*, 13:381–401, 2009.

[8] F. Bach and E. Moulines. Non-asymptotic analysis of stochastic approximation algorithms for machine learning. *Advances in Neural Information Processing Systems (NIPS)*, 2011.

[9] V. Bally and D. Talay. The law of the Euler scheme for stochastic differential equations: I. Convergence rate of the distribution function. *Probab. Theory Related Fields*, 104-1:43–60, 1996.

[10] N. Bartoli and P. Del Moral. *Simulation et algorithmes stochastiques.* Cépaduès-Editions, 2001.

[11] W.F. Bauer. The Monte-Carlo method. *J. Soc. Indust. Appl. Math.*, 6(4):438–451, 1958.

[12] S. Benachour, B. Roynette, D. Talay, and P. Vallois. Nonlinear self-stabilizing processes. I: Existence, invariant probability, propagation of chaos. *Stochastic Processes Appl.*, 75(2):173–201, 1998.

[13] C. Bender and J. Steiner. Least-squares Monte-Carlo for BSDEs. In R. Carmona, P. Del Moral, P. Hu, and N. Oudjane, editors, *Numerical Methods in Finance*, pages 257–289. Series: Springer Proceedings in Mathematics, Vol. 12, 2012.

[14] A. Benveniste, M. Metivier, and P. Priouret. *Adaptive Algorithms and Stochastic Approximations.* Springer-Verlag, New York, 1990.

[15] C. Bernardi and Y. Maday. Spectral methods. In *Handbook of Numerical Analysis, Vol. V*, Handb. Numer. Anal., V, pages 209–485. North-Holland, Amsterdam, 1997.

[16] S. Boi, V. Capasso, and D. Morale. Modeling the aggregative behavior of ants of the species *Polyergus rufescens. Nonlinear Anal., Real World Appl.*, 1(1):163–176, 2000.

[17] M. Bossy and D. Talay. A stochastic particle method for the McKean-Vlasov and the Burgers equation. *Math. Comp.*, 66(217):157–192, 1997.

[18] S. Boucheron, G. Lugosi, and P. Massart. *Concentration Inequalities. A Nonasymptotic Theory of Independence.* Clarendon Press, Oxford, 2013.

[19] L. Breiman. *Probability.* Society for Industrial and Applied Mathematics (SIAM), Philadelphia, PA, 1992. Corrected reprint of the 1968 original.

[20] P. Bremaud. *Markov Chains: Gibbs Fields, Monte-Carlo Simulation, and Queues*, volume 31. Springer Science & Business Media, 1999.

[21] M. Broadie, P. Glasserman, and S. Kou. A continuity correction for discrete barrier options. *Mathematical Finance*, 7:325–349, 1997.

[22] M. Broadie and O. Kaya. Exact simulation of stochastic volatility and other affine jump diffusion processes. *Oper. Res.*, 54(2):217–231, 2006.

[23] J.M. Burgers. A mathematical model illustrating the theory of turbulence. *Adv. in Appl. Mech.*, 1:171–199, 1948.

[24] R.E. Caflisch. Monte-Carlo and quasi-Monte-Carlo methods. In *Acta Numerica, 1998*, volume 7 of *Acta Numer.*, pages 1–49. Cambridge University Press, Cambridge, 1998.

[25] J. W. Cahn and S. M. Allen. A macroscopic theory for antiphase boundary motion and its application to antiphase domain coarsening. *Acta Metall.*, 27:1084–1095, 1979.

[26] O. Cappé, E. Moulines, and T. Rydén. *Inference in Hidden Markov Models.* Springer Series in Statistics. Springer, New York, 2005.

[27] M. Cessenat, R. Dautray, G. Ledanois, P.L. Lions, E. Pardoux, and R. Sentis. *Méthodes probabilistes pour les équations de la physique.* Collection CEA, Eyrolles, 1989.

[28] K.L. Chung. *A Course in Probability Theory.* Academic Press Inc., San Diego, CA, third edition, 2001.

[29] B.A. Cipra. The Best of the 20th Century: Editors Name Top 10 Algorithms. *SIAM News http://www.siam.org/news/news.php?id=637*, 33(4), 2000.

[30] J.C. Cox, J.E. Ingersoll, and S.A. Ross. A theory of the term structure of interest rates. *Econometrica*, 53(2):385–407, 1985.

[31] L. Devroye. *Nonuniform Random Variate Generation.* Springer-Verlag, New York, 1986.

[32] M. Duflo. *Random Iterative Models*, volume 34 of *Applications of Mathematics.* Springer-Verlag, Berlin, 1997. Translated from the 1990 French original by Stephen S. Wilson and revised by the author.

[33] R. Durrett. *Brownian Motion and Martingales in Analysis.* Wadsworth Mathematics Series. Wadsworth International Group, Belmont, CA, 1984.

[34] F. J. Dyson. A Brownian-motion model of the eigenvalues of a random matrix. *J. Mathematical Phys.*, 3:1191–1198, 1962.

[35] R. Eckhardt. Stam Ulam, John Von Neumann and the Monte-Carlo method. *Los Alamos Science*, Special Issue:131–143, 1987.

[36] B. Efron. *The Jackknife, the Bootstrap and Other Resampling Plans*, volume 38 of *CBMS-NSF Regional Conference Series in Applied Mathematics.* Society for Industrial and Applied Mathematics (SIAM), Philadelphia, Pa., 1982.

[37] N. El Karoui, S. Hamadène, and A. Matoussi. Backward stochastic differential equations and applications. In R. Carmona, editor, *Indifference Pricing: Theory and Applications*, Chapter 8, pages 267–320. Springer-Verlag, 2008.

[38] N. El Karoui, S.G. Peng, and M.C. Quenez. Backward stochastic differential equations in finance. *Math. Finance*, 7(1):1–71, 1997.

[39] W.J. Ewens. *Mathematical Population Genetics. I: Theoretical Introduction.* Interdisciplinary Mathematics 27. New York, NY: Springer, second edition, 2004.

[40] W. Finnoff. Law of large numbers for a general system of stochastic differential equations with global interaction. *Stochastic Processes and Their Applications*, 46(1): 153–182, 1993.

[41] R.A. Fisher. The advance of advantageous genes. *Ann. Eugenics*, 7:335–369, 1937.

[42] J-P. Fouque and L.H. Sun. Systemic risk illustrated. In J-P. Fouque and J. Langsam, editors, *Handbook on Systemic Risk.* Cambridge University Press, 2013.

[43] M.I. Freidlin. *Functional Integration and Partial Differential Equations.* Annals of Mathematics Studies – Princeton University Press, 1985.

[44] A. Friedman. *Partial Differential Equations of Parabolic Type.* Prentice-Hall, 1964.

[45] A. Friedman. *Stochastic Differential Equations and Applications. Vol. 1.* New York, San Francisco, London: Academic Press, a subsidiary of Harcourt Brace Jovanovich, Publishers. XIII, 1975.

[46] A. Friedman. *Stochastic Differential Equations and Applications. Vol. 2.* New York, San Francisco, London: Academic Press, a subsidiary of Harcourt Brace Jovanovich, Publishers. XIII, 1976.

[47] N. Frikha and S. Menozzi. Concentration bounds for stochastic approximations. *Electronic Communications in Probability*, 17:1–15, 2012.

[48] D. Funaro. *Polynomial Approximation of Differential Equations*, volume 8 of *Lecture Notes in Physics. New Series: Monographs.* Springer-Verlag, Berlin, 1992.

[49] J. Galambos. *The Asymptotic Theory of Extreme Order Statistics.* R.E. Kreiger, Malabar, FL, 1987.

[50] G.R. Gavalas. *Nonlinear Differential Equations of Chemically Reacting Systems.* Springer Tracts in Natural Philosophy, Vol. 17. Springer-Verlag New York Inc., New York, 1968.

[51] D. Geman. Random fields and inverse problems in imaging. In *École d'été de Probabilités de Saint-Flour XVIII—1988*, volume 1427 of *Lecture Notes in Math.*, pages 113–193. Springer, Berlin, 1990.

[52] S. Geman and D. Geman. Stochastic relaxation, Gibbs distributions, and the Bayesian restoration of images. *IEEE Trans. Pattern Anal. Mach. Intell.*, 6:721–741, 1984.

[53] D. Gilbarg and N.S. Trudinger. *Elliptic Partial Differential Equations of Second Order.* Springer Verlag, second edition, 1983.

[54] M.B. Giles. Multilevel Monte-Carlo path simulation. *Operation Research*, 56:607–617, 2008.

[55] P. Glasserman, P. Heidelberger, and P. Shahabuddin. Asymptotically optimal importance sampling and stratification for pricing path-dependent options. *Math. Finance*, 9(2):117–152, 1999.

[56] P. Glasserman and D.D. Yao. Some guidelines and guarantees for common random numbers. *Management Science*, 38(6):884–908, 1992.

[57] P.W. Glynn and W. Whitt. The asymptotic validity of sequential stopping rules for stochastic simulations. *Ann. Appl. Probab.*, 2(1):180–198, 1992.

[58] E. Gobet. Euler schemes and half-space approximation for the simulation of diffusions in a domain. *ESAIM: Probability and Statistics*, 5:261–297, 2001.

[59] E. Gobet. Advanced Monte-Carlo methods for barrier and related exotic options. In P.G. Ciarlet, A. Bensoussan, and Q. Zhang, editors, *Handbook of Numerical Analysis, Vol. XV, Special Volume: Mathematical Modeling and Numerical Methods in Finance*, pages 497–528. Elsevier, Netherlands: North-Holland, 2009.

[60] E. Gobet and S. Menozzi. Stopped diffusion processes: boundary corrections and overshoot. *Stochastic Processes and Their Applications*, 120:130–162, 2010.

[61] E. Gobet and R. Munos. Sensitivity analysis using Itô-Malliavin calculus and martingales. Application to stochastic control problem. *SIAM Journal of Control and Optimization*, 43:5:1676–1713, 2005.

[62] E. Gobet and P. Turkedjiev. Adaptive importance sampling in least-squares Monte-Carlo algorithms for backward stochastic differential equations. In revision for *Stochastic Processes and Their applications*, 2015.

[63] E. Gobet and P. Turkedjiev. Linear regression MDP scheme for discrete backward stochastic differential equations under general conditions. *Math. Comp.*, 85(299): 1359–1391, 2016.

[64] G. Golub and C.F. Van Loan. *Matrix Computations*, 3rd ed. Baltimore, MD: The Johns Hopkins University Press. xxvii, 694 p.

[65] C. Graham and S. Méléard. Probabilistic tools and Monte-Carlo approximations for some Boltzmann equations. *ESAIM, Proc.*, 10:77–126, 2001.

[66] L. Gross. Logarithmic Sobolev inequalities. *Amer. J. Math.*, 97(4):1061–1083, 1975.

[67] J. Guyon and P. Henry-Labordère. *Nonlinear Pricing.* CRC Financial Mathematics. Chapman and Hall, 2014.

[68] I. Gyöngy and M. Rásonyi. A note on Euler approximations for SDEs with Hölder continuous diffusion coefficients. *Stochastic Processes Appl.*, 121(10):2189–2200, 2011.

[69] L. Gyorfi, M. Kohler, A. Krzyzak, and H. Walk. *A Distribution-Free Theory of Nonparametric Regression.* Springer Series in Statistics, 2002.

[70] M. Hairer, M. Hutzenthaler, and A. Jentzen. Loss of regularity for Kolmogorov equations. *Annals of Probability*, 43(2):468–527, 2015.

[71] B. Hajek. Cooling schedules for optimal annealing. *Math. Oper. Res.*, 13(2):311–329, 1988.

[72] F.H. Harlow and N. Metropolis. Computing and computers: Weapons simulation leads to the computer era. *Los Alamos Science*, Winter/Spring:132–141, 1983.

[73] T. Hastie, R. Tibshirani, and J. Friedman. *The Elements of Statistical Learning: Data Mining, Inference, and Prediction.* Springer Series in Statistics. New York, NY: Springer, second edition, 2009.

[74] W.K. Hastings. Monte-Carlo sampling methods using Markov chains and their applications. *Biometrika*, 57:97–109, 1970.

[75] S. Heinrich. Multilevel Monte-Carlo Methods. In *LSSC '01 Proceedings of the Third International Conference on Large-Scale Scientific Computing*, volume 2179 of *Lecture Notes in Computer Science*, pages 58–67. Springer-Verlag, 2001.

[76] D. Henry. *Geometric Theory of Semilinear Parabolic Equations*, volume 840 of *Lecture Notes in Mathematics*. Springer-Verlag, Berlin, 1981.

[77] S.L. Heston. A closed-form solution for options with stochastic volatility with applications to bond and currency options. *The review of Financial Studies*, 6(2):327–343, 1993.

[78] A.L. Hodgkin, A.F. Huxley, and B. Katz. Measurement of current-voltage relations in the membrane of the giant axon of Loligo. *Journal of Physiology*, available at http://www.sfn.org/skins/main/pdf/HistoryofNeuroscience/ hodgkin1.pdf, 116:424–448, 1952.

[79] K. Itô and H.P. McKean. *Diffusion Processes and Their Sample Paths*. Berlin-Heidelberg-New York: Springer-Verlag, 1965.

[80] J. Jacod and P. Protter. *Probability Essentials*. Springer, second edition, 2003.

[81] A. Jentzen, T. Müller-Gronbach, and L. Yaroslavtseva. On stochastic differential equations with arbitrary slow convergence rates for strong approximation. arXiv: 1506.02828, 2015.

[82] B. Jourdain and J. Lelong. Robust adaptive importance sampling for normal random vectors. *Ann. Appl. Probab.*, 19(5):1687–1718, 2009.

[83] B. Jourdain, S. Méléard, and W.A. Woyczynski. Nonlinear SDEs driven by Lévy processes and related PDEs. *ALEA, Lat. Am. J. Probab. Math. Stat.*, 4:1–29, 2008.

[84] M. Kac. On distributions of certain Wiener functionals. *Trans. Amer. Math. Soc.*, 65:1–13, 1949.

[85] M. Kac. Foundations of kinetic theory. *Proc. 3rd Berkeley Sympos. Math. Statist. Probability* 3, 171–197, 1956.

[86] M. Kac. *Integration in Function Spaces and Some of Its Applications*. Accademia Nazionale dei Lincei, Pisa, 1980. Lezioni Fermiane.

[87] J. Kaipio and E. Somersalo. *Statistical and Computational Inverse Problems*, volume 160. Springer Science & Business Media, 2006.

[88] I. Karatzas and S.E. Shreve. *Brownian Motion and Stochastic Calculus*. Springer Verlag, second edition, 1991.

[89] A. Kebaier. Romberg extrapolation: A new variance reduction method and applications to option pricing. *Ann. Appl. Probab.*, 15(4):2681–2705, 2005.

[90] A.G.Z. Kemna and A.C.F. Vorst. A pricing method for options based on average asset values. *J. Banking Finan.*, 14:113–129, 1990.

[91] A.J. Kinderman and J.F. Monahan. Computer generation of random variables using the ratio of uniform deviates. *ACM Transactions on Mathematical Software (TOMS)*, 3(3):257–260, 1977.

[92] P.E. Kloeden and E. Platen. *Numerical Solution of Stochastic Differential Equations*. Springer Verlag, 1995.

[93] A. N. Kolmogorov. Über die Summen durch den Zufall bestimmter unabhängiger Größen. *Math. Ann.*, 99(1):309–319, 1928.

[94] A.N. Kolmogorov, I.G. Petrovsky, and N.S. Piskunov. Etude de l'équation de la diffusion avec croissance de la quantité de matière et son application à un problème biologique. *Bulletin Université d'état à Moscou, Série internationale A 1*, pages 1–26, 1937.

[95] H.A. Kramers. Brownian motion in a field of force and the diffusion model of chemical reactions. *Physica*, 7, 1940.

[96] P. Krée and C. Soize. *Mathematics of Random Phenomena*, volume 32 of *Mathematics and its Applications.* D. Reidel Publishing Co., Dordrecht, 1986.

[97] H. Kunita. *Stochastic Flows and Stochastic Differential Equations.* Cambridge Studies in Advanced Mathematics. 24. Cambridge: Cambridge University Press, 1997.

[98] H.J. Kushner and G.G. Yin. *Stochastic Approximation and Recursive Algorithms and Applications*, volume 35 of *Applications of Mathematics (New York).* Springer-Verlag, New York, second edition, 2003. Stochastic Modelling and Applied Probability.

[99] M.T. Lacey and W. Philipp. A note on the almost sure central limit theorem. *Statist. Probab. Lett.*, 9(3):201–205, 1990.

[100] O.A. Ladyzenskaja, V.A. Solonnikov, and N.N. Ural'ceva. *Linear and Quasi-Linear Equations of Parabolic Type.* Vol. 23 of Translations of Mathematical Monographs, American Mathematical Society, Providence, 1968.

[101] T. Lagache and D. Holcman. Effective motion of a virus trafficking inside a biological cell. *SIAM J. Appl. Math.*, 68(4):1146–1167, 2008.

[102] P. L'Ecuyer and C. Lemieux. Recent advances in randomized Quasi-Monte-Carlo methods. In *Modeling Uncertainty: An Examination of Stochastic Theory, Methods, and Applications,* M. Dror, P. L'Ecuyer, and F. Szidarovszki, eds., pages 419–474. Kluwer Academic Publishers, 2002.

[103] M. Ledoux. Concentration of measure and logarithmic Sobolev inequalities. In *Séminaire de Probabilités, XXXIII*, volume 1709 of *Lecture Notes in Math.*, pages 120–216. Springer, Berlin, 1999.

[104] V. Lemaire and G. Pages. Unconstrained recursive importance sampling. *Annals of Applied Probability*, 20(3):1029–1067, 2010.

[105] G.M. Lieberman. *Second Order Parabolic Differential Equations.* World Scientific Publishing Co. Inc., River Edge, NJ, 1996.

[106] J.S. Liu. *Monte-Carlo Strategies in Scientific Computing.* Springer Series in Statistics. Springer-Verlag, New York, 2001.

[107] F. Longstaff and E.S. Schwartz. Valuing American options by simulation: A simple least squares approach. *The Review of Financial Studies*, 14:113–147, 2001.

[108] J. Ma and J. Yong. *Forward-Backward Stochastic Differential Equations.* Lecture Notes in Mathematics, 1702, Springer-Verlag, 1999. A course on stochastic processes.

[109] A.W. Marshall and I. Olkin. Families of multivariate distributions. *J. Amer. Statist. Assoc.*, 83(403):834–841, 1988.

[110] G. Maruyama. Continuous Markov processes and stochastic equations. *Rendiconti del Circolo Matematico di Palermo, Serie II*, 4:48–90, 1955.

[111] H.P. McKean. A class of Markov processes associated with nonlinear parabolic equations. *Proc. Natl. Acad. Sci. USA*, 56:1907–1911, 1966.

[112] H.P. McKean. Application of Brownian motion to the equation of Kolmogorov-Petrovskii-Piskunov. *Comm. Pure Appl. Math.*, 28(3):323–331, 1975.

[113] A.J. McNeil, R. Frey, and P. Embrechts. *Quantitative Risk Management.* Princeton series in finance. Princeton University Press, 2005.

[114] N. Metropolis. The beginning of the Monte-Carlo method. *Los Alamos Science*, Special Issue:125–130, 1987.

[115] N. Metropolis, A.W. Rosenbluth, M.N. Rosenbluth, A.H. Teller, and E. Teller. Equations of state calculations by fast computing machines. *Journal of Chemical Physics*, 21(6):1087–1092, 1953.

[116] N. Metropolis and S. Ulam. The Monte-Carlo method. *Journal of the American Statistical Association*, 44:335–341, 1949.

[117] D. Morale, V. Capasso, and K. Oelschläger. An interacting particle system modelling aggregation behavior: From individuals to populations. *J. Math. Biol.*, 50(1):49–66, 2005.

[118] B. Moro. The full Monte. *Risk*, 8:57–58, Feb. 1995.

[119] M. Musiela and M. Rutkowski. *Martingale Methods in Financial Modelling.* Springer Verlag, second edition, 2005.

[120] J. Neveu. *Discrete-Parameter Martingales*, volume 10. Elsevier, 1975.

[121] N.J. Newton. Variance reduction for simulated diffusions. *SIAM Journal on Applied Mathematics*, 54(6):1780–1805, 1994.

[122] H. Niederreiter. *Random Number Generation and Quasi-Monte-Carlo Methods*, volume 63 of *CBMS-NSF Regional Conference Series in Applied Mathematics.* Society for Industrial and Applied Mathematics (SIAM), Philadelphia, PA, 1992.

[123] E. Pardoux. BSDEs, weak convergence and homogenization of semilinear PDEs. In *Nonlinear Analysis, Differential Equations and Control (Montreal, QC, 1998)*, volume 528 of *NATO Sci. Ser. C Math. Phys. Sci.*, pages 503–549. Kluwer Acad. Publ., Dordrecht, 1999.

[124] C.J. Pérez, J. Martín, C. Rojano, and F.J. Girón. Efficient generation of random vectors by using the ratio-of-uniforms method with ellipsoidal envelopes. *Statistics and Computing*, 18(2):209–217, 2008.

[125] V.V. Petrov. *Limit Theorems of Probability Theory*, volume 4 of *Oxford Studies in Probability*. The Clarendon Press Oxford University Press, New York, 1995.

[126] A. Rasulov, G. Raimova, and M. Mascagni. Monte-Carlo solution of Cauchy problem for a nonlinear parabolic equation. *Math. Comput. Simulation*, 80(6):1118–1123, 2010.

[127] D. Revuz and M. Yor. *Continuous Martingales and Brownian Motion*. Comprehensive Studies in Mathematics. Berlin: Springer, third edition, 1999.

[128] C. Rhee and P.W. Glynn. A new approach to unbiased estimation for SDEs. In C. Laroque, J. Himmelspach, R. Pasupathy, O. Rose, and A. M. Uhrmacher, editors, *Proceedings of the 2012 Winter Simulation Conference*, pages 495–503, 2012.

[129] C.P. Robert and G. Casella. *Monte-Carlo Statistical Methods*. Springer Texts in Statistics. Springer-Verlag, New York, second edition, 2004.

[130] G. Rubino and B. Tuffin. *Rare Event Simulation Using Monte-Carlo Methods*. Wiley, 2009.

[131] P.A. Samuelson. Proof that properly anticipated prices fluctuate randomly. *Industrial Management Review*, 6:42–49, 1965.

[132] M. Schmidt, N. Le Roux, and F. Bach. Minimizing finite sums with the Stochastic Average Gradient. *hal-00860051*, 2013.

[133] N. Shigesada and K. Kawasaki, editors. *Biological Invasions: Theory and Practice*. Oxford Series in Ecology and Evolution, Oxford: Oxford University Press, 1997.

[134] A. Sklar. Fonctions de répartition à n dimensions et leurs marges. *Publ. Inst. Statist. Univ. Paris*, 8:229–231, 1959.

[135] A.V. Skorokhod. Branching diffusion processes. *Theor. Probab. Appl.*, 9:445–449, 1965.

[136] J. Smoller. *Shock Waves and Reaction-Diffusion Equations*, volume 258 of *Fundamental Principles of Mathematical Sciences*. Springer-Verlag, New York, second edition, 1994.

[137] A.S. Sznitman. Topics in propagation of chaos. In *Saint Flour Probability Summer School—1989*, volume 1464 of *Lecture Notes in Math.*, pages 164–251. Springer, Berlin, 1991.

[138] S. Meyn and R.L. Tweedie. *Markov Chains and Stochastic Stability*. Cambridge University Press, Cambridge, second edition, 2009.

[139] D. Talay and L. Tubaro. Expansion of the global error for numerical schemes solving stochastic differential equations. *Stochastic Analysis and Applications*, 8-4:94–120, 1990.

[140] S. Ulam. Random processes and transformations. *Proceedings of the International Congress of Mathematicians*, 2:264–275, 1950.

[141] O. Vasicek. An equilibrium characterisation of the term of structure. *Journal of Financial Economics*, 5:177–188, 1977.

[142] A. Visintin. *Models of Phase Transitions.* Progress in Nonlinear Differential Equations and their Applications, 28. Birkhäuser Boston Inc., Boston, MA, 1996.

[143] S. Wasserman. *All of Statistics: A Concise Course in Statistical Inference.* Springer Texts in Statistics. Springer, 2004.

[144] S. Wasserman and P. Pattison. Logit models and logistic regressions for social networks: I. An introduction to Markov random graphs and p*. *Psychometrika*, 61(3):401–426, 1996.

[145] P. Wesseling. *An Introduction to Multigrid Methods.* Pure and Applied Mathematics (New York). John Wiley & Sons Ltd., Chichester, 1992.

索　　引

F

G

J

K

M

N

S

W

Z

统计学丛书

书号	书名	著译者
9787040554960	蒙特卡罗方法与随机过程：从线性到非线性	Emmanuel Gobet 著 许明宇 译
9787040538847	高维统计模型的估计理论与模型识别	胡雪梅、刘锋 著
9787040515084	量化交易：算法、分析、数据、模型和优化	黎子良 等 著 冯玉林、刘庆富 译
9787040513806	马尔可夫过程及其应用：算法、网络、基因与金融	Étienne Pardoux 著 许明宇 译
9787040508291	临床试验设计的统计方法	尹国至、石昊伦 著
9787040506679	数理统计（第二版）	邵军
9787040478631	随机场：分析与综合（修订扩展版）	Erik Vanmarke 著 陈朝晖、范文亮 译
9787040447095	统计思维与艺术：统计学入门	Benjamin Yakir 著 徐西勒 译
9787040442595	诊断医学中的统计学方法（第二版）	侯艳、李康、宇传华、周晓华 译
9787040448955	高等统计学概论	赵林城、王占锋 编著
9787040436884	纵向数据分析方法与应用（英文版）	刘宪
9787040423037	生物数学模型的统计学基础（第二版）	唐守正、李勇、符利勇 著
9787040419504	R 软件教程与统计分析：入门到精通	潘东东、李启寨、唐年胜 译
9787040386721	随机估计及 VDR 检验	杨振海
9787040378177	随机域中的极值统计学：理论及应用（英文版）	Benjamin Yakir 著
9787040372403	高等计量经济学基础	缪柏其、叶五一

续表

书号	书名	著译者
9787040322927	金融工程中的蒙特卡罗方法	Paul Glasserman 著 范韶华、孙武军 译
9787040348309	大维统计分析	白志东、郑术蓉、姜丹丹
9787040348286	结构方程模型：Mplus 与应用（英文版）	王济川、王小倩 著
9787040348262	生存分析：模型与应用（英文版）	刘宪
9787040345407	MINITAB 软件入门：最易学实用的统计分析教程	吴令云 等 编著
9787040321883	结构方程模型：方法与应用	王济川、王小倩、姜宝法 著
9787040319682	结构方程模型：贝叶斯方法	李锡钦 著 蔡敬衡、潘俊豪、周影辉 译
9787040315370	随机环境中的马尔可夫过程	胡迪鹤 著
9787040256390	统计诊断	韦博成、林金官、解锋昌 编著
9787040250626	R 语言与统计分析	汤银才 主编
9787040247510	属性数据分析引论（第二版）	Alan Agresti 著 张淑梅、王睿、曾莉 译
9787040182934	金融市场中的统计模型和方法	黎子良、邢海鹏 著 姚佩佩 译

购书网站：高教书城（www.hepmall.com.cn），高教天猫（gdjycbs.tmall.com），京东，当当，微店

其他订购办法：

各使用单位可向高等教育出版社电子商务部汇款订购。书款通过银行转账，支付成功后请将购买信息发邮件或传真，以便及时发货。购书免邮费，发票随书寄出（大批量订购图书，发票随后寄出）。

通过银行转账：

户　　名：高等教育出版社有限公司

开 户 行：交通银行北京马甸支行

银行账号：110060437018010037603

单位地址：北京西城区德外大街4号

电　　话：010-58581118

传　　真：010-58581113

电子邮箱：gjdzfwb@pub.hep.cn

郑重声明

高等教育出版社依法对本书享有专有出版权。任何未经许可的复制、销售行为均违反《中华人民共和国著作权法》，其行为人将承担相应的民事责任和行政责任；构成犯罪的，将被依法追究刑事责任。为了维护市场秩序，保护读者的合法权益，避免读者误用盗版书造成不良后果，我社将配合行政执法部门和司法机关对违法犯罪的单位和个人进行严厉打击。社会各界人士如发现上述侵权行为，希望及时举报，本社将奖励举报有功人员。

反盗版举报电话　（010）58581999　58582371　58582488

反盗版举报传真　（010）82086060

反盗版举报邮箱　dd@hep.com.cn

通信地址　北京市西城区德外大街 4 号

　　　　　高等教育出版社法律事务与版权管理部

邮政编码　100120